国际贸易理论与政策

（第 2 版）

主　编　孙莉莉　闫克远　鲁晓璇

北京理工大学出版社
BEIJING INSTITUTE OF TECHNOLOGY PRESS

内 容 简 介

本教材共分为12章，内容涵盖了国际贸易基本理论、国际贸易基本政策，以及国际贸易体系。本教材的主要内容包括：国际贸易概述、古典贸易理论、新古典贸易理论、当代国际贸易理论、保护贸易理论、国际贸易政策、关税措施、非关税壁垒、鼓励出口与出口管制措施、多边贸易体制、区域经济一体化，以及跨境电子商务与国际贸易。

本教材的内容具有一定的理论深度，可作为国际贸易专业本科生的教学用书，还可作为其他经济类专业本科生和专科生的参考用书，亦可作为国际商务等专业硕士的参考用书。

图书在版编目(CIP)数据

国际贸易理论与政策 / 孙莉莉，闫克远，鲁晓璇主编. --2版. --北京：北京理工大学出版社，2023. 11

ISBN 978-7-5763-3183-7

Ⅰ. ①国… Ⅱ. ①孙… ②闫… ③鲁… Ⅲ. ①国际贸易理论 ②国际贸易政策 Ⅳ. ①F74

中国国家版本馆CIP数据核字(2023)第232143号

责任编辑：封　雪　　**文案编辑**：毛慧佳
责任校对：刘亚男　　**责任印制**：李志强

出版发行 / 北京理工大学出版社有限责任公司
社　　址 / 北京市丰台区四合庄路6号
邮　　编 / 100070
电　　话 / (010) 68914026（教材售后服务热线）
(010) 68944437（课件资源服务热线）
网　　址 / http://www.bitpress.com.cn

版 印 次 / 2023年11月第2版第1次印刷
印　　刷 / 唐山富达印务有限公司
开　　本 / 787 mm×1092 mm　1/16
印　　张 / 17
字　　数 / 393千字
定　　价 / 95.00元

图书出现印装质量问题，请拨打售后服务热线，负责调换

党的十八大以来，我国贸易大国地位不断巩固，贸易结构不断优化，贸易效益显著提升。自2017年以来连续6年保持货物贸易第一大国的地位，民营企业年度进出口规模所占比例首超50%，与“一带一路”沿线国家货物贸易额年均增长8%，2020年货物和服务贸易总额首次超过美国，成为全球第一大贸易国。

习近平总书记在党的二十大报告中指出：“推动货物贸易优化升级，创新服务贸易发展机制，发展数字贸易，加快建设贸易强国。”建设贸易强国，是全面建设社会主义现代化国家的重要目标之一。从加快创新驱动、培育贸易竞争新优势，到优化外贸发展环境、不断提高贸易便利化水平，再到推动货物贸易优化升级、发展数字贸易。近年来，在瞄准贸易强国目标的背景下，一系列政策措施扎实推进，我国对外贸易的国际竞争力显著提升。2022年，我国跨境电商进出口规模首次突破2万亿元，数字贸易总规模再创历史新高；我国出口国际市场份额进一步提升至14.7%，连续14年居全球首位；我国进出口总额实现新突破，超过42万亿元。2023年前10个月，我国货物贸易进出口总值超34万亿元。一系列数据表明，我国正从贸易大国向贸易强国纵深推进。

时代对高等院校国际经济与贸易专业人才的培养也提出了更高要求。在此背景下，作者团队对本教材进行了修订与再版。该书第一版于2017年1月出版，获评2020年辽宁省优秀教材奖。再版教材的编写具有以下特色。

第一，内容更加丰富。

相对于前一版，本教材新增了“跨境电子商务与国际贸易”一章内容。自2014年“跨境电子商务”一词首次出现在政府工作报告以来，从中央到地方出台了一系列支持跨境电子商务发展的政策，不断为跨境电商发展注入动能。跨境电子商务已成为外贸发展的新动能、转型升级的新渠道和高质量发展的新抓手。商务部数据显示，5年来，我国跨境电商规模增长近10倍。海关数据显示，2023年前三季度，我国跨境电商进出口总额达1.7万亿元，增长14.4%；其中，出口额为1.3万亿元，增长17.7%。跨境电子商务知识已成为国际经济与贸易专业人才必备知识。

第二，新增了“课程思政”专栏。

高等教育要落实立德树人根本任务，建设高水平人才培养体系，使所有课程充分发挥育人作用，必须推动课程思政纵深发展。2020年5月，教育部印发《高等学校课程思政建设指导纲要》，指出要全面推进课程思政建设，深度发掘各类课程的思想政治教育资源，寓价值观于知识传授和能力培养之中，帮助学生塑造正确的世界观、人生观、价值观。教育部等十部门出台的《全面推进“大思政课”建设的工作方案》中指出，要全面推进“大思政课”建设，要坚持以习近平新时代中国特色社会主义思想为指导，聚焦立德树人根本任务，推动用党的创新理论铸魂育人，不断增强针对性、提高有效性，实现入脑入心。本教材每章都设置了思政相关环节及案例，为教师教学和学生学习提供参考。

第三，配套资源完备。

教材配套资源包括教学大纲、教学课件、课后习题及参考答案、扩展习题及参考答案、试卷等，完全能够满足教师日常教学需求。

本教材由孙莉莉（沈阳师范大学）、闫克远（吉林财经大学）、鲁晓璇（吉林工商学院）三位教师共同编写完成。在本书编写过程中，我们参考了大量国际贸易教材及其他文献资料，在此对所有文献作者表示诚挚的谢意！同时，特别感谢张曙霄教授（东北师范大学），本教材是在张曙霄教授《国际贸易学》基础上撰写而成。

由于编者水平有限，教材中难免存在疏漏之处，恳请专家、学者及读者朋友批评指正。

编　者

目录

CONTENTS

第1章 国际贸易概述

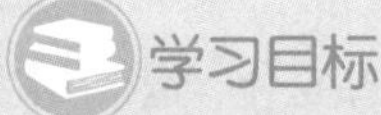

学习目标

- 了解国际贸易的产生与发展历程。
- 掌握国际贸易相关的基本概念。
- 熟练掌握国际贸易的分类。

教学要求

教师通过课堂讲授和案例分析等方法，使学生了解国际贸易产生与发展的过程，并且熟练准确地掌握国际贸易的基本概念、分类，为以后的学习打下基础。同时，学生可以通过了解我国对外贸易的发展历程来提升自己。

导入案例

《离开中国制造的一年》

同学们，你们是否读过《离开中国制造的一年》？这本书的作者是萨拉·邦焦尔尼。该书按实践顺序讲述了不买中国制造产品后有趣却又充满挫折的真实经历。

2004年的圣诞节，美国人萨拉忽然发现，在39件圣诞礼物中，“中国制造”占25件。与此同时，萨拉还发现家里的鞋、袜子、玩具、台灯也统统来自中国。面对此情此景，她不禁想到：如果没有中国制造产品，美国人还能否生存下去？全球化时代真的已经悄悄进入我们的生活了吗？于是萨拉突发奇想，决定从2005年1月1日起，带领全家尝试过一年不买中国制造产品的日子。全书按实践顺序讲述了这场有趣却又充满挫折的真实体验，最终在2006年元旦，萨拉全家很高兴地与“中国制造”重修旧好。

众多读者读过此书之后，内心五味杂陈。你有什么感受呢？中国制造出来的产品是如何到达美国消费者手中的呢？让我们一起走进贸易的世界吧。

1.1 国际贸易的产生与发展

国际贸易是在一定的历史条件下产生和发展起来的。国际贸易的产生必须具备两个前提条件：一是具有可供交换的剩余产品；二是存在国家或政治（社会）实体。从根本上说，社会生产力的发展和社会分工的扩大是国际贸易产生和发展的基础。

1.1.1 国际贸易的产生

在原始社会初期，人类处于自然分工的状态，社会生产力水平十分低下。原始公社内部人们依靠共同的劳动来获取十分有限的生存资料，并且按照平均主义的方式在公社成员之间实行分配。由于当时没有剩余产品和各自为政的社会实体，也就没有阶级和国家，也不可能存在对外贸易。

在原始社会后期，随着三次社会大分工的出现，人类社会发生了很大的变化。第一次人类社会大分工是畜牧业和农业之间的分工，它促进了社会生产力的发展，使产品有了剩余。在氏族公社的部落之间开始有了剩余产品的相互交换，但这只是偶然的以物易物的简单交换活动。第二次人类社会大分工是手工业从农业中分离出来，由此出现了以交换为直接目的的生产，即商品生产。它不仅进一步推动了社会生产力的发展，而且使社会相互交换的范围不断扩大，最终导致了货币的产生，产品之间的相互交换渐渐演变为以货币为媒介的商品流通。这些直接促使了人类社会第三次大分工的产生，即出现了商业和专门从事贸易的商人。在原始社会的末期，财产私有制在生产力不断发展的基础上形成了，出现了阶级和国家。接下来，商品经济得到进一步发展，最终使商品交易超出国家的界限，形成了最早的对外贸易。

1.1.2 国际贸易的发展

一、前资本主义社会的国际贸易

1. 奴隶社会的国际贸易

奴隶社会制度最早出现在古代东方各国，如中国（殷、商时期已进入奴隶社会）、埃及、巴比伦，但是以欧洲的古希腊、古罗马的奴隶制最为典型。奴隶社会的基本特征是奴隶主占有生产资料和奴隶本身，同时存在维护奴隶主阶级专政的完整的国家机器。在奴隶社会，生产力水平前进了一大步，社会文化也有了很大的发展，国际贸易初露端倪。

公元前2 000多年前，由于水上交通便利，地中海沿岸的各奴隶社会国家之间就已开展了对外贸易，出现了腓尼基、迦太基、亚历山大、希腊、罗马等贸易中心和贸易民族。但是从总体上来说，奴隶社会是自然经济占统治地位，生产的直接目的主要还是消费。商品生产在整个社会的经济生活中还是微不足道的，进入流通领域的商品很少。另外，由于生产技术落后，交通工具简陋，各国对外贸易的范围受到很大限制。而那些商业发达的民族或国家在当时只是局部现象。

从贸易的商品构成来看，奴隶是当时欧洲国家对外交换的一种主要商品。例如，古希腊的雅典就是当时贩卖奴隶的一个中心。此外，奴隶主阶级需要的奢侈消费品，如香料、宝石、各种织物和装饰品等，在对外贸易中占有很重要的地位。奴隶社会的对外贸易虽然影响有限，但对手工业发展的促进作用较大，在一定程度上推动了社会生产力的进步。

2. 封建社会的国际贸易

封建社会取代奴隶社会之后，国际贸易又进一步发展。特别是从封建社会的中期开始，地租的形式从实物转变为货币，使商品经济的范围逐步扩大，对外贸易也随之增长。到封建社会的晚期，在城市手工业进一步发展的同时，资本主义因素已经开始孕育和生长，商品经济和对外贸易都比奴隶社会有明显的发展。

国际贸易中心在封建社会时期开始出现。早期的国际贸易中心位于地中海东部，而自11世纪以后，国际贸易的范围逐步扩大到地中海、北海、波罗的海和黑海沿岸。城市手工业的发展是推动当时国际贸易拓展的一个重要因素。国际贸易的发展又促进了社会经济的发展，并加速了资本主义因素的形成和发展。

从国际贸易的商品来看，封建时代主要是奢侈消费品，例如东方国家的丝绸、珠宝、香料，西方国家的呢绒、酒等。手工业品所占的比例有了明显的上升。另外，由于交通运输工具（主要是船的制造技术）有了较大进步，国际贸易的范围便扩大了。不过，从总体上来说，自然经济仍占统治地位，国际贸易在经济生活中的作用并不大。

奴隶社会和封建社会由于社会生产力水平低下，社会分工不发达，自然经济占据统治地位。因此，对外贸易发展缓慢，国际商品交换只是个别的、局部的现象，还不存在真正的世界市场，更不存在实际意义的国际贸易。

二、资本主义社会的国际贸易

国际贸易虽然源远流长，但其真正具有世界性质还是在资本主义生产方式确立起来之后。在资本主义生产方式下，国际贸易的规模急剧扩大，国际贸易活动遍及全球，贸易商品种类日益繁多，国际贸易越来越成为影响世界经济发展的一个重要因素。而在资本主义发展的各个不同历史时期，国际贸易的发展又各具特点。

1. 资本主义生产方式准备时期的国际贸易

16世纪至18世纪中叶是西欧各国资本主义生产方式的准备时期。在这一时期，工场手工业的发展使社会劳动生产率得到提高，商品生产和商品交换进一步发展，这为国际贸易的扩大提供了必要的物质基础。而这一时期的地理大发现，更是加速了资本主义的资本原始积累，使世界市场初步形成，从而大幅扩展了世界贸易的规模。

2. 资本主义自由竞争时期的国际贸易

18世纪后期至19世纪中叶是资本主义的自由竞争时期。在这一时期，各欧洲国家先后发生了产业革命和资产阶级革命，资本主义机器大工业生产方式得以建立并广泛发展，社会生产力水平大幅提高，可供交换的商品空前增多，真正的国际分工开始形成。此外，大工业使交通运输和通信联络发生了变革，推动了国际贸易的快速发展。

3. 垄断资本主义时期的国际贸易

19世纪末20世纪初，各主要资本主义国家从自由竞争阶段逐步过渡到垄断资本主义阶段，也使国际贸易发生了一些新的变化。

第一，国际贸易的规模仍在扩大，但增长速度下降。截至第一次世界大战前，国际贸易仍呈现出明显的增长趋势，但与自由竞争时期相比，增长速度已经下降了。比如，从1870年至1913年，国际贸易量只增长了3倍；而在1840年至1870年，国际贸易量却增长了3.4倍。

第二，垄断开始对国际贸易产生严重影响。由于生产和资本的高度集中，垄断组织在经济生活中越来越起着决定性作用。它们在控制国内贸易的基础上，在世界市场上也占据了垄断地位，通过垄断价格使国际贸易成为垄断组织追求最大利润的手段。当然，垄断并不能使竞争消失，反而使竞争更加激烈。

第三，一些主要资本主义国家的垄断组织开始输出资本。为了确保原料的供应和对市场的控制，少数资本主义国家开始向殖民地输出资本。在第一次世界大战前，英国和法国是两个主要的资本输出国。资本输出不仅带动了本国商品的出口，还能以低廉的价格获得原材料；同时，资本输出也是在国外市场上排挤其他竞争者的一种有力手段。

4. 第二次世界大战以后的国际贸易

第二次世界大战以后，特别是20世纪80年代以来，世界经济发生了巨大的变化，科技进步的速度不断加快。国际分工、国际贸易和世界市场也都发生了巨大的变化。概括说来，第二次世界大战以后，国际贸易的发展具有以下一些新特征。

第一，国际贸易发展迅速，其增长速度大幅超过世界生产的增长速度，而服务贸易的增长速度又大幅超过商品贸易的增长速度。国际贸易在世界生产总值中所占的比例，各种类型国家和地区的对外贸易在它们各自的国内生产总值中所占的比例都增加了。特别是自20世纪80年代以来，国际贸易的年均增长率达到5%~6%，远高于同期世界产值2%~3%的年均增速，并且稳定增长中不断出现增长的高峰。比如，20世纪80年代有两个高峰：1984年、1988年的国际贸易额分别比1983年、1987年增长8.1%、7.9%；20世纪90年代又有两个高峰：1994年、1997年的国际贸易额均比1993年、1996年增长9.5%；2000年国际贸易更是比1999年增长12%；2003年国际贸易额达到75 900亿美元，比2000年的64 580亿美元增长17.5%。2005年，国际贸易额突破10万亿美元大关，达到105 090亿美元。2006年，国际贸易额增加到121 310亿美元，是2003年的1.6倍。2014年，国际贸易额为189 950亿美元，是2006年的1.6倍，是2000年的2.9倍。2021年，全球贸易额达28.5万亿美元，创历史新高，较2020年和2019年分别增长25%和13%。

与此同时，20世纪80年代以来，国际服务贸易的发展也非常迅速，且增长速度大幅超过货物贸易。国际服务贸易额1980年为3 956亿美元；1990年为8 313亿美元；2000年已达到15 219亿美元；2006年上升至30 237亿美元；2008年进一步增加到40 517亿美元；2014年高达50 167亿美元；比1980年增长了12.7倍，比2000年增长了3.3倍。2018年突破6万亿美元；2019年达到62 017亿美元，是2010年的1.6倍。但受到不可抗力的影响，2020年，国际服务贸易额大幅下降至50 863亿美元。2021年，随着世界经济呈现显著复苏态势，国际服务贸易额回升至59 421亿美元。

第二，国际贸易商品结构发生了显著变化，新商品不断大量涌现。制成品特别是机器和运输设备及其零部件贸易增长迅速，世界制成品的比例由1980年的53.9%上升到2002

年的76.69%。此后开始逐年下降，从2008年至2014年出现连续七年低于70%。此后，从2015年开始一直维持在71%左右，如2021年为70%。石油贸易增长迅猛，而原料和食品贸易发展缓慢，除石油以外的初级产品在国际贸易中所占的比例下降。在制成品贸易中，各种制成品的相对重要性有了变化。非耐用品，如纺织品和一些轻工业产品的比例下降，而资本货物所占的比例上升。技术贸易及军火贸易迅速增长。

第三，发达国家继续在国际贸易中占据主导地位，但发展中国家在国际贸易中的地位有所提高，国际贸易已从过去发达国家的一统天下，变为不同类型国家或地区相互合作和相互竞争。在第二次世界大战后的国际贸易中，增长速度最快的是发达经济体之间的贸易，在世界货物贸易出口中，发达资本主义国家所占比例，1950年为66%，1960年为75.4%，1972年达到最高的81.5%，1986年为79.9%。此后发达国家的占比开始逐年下降，即1990年为77.7%，2000年为70.5%，2010年为60.3%，2021年为55.6%。但是，发展中国家与发达国家及发展中国家间的相互贸易的总规模仍是不断扩大的。特别是一些新兴工业化国家和地区的贸易、分工地位在不断提高。

第四，各种类型国家和地区间的区域贸易组织层出不穷，经济贸易集团内部各成员方间的贸易发展也十分迅速。2007年6月，WTO贸易政策评审司公布了一份题为《区域贸易协定的变化情况：至2006年年底的最新情况》的研究报告。报告显示，在过去两年内，向WTO通报的新的区域贸易协定的数量猛增。2005—2006年，有55个新的区域贸易协定（RTA）向WTO做了通报。在通报WTO的214个RTA中，158个涉及货物贸易，43个涉及服务贸易，剩余的13个既涉及货物贸易也涉及服务贸易。已经生效但尚未向WTO通报的RTA约70个，已经签署但未生效的约30个，正在谈判的约65个，正在提议阶段的约30个。如果在2010年前这些协定都得到执行，在全球范围内将约有400个自由贸易区（FTA）。这当中既有发达经济体间的，如欧盟（EU）；也有发达经济体和发展中经济体间的，如北美自由贸易协定（NAFTA）；还有发展中经济体间的，如东盟自由贸易区（AFTA）。据世贸组织统计，截至2014年1月，全球共签署区域贸易协定583个。据WTO区域贸易协定数据库统计显示，截至2022年6月，全球签署或正在谈判中的区域贸易协定共计616个。

第五，从贸易政策和贸易体制来看，从20世纪50年代到20世纪60年代，贸易政策和体制总的特点是自由贸易；自20世纪70年代以来，贸易政策有逐渐向贸易保护主义转化的倾向，国际贸易体制从自由贸易走向管理贸易，国际贸易的垄断化进一步发展。1995年1月1日，随着世界贸易组织的成立，国际贸易又进入一个相对自由的时代。当然，这并不排除一些国家出于政治利益的需要而采取贸易限制措施。

前资本主义社会的国际贸易和资本主义社会的国际贸易的主要区别表现在以下三个方面：一是贸易的主体不同。前者的贸易主体是少数的特权阶层或其代理人，而后者属于一般的资产阶级。二是贸易的客体不同。前者的贸易客体主要是供特权阶层使用的奢侈品，而后者主要是供普通大众消费的大宗商品。三是贸易的目的不同。前者的贸易目的主要是商品的使用价值，而后者的贸易目的主要是商品的价值增值。

1.2 国际贸易的基本概念

1.2.1 国际贸易与对外贸易

国际贸易（International Trade）是指世界各国或地区之间进行的货物与服务等的交换活动。它是世界各国或地区之间分工的主要表现形式。

对外贸易（Foreign Trade）是指一国或地区同别国或地区之间进行的货物与服务等的交换活动。

由于对外贸易是由进口和出口两个部分构成的，所以又称进出口贸易（Import and Export Trade）。一些海岛国家和地区，或者对外贸易货物主要依靠海运的国家和地区，如英国、日本等，还常将对外贸易称为海外贸易（Oversea Trade）。对外贸易早在原始社会末期、奴隶社会初期就已产生，并随着生产的发展而逐渐扩大，现在的规模空前扩大，并具有了世界性。

国际贸易和对外贸易有狭义和广义之分，只包括货物贸易的国际贸易和对外贸易称为狭义的国际贸易和对外贸易，既包括货物贸易又包括服务贸易等的国际贸易和对外贸易称为广义的国际贸易和对外贸易。本书主要研究狭义的国际贸易，即货物贸易，但其中阐述的一般性理论和知识也适用于服务贸易等。

国际贸易与对外贸易既有联系又有区别。其联系在于：对外贸易与国际贸易都是跨越国界所进行的商品与服务等的交换活动；国际贸易作为各国或地区进口或出口贸易的总和，对它的研究自然离不开对各国或地区对外贸易的研究。两者的区别在于：国际贸易是从宏观的角度，从国际范围来看国家或地区之间进行的商品与服务等的交换活动的。而对外贸易是从微观的角度，即从一国或地区的角度来审视国家或地区之间的商品与服务等的交换活动的。因而，这两者之间是一般与个别的关系。另外，对外贸易的研究代替不了国际贸易的研究，因为国际贸易作为一个客观存在的整体，有它自己独特的矛盾和运动规律，有些国际范围内的综合性问题，如国际分工、国际价值等问题，仅仅从个别国家或地区的角度是无法深入进行研究的。

另外，人们常用“世界贸易”（World Trade）一词来代替国际贸易，但严格地讲，它们并不是同一个概念。国际贸易是世界各国或地区对外贸易（进口或出口）的总和，而世界贸易则是世界各国或地区对外贸易与国内贸易的总和。

1.2.2 国际贸易额与国际贸易量

国际贸易额（Value of International Trade）是以货币表示的和用现行世界市场价格计算的世界各国与地区的进口总额或出口总额之和，又称为国际贸易值。国际贸易额一般都用美元来表示，这是因为美元长期以来是国际贸易中最广泛使用的结算货币，也是国际储备货币。同时，以美元为单位也有利于进行国际比较。

对于一个国家或地区而言，在一定时期内（如 1 年）从国外进口商品的全部价值，称为进口贸易总额或进口总额；在一定时期内（如1年）向国外出口商品的全部价值，称为出口贸易总额或出口总额。二者相加称为进出口贸易总额或进出口总额。由于一国的出口就是另一国的进口，从世界范围来看，世界各国和地区的进口总额之和理应等于世界各国和地区的出口总额之和。但是，由于世界上绝大多数国家都是按FOB价格（起运港船上交货价，只计成本，不包括运费和保险费）计算出口额，按CIF价格（成本加保险费和运费）计算进口额，因此世界出口总额小于世界进口总额。

与计算一国或地区对外贸易额的方法不同，我们不能简单地把世界各国和地区的进口总额和出口总额加起来作为国际贸易额，因为那样会造成重复计算。但也不能把各国和地区的进口总额加起来作为国际贸易额，因为进口总额中除了包括货物本身的价值以外，还包括保险费和运费。所以通常是把世界各国和地区的出口总额相加作为国际贸易额。

国际贸易量（Quantum of International Trade）是为了剔除价格变动的影响，并能准确地反映国际贸易的实际数量变化而确立的一个指标。其具体计算方法是：以固定年份为基期，用报告期的价格指数去除同期的贸易额，得出相当于按不变价格计算的贸易额。由于剔除了价格变动的影响，用这种方法计算出来的国际贸易额单纯反映国际贸易的量，所以称为国际贸易量。其计算公式为：

$$国际贸易量=进出口贸易额÷进出口价格指数×基期价格指数$$

$$价格指数=（报告期价格÷基期价格）×基期价格指数$$

引入国际贸易量这一概念，是因为用货币表示的国际贸易额，由于商品价格经常变动，往往不能真实、准确地反映国际贸易的实际规模及其变化。如果用国际贸易量来表示，就可以避免这个缺点。但是，参加国际贸易的商品种类繁多，计量标准各异，不能直接相加。为了反映国际贸易的实际规模及其变化，只能以一定时期的不变价格为标准来计算各个时期的国际贸易额。例如：据联合国相关部门统计，资本主义世界出口额1970年为2 800亿美元，1978年为11 736亿美元；假设基期1970年出口价格指数为100，1978年的出口价格指数为265。如果按贸易额直接计算，与1970年相比，1978年的国际贸易额增加了约3.2[①]倍。若按贸易量计算，则得出1978年的国际贸易量约为4 429[②]亿美元，再把这一数值同基期1970年的2 800亿美元相比较，从而得出1978年与1970年相比，国际贸易量增加了58%[③]的结论，而不是按贸易额计算的增加了3.2倍。由此可见，国际贸易量就是以不变的价格计算的国际贸易额。

区分贸易额和贸易量，除了能够准确衡量贸易规模以外，还可以通过不同时期某一国家或地区贸易额与贸易量的比较，了解该国或地区贸易利益的变化。如果在一段时期内，该国或地区出口额的增长速度高于出口量的增长，则出口收益增加；反之，则出口收益减少。

---

① 计算方法为：$3.2\approx\frac{11\ 736-2\ 800}{2\ 800}$。

② 计算方法为：$4\ 429\approx 11\ 736\div\frac{265}{100}$。

③ 计算方法为：$58\%\approx\frac{4\ 429-2\ 800}{2\ 800}\times100\%$。

联合国等机构的统计资料，往往采用国际贸易额和国际贸易量两种数字，以供对照参考。

相关思政元素：民族自信心和自豪感

相关案例：

党的十八大以来，我国加快建设开放型经济新体制，对外贸易发展取得了历史性成就。十年来，货物贸易进出口量连创新高，从2012年的24.4万亿元增加到2021年的39.1万亿元，增量高达14.7万亿元，这个数字接近2009年全年的进出口总值。2018年，这个数字突破了30万亿元大关，2021年又接近了40万亿元的关口。国际市场份额也从2012年的10.4%提升到2021年的13.5%，由此，全球货物贸易第一大国的地位更加巩固。

从2017年以来，我国已经连续五年保持世界货物贸易第一大国的地位。十年来，我国货物贸易规模的不断跃升，充分体现了中国不仅是“世界工厂”，也是“世界市场”，在向全球市场提供物美价廉、琳琅满目商品的同时，也在中国市场为各国提供了更广阔的发展机遇。

十年来，对外贸易的经营主体增长了1.7倍，其的“朋友圈”也不断扩大，与“一带一路”沿线国家贸易持续深化畅通的同时，国内区域布局也更加优化，我国中西部地区的进出口占比由2012年的11.1%提升到2021年的17.7%，即提升了6.6个百分点。进出口商品结构更加优化，对外贸易发展的新动能不断激发。这十年，对外贸易高质量发展是“中国制造”向“中国智造”转型升级的写照，中国外贸在参与国际竞争中竞争力更强，在经济引擎中发挥的作用更大，长期向好发展的基础更雄厚。

十年来，全国海关围绕服务国家经济社会发展大局，强化监管优化服务，促进了对外贸易高质量发展。一是持续优化口岸营商环境。进出口环节监管证件由86个减少到41个，整体通关时间压缩了一半以上，节省出的每一分钟都能折算成企业的经济效益。二是大力支持对外开放平台建设。推动综合保税区创新发展，目前，全国共有综合保税区156个。积极开展自由贸易试验区海关监管制度创新，坚持“管得住、放得开”原则，研究制定海南自由贸易港海关监管框架方案。综合保税区、自由贸易试验区、海南自由贸易港进出口大幅提升。三是积极促进对外贸易新业态有序发展，“网购保税进口”“跨境电商B2B直接出口”“跨境电商出口海外仓”等监管模式，满足了跨境电商企业的发展需求，使“买全球”“卖全球”成为现实。四是全面深化海关国际合作。落实习近平总书记提出的“智慧海关、智能边境、智享联通”的合作倡议，与171个国家（地区）海关建立起友好合作关系，深度参与世界贸易组织（WTO）、世界海关组织（WCO）有关规则制定和区域全面经济伙伴关系协定（RCEP）等自贸协定的磋商，积极参与全球海关协同治理。五是支持共建“一带一路”，从2013—2021年，推动沿线国家的100多种优质农食产品实现了对华贸易。推广“经认证的经营者”（AEO）互认合作后，中国有4 000多家海关高级认证企业在境外享受和中国国内同样的通关便利，降低了贸易成本，为对外贸易营造了良好的外部环境。

摘自：中宣部“中国这十年·系列主题新闻发布”，2022年5月20日。

1.2.3 贸易差额

贸易差额（Balance of Trade）是指一定时期内一国（地区）出口总额与进口总额之间的差额。贸易差额分为贸易顺差和贸易逆差。当出口总额大于进口总额时，其差额称为贸易顺差（Trade Surplus），或称贸易黑字，我国也称为出超。它表明一国（地区）收进的货款与服务报酬大于支出的货款与服务报酬，说明该国在世界市场上处于优势地位。当出口总额小于进口总额时，其差额称为贸易逆差（Trade Deficit），或称为贸易赤字，在我国也称为入超。它表明一国（地区）对外支出的货款与服务报酬大于收进的货款与服务报酬，说明该国在世界市场上处于劣势地位。

如果一国（地区）出口总额与进口总额相等，则称为贸易平衡（Trade Balance）。任何国家（地区）的进出口贸易都会出现差额，不可能达到绝对的平衡。

贸易差额是衡量一国或地区对外贸易的重要指标。一般来说，贸易顺差表明一国或地区在对外贸易收支上处于有利地位，贸易逆差则表明一国或地区在对外贸易收支上处于不利地位。因此，各国或地区通常追求贸易顺差，以增强本国或地区的对外支付能力，稳定本国或地区货币对外币的比值。单纯从国际收支的角度来看，当然是顺差比逆差好。但是，长期保持顺差则未必是一件好事。首先，长时间存在顺差，意味着大量的资源通过出口输出到了国外，得到的只是资金积压。其次，巨额顺差往往会使本国或地区的货币升值，不利于扩大出口，并且会造成同其他国家或地区的贸易关系紧张。再次，巨额顺差还会影响国内货币政策对一国经济的调控能力。

1.2.4 国际贸易商品结构与对外贸易商品结构

国际贸易商品结构（Composition of International Trade）是指一定时期内各类商品或某种商品在国际贸易中所占的比例或地位，通常以其在国际贸易总额中的比例来表示。

对外贸易商品结构（Composition of Foreign Trade）是指一定时期内各类商品或某种商品在一国对外贸易中所占的比例或地位，通常以它们在进出口贸易总额中的比例来表示。例如，某国2022年的出口额为100亿美元，其中初级产品为25亿美元，而制成品为75亿美元，则该国的出口商品结构就是初级产品占25%，制成品占75%。

国际贸易商品结构可以反映出整个世界的经济发展水平和产业结构状况等。一国的对外贸易商品结构可以反映出该国的经济发展水平、产业结构状况，以及资源情况等。另外，各类商品价格的变动也是影响国际贸易商品结构和对外贸易商品结构的因素。

随着世界生产力的发展和科学技术的进步，国际贸易商品结构和对外贸易商品结构不断发生变化，其基本趋势是初级产品的比例下降，制成品的比例上升；劳动密集型产品的比例减少，资本技术密集型产品的比例增加。随着国际分工的深化，20世纪90年代以来，为服务跨国公司全球化生产的需要，零部件和中间产品在国际贸易中的比例日益提高。

1.2.5 国际贸易地理方向与对外贸易地理方向

国际贸易地理方向（Direction of International Trade）也称为国际贸易地区分布（International Trade by Regions），是指在一定时期内，世界各国、各洲、各区域集团在国际贸易中所处的地位，通常用它们的出口额或进口额占世界出口总额或进口总额的比例来表示。

例如，1991 年，在世界出口总额中，美国、德国和日本分别占 12%、11.4%和 8.9%，居第一、第二和第三位；按洲的排列次序是欧洲第一、北美洲第二、亚洲第三、拉丁美洲第四、非洲第五、大洋洲第六；从国家集团看，发达国家占 65%，发展中国家占 25%，东欧国家占 10%。2014 年，在世界出口总额中，中国、美国和德国分别占 12.4%、8.6%和 8.0%，居第一、第二和第三位。

对外贸易地理方向（Direction of Foreign Trade）又称对外贸易地区分布或对外贸易国别（区域）结构，是指一定时期内世界各国、各地区、各区域集团在一国对外贸易中所占的地位，通常以它们对该国的进出口额占该国进出口总额的比例来表示。对外贸易地理方向指明一国出口货物与服务的去向地和进口货物与服务的来源地，从而表明一国或地区与其他国家或地区之间经济贸易联系的程度，即可以看出哪些国家或地区是该国或地区的主要贸易对象或者主要贸易伙伴。例如，2006 年，美国货物贸易出口总额为 10 383 亿美元，美国出口贸易的地理方向是：对北美洲国家的出口贸易额占美国出口贸易总额的 35.2%，其中对加拿大的出口贸易额为 2 302 亿美元，占美国出口贸易总额的 22.2%，对墨西哥的出口贸易额为 1 343 亿美元，占美国出口贸易总额的 12.9%；对亚洲国家的出口贸易额占美国出口贸易总额的 27.0%，其中对中国的出口贸易额为 552 亿美元，占美国出口贸易总额的 5.3%，对日本的出口贸易额为 597 亿美元，占美国出口贸易总额的 5.8%；对欧洲国家的出口贸易额占美国出口贸易总额的 23.0%，其中对欧盟的出口贸易额为 2 145 亿美元，占美国出口贸易总额的 20.7%；对南美和中美洲的出口贸易额占 8.5%；对中东国家的出口贸易额占 3.8%；对非洲国家的出口贸易额占 1.8%；其他占 0.7%。2011 年美国对加拿大、欧盟、墨西哥、中国和日本的出口额分别占美国出口总额的 19.0%、18.1%、13.3%、7.0%和 4.5%。2011 年美国对中国、欧盟、加拿大、墨西哥和日本的进口额分别占美国进口总额的 18.1%、16.7%、14.3%、11.9%和 5.8%。2021 年，美国对加拿大、墨西哥、欧盟、中国和日本的货物贸易出口额，分别占美国货物贸易出口总额的 17.5%、15.8%、15.5%、8.6%和 4.3%。同年，美国从中国、欧盟、墨西哥、加拿大和日本的货物贸易进口额，分别占美国货物贸易出口总额的 18.5%、17.1%、13.2%、12.4%和 4.8%。由此可见，中国、欧盟、墨西哥、加拿大是美国的最主要贸易对象（伙伴）。

一国或地区的对外贸易地理方向通常受经济互补性、国际分工形式、贸易政策等的影响。由于国际政治经济形势不断变化，各国或地区的经济实力经常变化，国际贸易与对外贸易地理方向也随之发生变更。

对于一个国家或地区而言，如果与某一个或某几个国家或地区的贸易额占其对外贸易总额的比例较高，则对外贸易地理方向比较集中；反之，则比较分散。对外贸易地理方向的集中与分散各有优劣。以出口为例，对外贸易地理方向集中有利于出口厂商的信息交流，交易成本比较低。但出口过于集中往往会带来国内各厂商之间为争夺客户互相压价，进而形成恶性竞争。而无论是出口还是进口，一国（地区）对外贸易地理方向过于集中，都会使得该国（地区）容易受制于人，从而在对外贸易中处于不利的境地。对外贸易地理方向的分散则可以降低一国（地区）所面临的政治与经济风险，避免进出口厂商之间的恶性竞争，但交易成本较高。

1.2.6 贸易条件

贸易条件（Terms of Trade）具有多种含义，可分别以实物形态和价格来表现。根据不同的分析目的，贸易条件可分为以下四种。

1. 商品贸易条件

商品贸易条件也称为净贸易条件，是出口价格指数与进口价格指数之比（进出口比价，Ratio Between Import and Export Prices）。通常如果没有明确的限定，贸易条件就是指商品贸易条件。这也是最基本的和最常用的一种。其计算公式如下：

$$N=\left(\frac{P_x}{P_m}\right)\times 100$$①

式中：N代表商品贸易条件；P_x代表出口价格指数；P_m代表进口价格指数。

算出的结果，如指数上升（大于100），表示贸易条件改善，换句话说，表明出口价格较进口价格相对上涨，意味着每出口一单位商品能换回的进口商品数量比原来增多，即贸易条件比基期有利，贸易利益亦增大；如指数下降（小于100），则表示贸易条件恶化，换言之，表明出口价格较进口价格相对下降，意味着每出口一单位商品能换回的进口商品数量比原来减少，即贸易条件比基期不利，贸易利益亦减少。

【例1】 假定某国商品贸易条件以1992年为基期，是100，2022年时出口价格指数下降5%，为95；进口价格指数上升10%，为110；那么这个国家2022年的商品贸易条件为：

$$N=(95\div 110)\times 100\approx 86.36$$

这表明，从1992年到2012年，该国商品贸易条件从1992年的100下降到2022年的86.36，2022年与1992年相比，商品贸易条件恶化了13.64。

2. 收入贸易条件

收入贸易条件指一国出口商品的实际收入水平，用以反映一国出口商品的实际购买能力。它相当于商品贸易条件与出口数量的乘积，即考虑到出口数量变化的因素。其计算公式为：

$$I=\left(\frac{P_x}{P_m}\right)\times Q_x$$

式中：I代表收入贸易条件；Q_x代表出口数量指数。

【例2】 假定进出口价格指数与【例1】相同，该国的出口数量指数从1992年的100上升到2022年的120，则该国2022年的收入贸易条件为：

$$I=(95\div 110)\times 120\approx 103.63$$

这说明，尽管该国商品贸易条件恶化了，但由于出口量的增加，本身的购买能力（进口能力）2022年较1992年提高了3.63，即收入贸易条件好转（改善）。

3. 单项因素贸易条件

单项因素贸易条件是在商品贸易条件的基础上，考虑到出口商品劳动生产率变化的因素，即出口商品劳动生产率提高或降低对贸易条件的影响。其计算公式为：

$$S=\left(\frac{P_x}{P_m}\right)\times Z_x$$

① 假设基期价格指数值为100。

式中：S 代表单项因素贸易条件；Z_x 代表出口商品劳动生产率指数。

【例 3】 假定进出口商品价格指数与【例 1】相同，而该国出口商品的劳动生产率由 1992 年的 100 上升到 2022 年的 130，则该国的单项因素贸易条件为：

$$S = (95 \div 110) \times 130 \approx 112.27$$

这说明，从 1992 年到 2022 年，尽管商品贸易条件恶化，但出口商品劳动生产率提高，贸易条件仍然得到了改善。

4. 双项因素贸易条件

双项因素贸易条件不仅要考虑出口商品劳动生产率的变化，还考虑到进口商品劳动生产率的变化。其计算公式如下：

$$D = \left(\frac{P_x}{P_m}\right) \times \left(\frac{Z_x}{Z_m}\right) \times 100$$

式中：D 代表双项因素贸易条件；Z_m 代表进口商品劳动生产率指数。

【例 4】 假定进出口价格指数和出口商品劳动生产率指数仍为 100，而进口商品劳动生产率指数则从 1992 年的 100 上升到 2022 年的 105，则双项因素贸易条件为：

$$D = (95 \div 110) \times (130 \div 105) \times 100 \approx 106.93$$

这说明，如果出口商品劳动生产率指数在同期内高于进口商品劳动生产率指数，则贸易条件仍会改善。

贸易条件是衡量一国对外贸易经济效益的综合性指标，也是反映国际贸易中不等价交换的重要指标。长期以来，工业发达国家向发展中国家出口的商品（工业制成品）价格不断上涨，而从发展中国家进口的商品（初级产品）价格则上涨较慢或相对下跌，造成交换比价的“剪刀差”不断扩大。这表示贸易条件有利于工业发达国家，而不利于发展中国家。

1.2.7 对外贸易依存度

贸易依存度（Degree of Dependence on Trade）也称为贸易系数，是指贸易总额与国内生产总值（GDP）或国民生产总值（GNP）的相互关系。

对外贸易依存度是指一国或地区国民经济对对外贸易的依赖程度，是以本国或地区的对外贸易额（进出口总额）在本国或地区 GDP 或 GNP 中所占的比例来表示的。对外贸易依存度可分为对外贸易总依存度、对外货物贸易依存度和对外服务贸易依存度三种形式。

根据研究对象的不同，对外贸易依存度可以分为出口依存度和进口依存度，国际上多以出口额（进口额）在 GDP 或 GNP 中的比例来表示。

对外贸易依存度可进行分别计算，也可进行一次计算。

1. 分别计算

$$出口依存度 = \frac{进口额}{GNP 或 GDP} \times 100\% \quad (1)$$

$$进口依存度 = \frac{进口额}{GNP 或 GDP} \times 100\% \quad (2)$$

$$对外贸易依存度 = (1) + (2)$$

2. 一次计算

$$对外贸易依存度=\frac{进出口总额}{GNP 或 GDP}\times 100\%$$

外贸依存度的高低与一国的经济发展水平、经济发展模式、经济发展战略、经济规模、人口规模等诸多因素的综合影响密切相关，它可以反映出一国对外贸易在国民经济中的地位、同其他国家经济联系的密切程度以及该国参与国际分工与世界市场的广度和深度。从横向比较看，一国的外贸依存度越高，对外贸易在国民经济中的作用越大，与外部的经济联系越多，经济开放度也越高；从纵向比较看，如果一国的外贸依存度提高，则表明其外贸增长率高于 GDP 或 GNP 的增长率，对外贸易对经济增长的作用加大，经济开放度提高。在实践中，通常用外贸依存度来衡量国际贸易对经济增长的影响。

国际贸易依存度是指全球贸易总额在世界国民生产总值中所占的比例。其计算公式为：

$$国际贸易依存度=\frac{全球贸易总额}{世界 GNP 或世界 GDP}\times 100\%$$

第二次世界大战后，国际贸易依存度逐年上升，这反映出世界各国或地区之间的贸易联系越来越密切，国际贸易在世界经济发展中的地位也越来越重要。

随堂练习

请同学们登录国家统计局官方网站，查阅“中国统计年鉴”（http://www.stats.gov.cn/tjsj/ndsj/），并计算近几年我国的对外贸易依存度数值。

1.3 国际贸易的分类

从不同的角度，以不同的标准，可以对国际贸易进行以下分类。

1.3.1 按照货物移动方向的不同分类

按照货物移动方向的不同，国际贸易可分为出口贸易、进口贸易和过境贸易。

出口贸易（Export Trade）又称为输出贸易，是指将本国生产和加工的货物输往国外市场销售。

进口贸易（Import Trade）又称为输入贸易，是指将国外生产和加工的货物输入本国市场销售。

出口贸易和进口贸易是每一笔交易的两个方面。对卖方而言，为出口贸易；对买方而言，为进口贸易。

此外，从国外输入的货物，没有在本国消费，又未经加工就再输出时，称为复出口（Re-export Trade）；反之，从本国输出的货物，未经加工又输入本国，称为复进口（Re-import Trade）。例如，出口后退货，未售出的寄售货物退回等。一国往往在同一类货物上既有出口又有进口，若出口量大于进口量，称为净出口（Net Export）；反之，若进口量大于出口量，称为净进口（Net Import）。净出口与净进口反映的是一国在某种货物贸易上是处于出口国的地位，还是处于进口国的地位。

过境贸易（Transit Trade）又称通过贸易，是指甲国出口到乙国的货物经由丙国的国境运送时，货物的所有权不属于丙国，对丙国来讲，就是过境贸易。有些内陆国家同非邻国的贸易，其货物必须通过第三国的国境。不过，如果这类贸易是通过航空运输飞越第三国领空，第三国海关则不会把它列入过境贸易。过境贸易属于直接贸易。

1.3.2 按照划分进出口标准的不同分类

按照划分进出口标准的不同，国际贸易可分为总贸易（General Trade）和专门贸易（Special Trade）。

总贸易是以国境为标准划分进出口而统计的贸易。凡进入本国国境的商品，不论结关与否，一律计入进口，称为总进口；凡离开本国国境的商品一律计入出口，称为总出口。总进口额加上总出口额称为总贸易额。

专门贸易是以关境为标准划分进出口而统计的贸易。列入专门进口货物的渠道一般有三种：①为国内消费和使用而直接进入的进口货物；②进入海关保税工厂的进口货物；③为国内消费和使用而从海关保税仓库提出的货物，以及从自由贸易区进口的货物。列入专门出口货物的来源一般有：①本国生产的产品的出口；②从海关保税工厂出口的货物；③本国化商品出口，即进口后经加工又运出关境的商品的出口。

总贸易和专门贸易说明的是不同的问题。前者说明一国或地区在国际货物流通中所处的地位和所起的作用；后者则说明一国或地区作为生产者和消费者在国际货物贸易中具有的意义。

由于各国或地区在编制统计时采用的方法不同，联合国发表的各国或地区对外贸易额的资料一般均注明是按何种贸易体系编制的。目前，采用总贸易体系的国家有 90 多个，主要包括美国、日本、英国、加拿大、澳大利亚等。采用专门贸易体系的国家有 80 多个，主要包括德国、意大利、法国、瑞士等。其中，我国采用的是总贸易体系。

由此可知，总贸易与专门贸易的数额是不相等的，原因有二：一是过境贸易计入总贸易而不计入专门贸易；二是关境与国境有时并不一致。因此，联合国公布的各国和地区的贸易额一般都注明是总贸易额还是专门贸易额。

关境与国境一般说来是一致的。但是，有些国家在国境内设有自由港、自由贸易区、出口加工区等经济特区，这些地区不属于关境范围；保税仓库也不属于关境范围之内。所以，在设有上述区域的国家，其关境小于国境。而当几个国家缔结关税同盟时，关境包括了几个国家的领土，即参加关税同盟的国家的领土连成一片，组成为统一的关境，则关境大于国境。

世界各国或地区的服务贸易额进入国际收支统计，不进入海关统计。因此，总贸易与专门贸易只适用于货物的贸易统计。

1.3.3 按照商品形态和内容的不同分类

按照商品形态和内容的不同，国际贸易可分为有形贸易（货物贸易，Visible Trade）与无形贸易（服务贸易或技术贸易，Invisible Trade）。

有形贸易即货物贸易（Goods Trade），是指物质（实物）商品的进出口。因为货物是有形的，可以看得见、摸得着，如机械、设备、粮食、服装、玩具等，所以货物贸易又常常被称为有形贸易。

无形贸易是指非物质（实物）商品的进出口。如运输、保险、旅游、租赁、技术等服务的交换活动。一般来说，无形贸易包括服务贸易和技术贸易。

有形贸易和无形贸易的主要区别是：有形贸易的进出口要办理海关手续，故其金额表现在海关的贸易统计表上，这是国际收支中的重要项目。无形贸易则不办理海关手续，其金额通常不显示在海关的贸易统计表上，但显示在一国的国际收支表上。

服务贸易构成无形贸易的主体。服务过去译为劳务。关于服务这一概念，各国的解释不尽一致，目前尚无统一、公认的定义。马克思曾对服务一词作出过明确的解释："服务这个名词，一般地讲，不过是指这种劳动所提供的特殊使用价值，就像其他一切商品所提供的自己的特殊使用价值一样；但是，劳动的特殊使用价值在这里取得了'服务'这个特殊名称，是因为劳动不是作为物，而是作为活动提供服务的。"据此，可以给服务和服务贸易作如下定义：服务是指以提供活劳动的形式满足他人某种需要的活动；服务贸易是指以提供或接受活劳动的形式相互满足某种需要并索取或支付报酬的活动。因此，国际服务贸易（International Trade in Service or International Service Trade）就是指世界各国和地区之间所进行的服务的买卖（交易）活动。从一个国家或地区的角度来说，凡是通过向国外提供一定的服务而索取一定的报酬（外汇）的即为服务出口；凡是从国外接受一定的服务而支付一定的报酬（外汇）的便为服务进口。各国的服务出口额之和即为国际服务贸易额。

根据《服务贸易总协定》对服务贸易所下的定义，服务贸易包括以下四种"提供方式"。

（1）过境交付（Cross-border Supply）。

过境交付即从一缔约方境内向境外任何缔约方提供服务。如通过视、听等为对方提供服务。这类服务是典型的"跨国界可贸易型服务"，是国际服务贸易的基本形式。其特点是服务的提供者和消费者分处不同国家，没有人员和物资的流动。

（2）境外消费（Consumption Abroad）。

境外消费即一缔约方的消费者到（在）另一缔约方境内接受服务。例如，出国旅游观光、到国外就医、出国留学等均属这种类型。这是一种仅消费者移动，而生产者不移动的国际服务贸易，所以，又称生产者（提供者）定位服务。其特点是服务的提供者在本国境内向外国服务消费者提供服务。

（3）商业存在（Commercial Presence）。

商业存在即一缔约方的法人在另一缔约方境内通过建立商业存在的形式而提供服务。通俗地说，就是服务提供者通过在国外建立商业机构为该国消费者提供服务。例如，一缔约方在其他缔约方开设银行、保险公司、运输公司、咨询公司、律师事务所、会计师事务所、百货公司、宾馆、饭店等。这类服务贸易往往与对外直接投资联系在一起。从消费方的角度看，就是与服务行业内的引进外资联系在一起，它规模大、范围广、发展潜力大，对服务消费方的经济冲击力强。发达国家（尤其是美国）竭力主张这类服务贸易自由化，以大规模占领他国的服务市场；而发展中国家由于服务行业普遍缺乏竞争力，对开放此类服务市场持谨慎态度。这是一种仅生产者移动，而消费者不移动的国际服务贸易，因此也称消费者（接受者）定位服务。

（4）自然人流动（Movement of Personnel）。

自然人流动即一缔约方的自然人在其他任何缔约方境内提供服务。例如，个体医生出国行医、工程技术人员出国服务、文艺工作者出国演出等。这类服务贸易的规模不大。

随堂练习

请同学们分析以下活动属于哪种服务贸易提供方式。

1. A 国某律师到 B 国为客户提供法律服务。
2. A 国某律师在本国通过网络为客户提供法律服务。
3. A 国某律师在 B 国开设律师事务所为客户提供法律服务。
4. B 国某客户到 A 国接受 A 国某律师提供的法律服务。

服务贸易与货物贸易是密切联系在一起的，货物贸易启动了服务贸易，而服务贸易又促进了货物贸易，二者密不可分。按照传统观念，服务贸易具有无形性、易逝性及生产与消费的同时性等特点。但随着科学技术的发展与服务业水平的提高，许多服务已日益融合到货物之中，甚至构成货物总价值的绝大部分。如此，服务被“物质化”并具备了可储存性，生产和消费也得以分开，这种服务被称为物化服务。例如，计算机软件技术被“物化”到软盘中，购买软件技术的服务可通过购买软盘来进行，而且可以长期使用。因此，从某种意义上讲，有形贸易与无形贸易的界限模糊了。

1.3.4 依据货物运输方式的不同分类

依据货物运输方式的不同，国际贸易可分为陆运贸易（Trade by Roadway）、海运贸易（Trade by Seaway）、空运贸易（Trade by Airway）、管道运输贸易（Trade by Pipe）、多式联运贸易（Multimodal Transport Trade）和邮购贸易（Trade by Mail Order）。

陆运贸易是指陆地相邻的国家之间采用陆路运输方式运送货物的贸易。运输工具主要有火车、汽车等。

海运贸易是指采用海上运输方式运送货物的贸易。运输工具是各种船舶。国际贸易货物大部分采用海运贸易。

空运贸易是指采用航空运输方式运送货物的贸易。体积小、重量轻、价值高、时效性的货物往往采用这种运输方式。

管道运输贸易是指采用管道运送货物的贸易。天然气、石油等采用这种运输方式。

多式联运贸易是海、陆、空各种运输方式结合运送货物的行为。国际物流“革命”促进了这种方式的贸易。所谓国际物流，是指不同国家或地区之间的货物流动。国际物流是国际贸易的重要环节，世界各国或者地区之间的货物贸易是通过国际物流来实现的。

邮购贸易是指用邮政包裹寄送货物的贸易。其主要适用于样品传递和数量不多的货物贸易。

1.3.5 按照贸易有无第三者参加分类

按照贸易有无第三者参加，国际贸易可分为直接贸易（Direct Trade）、间接贸易（Indirect Trade）与转口贸易（Carrying or Entrepot Trade）。

直接贸易是指商品生产国与商品消费国不通过第三国而直接进行的贸易。贸易双方直接洽谈、直接结算，交易的货物既可直接从生产国运到消费国，也可经由第三国国境转运到消费国，两者之间是直接发生交易关系的，即不通过第三国的商人作为中介人。例如，过境贸易是直接贸易，而不是间接贸易。直接贸易对生产国而言是直接出口，对消费国而言是直接进口。

间接贸易是指商品生产国与商品消费国通过第三国而间接进行的贸易。交易的货物既可从出口国经由第三国转运到进口国，也可从出口国直接运到进口国。间接贸易对生产国来说是间接出口，对消费国来说是间接进口。

转口贸易也称中转贸易。从商品的生产国进口商品不是为了本国生产或消费，而是再向第三国出口，这种形式的贸易称为转口贸易。前述的商品生产国与商品消费国通过第三国进行的贸易，对第三国来说，就是转口贸易。即使商品直接从生产国运到消费国去，只要两者之间并未直接发生交易关系，而是第三国转口商分别同生产国与消费国发生的交易关系仍属于转口贸易。转口贸易属于复出口。

从事转口贸易的大多是地理位置优越、运输条件便利以及贸易限制较少的国家或地区，如伦敦、鹿特丹、新加坡等。由于其地理位置优越、运输条件便利、易于货物集散，所以转口贸易十分发达。

1.3.6　按照结算方式的不同分类

按照结算方式的不同，国际贸易可分为现汇贸易（Cash Trade）、记账贸易（Clearing Account Trade）和易货贸易（Barter Trade）。

现汇贸易也称自由结汇贸易（Trade by Free Settlement），是指采用可自由兑换的货币来结算的贸易。目前国际贸易中可自由兑换的货币主要有美元、欧元、日元、英镑等。

记账贸易是指由两国政府签订贸易协定或支付协定，按照记账方法进行结算的贸易。即贸易往来不用现汇逐笔结算，而是到期一次性结清。

易货贸易是指以经过计价的货物来结算的贸易，又称换货贸易。它起因于贸易双方国家的货币不能自由兑换，而且缺少可自由兑换的货币。由此，双方把进口和出口直接联系起来，互通有无，并使进出达到基本平衡。

1.3.7　依照贸易参加国或地区数目的不同分类

按照贸易参加国或地区数目的不同，国际贸易可分为双边贸易（Bilateral Trade）、三角贸易（Triangular Trade）与多边贸易（Multilateral Trade）。

双边贸易有两层含义：①泛指两国之间的贸易往来；②两国之间彼此保持收支平衡的贸易。即两国都以本国的出口支付来自对方的进口，贸易支付在双边的基础上进行（两国之间通过协定，在双边结算的基础上进行贸易）。这种贸易的特点是可以不用现汇支付，只用记账方式冲销。它是20世纪30年代西方国家外汇管制盛行时期的产物。近年来，由于各国放松外汇管制，多边结算扩大，双边贸易支付逐步减少。

三角贸易又称三边贸易。它是在三个国家或地区之间保持收支平衡的贸易。当两国在贸易谈判中，由于商品不对路、进出口不平衡、外汇支付有困难，而不能达成协议，可将谈判扩大到第三国，从而在三国之间相互搭配商品，平衡进出口，解决外汇支付上的困难，签订贸易协定。

多边贸易又称多角贸易。它是在三个以上国家或地区之间保持收支平衡的贸易。即在贸易往来中，每个国家都可以用对某些国家的出超支付对另一些国家的入超，在若干个国家之间进行多边结算，以求整个进出口的平衡。

1.3.8 按照交易手段的不同分类

按照交易手段的不同，国际贸易可分为有纸贸易（Trade with Document）和无纸贸易（Trade without Document）。

有纸贸易也称单证贸易，是指以书面单证为基本交易手段的贸易。

无纸贸易是指以电子数据交换（Electronic Data Interchange，EDI）为交易手段的贸易。

1.3.9 根据贸易方式的不同分类

根据贸易方式的不同，国际贸易可分为一般贸易、加工贸易和对销贸易等。

一般贸易（传统意义的一般贸易）指的是单纯或绝大部分使用本国资源和材料进行生产和出口的贸易方式。

加工贸易是指从境外保税进口全部或部分原辅材料、零部件、元器件、包装物料（以下简称“进口料件”），经境内企业加工或装配后，制成品复出口的经营活动，包括来料加工和进料加工。

来料加工在我国又称为对外加工装配业务。广义的来料加工包括来料加工和来件装配两个方面，是指由外商提供一定的原辅材料、零部件、元器件，由国内企业按照外商的要求进行加工或装配，成品或半成品交由外商处置，并按双方议定的标准，向外商收取加工费（又称工缴费）。

来料加工业务与一般进出口贸易不同，一般进出口贸易属于货物买卖；来料加工业务虽有原辅材料、零部件等产品的进口和成品的出口，却不属于货物买卖。因为原辅材料和成品的所有权始终属于委托方，并未发生转移，受委托方只提供劳务并收取约定的加工费。因此可以说，来料加工这种委托加工的方式属于劳务贸易的范畴，是以商品为载体的劳务出口。

进料加工一般是指从国外购进原辅材料，加工生产出成品再销往国外。由于进口原辅材料的目的是扶植出口，进料加工又可称为“以进养出”。

进料加工与来料加工有相似之处，即都是“两头在外、中间在内”的加工贸易方式，但二者又有明显的不同：①料件和成品的所有权不同。在来料加工业务中，料件的运进和成品的运出属于同一笔交易，料件的供应者即是成品的接受者；而在进料加工业务中，原料的进口的成品的出口是两笔不同的交易，均发生了所有权的转移，原料的供应者和成品的购买者之间没有必然的联系。②外商与我国公司或企业所处的地位不同。在来料加工业务中，外商与我国公司或企业之间是委托与被委托关系；而在进料加工业务中，我国公司或企业是自主经营，与销售料件的外商和购买我国公司或企业成品的外商之间均是买卖关系。③二者之间的贸易性质不同。来料加工业务就是为提供料件的外商加工装配产品，属于加工贸易性质；而进料加工则是外贸公司或企业独立对外的进口和出口业务，因此属于一般国际贸易性质。④产品的销售方式不同。在来料加工业务中，加工装配出来的产品由外商负责对外销售，销售的好坏与我国加工企业毫无关系；而在进料加工业务中，我国的外贸公司或企业在将产品生产出来后，要自己负责对外销售，而产品销售情况的好坏与自己的销售水平密切相关。也就是说，在进料加工业务中，我国公司或企业是赚取从原料到成品的附加值，要自筹资金、自寻销路、自担风险、自负盈亏。

对销贸易是指在互惠的前提下，由两个或两个以上的贸易方达成协议，规定一方的进口产品可以部分或者全部以相对的出口产品来支付。

对销贸易的本质是使进口和出口相结合，一方商品或劳务的出口必须以进口为条件，体现了互惠的特点，即相互提供出口机会。另外，在对销贸易方式下，一方从国外进口货物，不是用现汇支付，而是用相对的出口产品来支付。这样做有利于保持国际收支的平衡，对外汇储备较紧张的国家具有重要意义。对销贸易有多种形式，如易货贸易和补偿贸易等。其中，补偿贸易是指在信贷基础上进行的进口与出口相结合的方式，即进口设备，然后以回销产品和劳务所得价款，分期偿还进口设备的价款及利息。

相关思政元素：国际视野

相关案例：

“中国共产党的全球视野和使命担当”——访秘鲁共产党（红色祖国）主席莫雷诺

“中国取得举世瞩目的发展成就，最根本的原因就是，在中国共产党领导下，中国走出了一条属于自己的道路，即中国特色社会主义道路。中国共产党坚持实事求是、开拓创新，极具先进性。”莫雷诺多次应中共中央对外联络部等部门邀请访问中国，见证了中国的发展变化，对中国共产党治国理政的理论和实践赞叹不已。

莫雷诺表示，回首中国共产党百年历史和新中国70多年历史，可以深切感受到，只有历经考验、拥有坚强领导力、深刻理解中国历史和现实的马克思主义政党，才能担负起建设和发展中国的使命。“当你参观井冈山、延安等革命圣地时，你会不禁感慨，人们的意志和智慧要经受怎样严酷的考验，才能在如此艰苦的环境下坚持奋斗，最终赢得胜利。”莫雷诺强调，非常可贵的是，中国共产党始终坚守本色，得到了广大人民群众的衷心拥护和支持，所以才能在面临各种困难和威胁时傲然挺立。“像这样一个团结一致、能力全面、深入人民、拥有战略眼光和高尚道德的政党，值得各国人民尊重。”

“从实际出发是中国共产党解决不同时期各项问题的‘黄金法则’。”莫雷诺说，中国共产党将马克思主义基本原理同自身实际充分结合，在不断实践、总结、反思、创新的过程中，实现了马克思主义的中国化。“习近平新时代中国特色社会主义思想，不仅为新形势下发展中国特色社会主义提供了根本指导，也为世界社会主义事业作出重大贡献，其他国家的政党应学习借鉴。”

莫雷诺对“我将无我，不负人民”这句话深有感触。他认为中国政府做到了“坚持人民至上，保持同人民群众的血肉联系，就有了取之不尽、用之不竭的力量。”

莫雷诺认为，当今世界在经济、政治、科技和环境等领域面临一系列全球性问题，需要全球性解决方案。一些西方国家奉行霸权主义和强权政治，加剧了国际局势动荡和不确定性。而中国提出的构建人类命运共同的体理念顺应了时代需求。“倡导和平、发展、合作，积极支持多边主义，主张打造互惠互利的人类未来，彰显了中国共产党的全球视野和使命担当。”

摘自：人民日报，2021年6月4日，记者：邹志鹏。

拓展案例

中国的经济增长需要适度的外贸依存度

案例简介：

从1994年汇率并轨以来，中国的经常项目和资本项目一直保持双顺差。2005年，贸易顺差达1 019亿美元。中国的外贸依存度也年年攀高：2002年，中国外贸依存度为42.7%，2003年中国外贸依存度为51.9%，2006年达到65.2%。这一比例远高于发达国家和其他发展中国家的水准，中国由此成为世界上外贸依存度最高的国家。2008年金融危机后，中国外贸依存度逐渐下降，2010年降到50.1%，2015年为39.5%，2021年为37.4%。

案例分析：

1. 外贸依存度好比一把“双刃剑”，过高的依存度既有利又有弊。外贸依存度的提高可以使中国更主动地参与国际经济，提高中国的国际经济地位并带来更好的影响力。但其同时又给中国的经济带来挑战，对中国经济造成一定程度的影响，如贸易摩擦频繁化、影响中国的经济安全。

2. 中国目前经济增长的贡献主要来自对外贸易而不是国内消费，主要依靠外需拉动。一旦外需出现波动，经济增长就会出现问题。另外，过大的贸易顺差增加了中国与其他贸易伙伴之间的摩擦。同时，外汇储备的提升也加大了人民币汇率升值的压力。

启示：

1. 中国的经济增长需要适度的外贸依存度。一个大国的经济增长中，内需应起主导作用，贡献度应达到70%左右。对于中国这样一个大国而言，经济增长仅仅依靠外需的拉动将会面临很大的风险。过高的贸易顺差必然导致内需不足。

2. 中国已经成为世界进出口总额第一大国，但是离贸易强国尚有不小的差距，贸易强国的背后是产业实力。中国外贸依存度的提高并不代表产业实力的提升，在今后很长一段时间内，出口低附加价值的劳动密集型产品，进口战略物资和资本技术密集型产品仍然是外贸的基本结构。因此，抛开对外贸依存度数据的过分关注，将主要精力集中于国内产业结构的调整和产业竞争力的提高，进一步改善进出口商品结构，实现外贸可持续增长，才是当务之急。

本章小结

1. 国际贸易是在一定的历史条件下产生和发展起来的。国际贸易的产生必须具备两个前提条件：一是具有可供交换的剩余产品，二是存在国家或政治（社会）实体。从根本上说，社会生产力的发展和社会分工的扩大是国际贸易产生和发展的基础。

2. 国际贸易和对外贸易有狭义和广义之分，只包括货物贸易的国际贸易和对外贸易称为狭义的国际贸易和对外贸易，既包括货物贸易又包括服务贸易等的国际贸易和对外贸易称为广义的国际贸易和对外贸易。

3. 我们不能简单地把世界各国和地区的进口总额和出口总额加起来作为国际贸易额，因为那样会造成重复计算。但也不能把各国和地区的进口总额加起来作为国际贸易额，因为进口总额中除了包括货物本身的价值以外，还包括保险费和运费。所以，通常是把世界各国和地区的出口总额相加作为国际贸易额。

4. 贸易差额是衡量一国或地区对外贸易的重要指标。一般来说，贸易顺差表明一国或地区在对外贸易收支上处于有利地位，而贸易逆差则表明一国或地区在对外贸易收支上处于不利地位。

5. 国际贸易商品结构可以反映出整个世界的经济发展水平和产业结构状况等。一国的对外贸易商品结构可以反映出该国的经济发展水平、产业结构状况以及资源情况等。各类商品价格的变动也是影响国际贸易商品结构和对外贸易商品结构的因素。

6. 一国或地区的对外贸易地理方向通常受经济互补性、国际分工形式、贸易政策等的影响。由于国际政治经济形势不断变化，各国或地区的经济实力经常变化，国际贸易与对外贸易地理方向也随之发生变化。

7. 贸易条件是衡量一国或地区对外贸易经济效益的综合性指标，也是反映国际贸易中不等价交换的重要指标。长期以来，工业发达国家向发展中国家出口的商品（工业制成品）价格不断上涨，而从发展中国家进口的商品（初级产品）价格则上涨较慢或相对下跌，造成交换比价的“剪刀差”不断扩大。这就表示贸易条件有利于工业发达国家，而不利于发展中国家。

8. 外贸依存度的高低与一国或地区的经济发展水平、经济发展模式、经济发展战略、经济规模、人口规模等诸多因素的综合影响密切相关。它可以反映出一国或地区对外贸易在国民经济中的地位、同其他国家经济联系的密切程度以及该国或地区参与国际分工与世界市场的广度和深度。

9. 按照不同的标准，国际贸易可以有多种分类。

本章习题

1.1 名词解释

国际贸易　对外贸易　国际贸易值　国际贸易量　国际贸易（对外贸易）商品结构　国际贸易（对外贸易）地理方向　国际贸易（对外贸易）依存度　贸易条件　总贸易　专门贸易　有形贸易　无形贸易　服务贸易　直接贸易　一般贸易　加工贸易　补偿贸易　单证贸易　无纸贸易

1.2 简答题

(1) 什么是国际贸易？它的主要分类有哪些？

(2) 如何看待对外贸易地理方向的集中与分散？

(3) 贸易条件有几种？各表明什么？

(4) 转口贸易和间接贸易、转口贸易和过境贸易、间接贸易和过境贸易的主要区别是什么？

本章实践

2000—2009 年，中国对外贸易条件出现了某些值得注意的发展趋势，具体情况如表 1-1 所示。

表 1-1　2000—2009 年中国贸易条件走势

年份	净贸易条件	收入贸易条件
2000	100	100
2001	103	101.7
2002	107	130.9
2003	104	133
2004	98	140.7
2005	94	156.4
2006	91	161.3
2007	88	189.9
2008	86	217.6
2009	85	225.5

试运用国际贸易相关知识对此案例进行分析，并探讨从中获得了哪些启示。

第2章 古典贸易理论

学习目标

- 了解重商主义的贸易思想。
- 掌握亚当·斯密的绝对优势理论和相互需求理论的基本内容。
- 熟练掌握大卫·李嘉图的比较优势理论的主要内容。

教学要求

通过课堂讲授和案例分析等方法，学生可以了解比较优势理论的发展过程，掌握重商主义的基本思想及绝对优势理论、比较优势理论、相互需求理论的基本内容；学会运用比较优势理论分析国际贸易中的商品交换问题。

导入案例

重商主义在21世纪仍然活跃

尽管大多数国家声称更倾向于自由贸易，但许多国家仍然对国际贸易施加诸多限制。大多数工业国为了保护国内就业，对农产品、纺织品、鞋、钢材，以及其他许多产品实行进口限制。同时，对于一些对国家参与国际竞争和未来发展至关重要的高科技产业，如计算机和电信则提供补贴。发展中国家对国内产业的保护性更强。通过过去几年的多边谈判，已减少或取消了对部分产品的一些明显的保护措施（如关税和配额），但另一些较为隐蔽的保护方式（如税收利益及研究和发展补贴）却增加了。不断发生的众多贸易争端也证实了这一点。

在过去的几年中，美国和欧盟就以下事件发生了争端：欧盟禁止美国出口用激素喂养的牛的牛肉；欧盟从非洲国家进口香蕉取代了从美国进口香蕉，从而影响了美国的商业利益；欧盟为了发展新式超大型喷气客机向空中客车公司提供补贴，因此减少了波音747客机的销售；美国政府向部分出口商提供税收折扣；美国在2002年对进口钢材征收了30%的进口税。美国、日本以及其他发达国家和发展中国家之间也发生了许多类似的贸易争端。为了面对外来竞争，保护国内就业，并鼓励本国高科技产业的发展，需要采取贸易限制，这些都是典型的重商主义理论。由此可见，重商主义的势头虽然有所减弱，但在21世纪仍然活跃。

国际贸易理论起源于市场经济中商品交换和生产分工的思想，它的产生和发展可以追溯到出现分工交换思想的古罗马和古希腊时代。大规模的国际贸易始于重商主义盛行的年代。国际贸易理论是对蓬勃发展的国际贸易实践的科学总结，重商主义是对现代生产方式最早的理论探讨，它成为“真正的国际贸易理论”——古典国际贸易理论的“逻辑起点”，是古典贸易理论的前身和批判对象，西方国际贸易理论也是从重商主义分离出来的。因此，在介绍西方古典国际贸易理论之前，有必要对重商主义进行简要介绍。

2.1 重商主义

2.1.1 历史背景

重商主义是资本主义生产方式准备时期代表商业资产阶级利益的一种经济思想和政策体系。它产生于15世纪，盛行于16世纪和17世纪上半叶，从17世纪下半叶起便盛极而衰。重商主义最早出现在意大利，后来在西班牙、葡萄牙、荷兰、英国和法国等国家流传，16世纪末叶以后，在英国和法国得到了很大程度的发展。

重商主义的产生有着深刻的历史背景。15世纪以后，西欧封建自然经济逐渐瓦解，商品货币经济关系急剧发展，封建主阶级的力量被不断削弱，商业资产阶级力量不断增强，社会经济生活对商业资本的依赖日益加深。与此同时，社会财富的重心也由土地转向金银货币，货币成为全社会上至国王下至农民所追求的东西，具有至高无上的权威，并被认为是财富的代表和国家富强的象征，形成了货币拜物教。欧洲国家缺乏金银矿藏，获得金银的主要渠道来自流通，尤其是从对外贸易顺差中取得。因此，对外贸易被认为是财富的源泉，重商主义便应运而生。

重商主义所重的“商”是对外经商。重商主义学说实质上是重商主义对外贸易学说，并不是一个正式的思想学派，而是巨商大贾、学者、政治家关于对外贸易的理论观点和政策主张。

2.1.2 早期和晚期的重商主义

一、重商主义的贸易思想

重商主义对外贸易学说以重商主义的财富观为理论基础，其主要贸易思想有：①金银是一国财富的根本和富强的象征，是一国财富的唯一形态；②衡量一切经济活动的标准是它能否获取金银并将其留在国内，获取金银的途径除了开采金银矿藏外，就是发展对外贸易，实现对外贸易顺差；③国际贸易是一种“零和”博弈，一方得益必定使另一方受损，出口者从贸易中获得财富，而进口者则减少财富；④主张国家干预经济活动，鼓励本国商品输出，限制外国商品输入，“多卖少买”，追求顺差，使货币流入国内，以增加国家财富并增强国力。

重商主义分成早期和晚期两个阶段。早期的重商主义学说叫作货币差额论（Balance of Bargains），也称为重金主义或货币主义（Bullionism）。早期重商主义流行于15世纪到

16 世纪中叶，以“货币差额论”为中心，其中的主要代表人物是英国的约翰·海尔斯（John Hales，？—1571 年）和威廉·斯塔福德（Willian Stafford，1554—1612 年）。威廉·斯塔福德的代表作是《对我国同胞的某些控诉的评述》（*A Compendious or Brief Examination of Certayne Ordinary Complaints*），于 1581 年出版。他在该书中指出：“人们必须时刻注意，从别人那里买进的不超过我们出售给他们的。否则，我们将陷入穷困，而他们则日趋富足。”早期重商主义者把增加国内货币积累，防止货币外流视为对外贸易政策的指导原则，认为国家应采取行政或立法手段，直接控制货币流动，禁止金银输出，在对外贸易上，更注重“多卖少买”和“奖出限入”公式中的“少买”和“限入”，最好只卖不买，使每笔交易和对每个国家都保持顺差，这样就可以使金银流入国内。

晚期的重商主义学说叫贸易差额论（Balance of Trade），是名副其实的重商主义。其主要代表人物是英国的托马斯·孟（Thomas Mun，1571—1641 年）。托马斯·孟的代表作是《英国得自对外贸易的财富》（*England's Treasure by Foreign Trade*），于 1664 年出版。马克思对此书深为赞赏，并称之为重商主义的“圣经”。贸易差额论反对国家限制货币输出，认为那样做不但徒劳无益，而且是有害的。因为对方国家会采取相应的措施进行报复，使本国的贸易减少甚至消失，货币积累的目的将无法实现。托马斯·孟说过：“凡是我们将在本国加之于外人身上的，也会立即在他们国内制定法令而加之我们身上……因此，首先我们就将丧失我们现在享有的可以将现金带回本国的自由和便利，并且因此我们还要失掉我们输往各地许多货物的销路，而我们的贸易与我们的现金就将一同消失。”晚期重商主义者与用守财奴眼光看待货币的早期重商主义者不同，他们已经能用资本家的眼光看待货币，认识到只有将货币作为资本投入流通，才能获得更多的货币。他们认为，国家应该允许金银（货币）输出，大力发展对外贸易，鼓励和扩大出口，保持和增加对外贸易顺差；贸易顺差越大，货币资本流入越多，国家也就越富有。托马斯·孟指出，对外贸易是英国增加财富的常用手段，但必须谨守一条原则，就是每年卖给外国人的商品总值应大于购买他们的商品总值，从每年的进出口贸易中取得顺差，以增加货币流入量。

贸易差额论还认为，国内金银太多，会造成物价上涨，使消费下降，出口减少，影响贸易差额，如果出现逆差，金银必然外流。因此，国家应准许货币输出，把货币当作“诱鸟”放出去以吸引更多的货币。贸易差额论者信奉“货币产生贸易，贸易增加货币”。托马斯·孟曾十分透彻地分析了西班牙由富变穷的原因是其不能更充分地使用金银从事贸易而导致的必然结果。西班牙早期能够保持住来自美洲的大量金银，是因为它垄断了东印度的贸易，赚取了大量金银。这样，“他们不仅可以得到自己的必需品，还可以防止别人取走他们的钱”。垄断权丧失后，由于宫廷和战争的大量耗费，而本土又不能保持供应，全靠输出金银购买，金银流失殆尽，西班牙就变穷了。

二、早期和晚期的重商主义贸易思想的异同

1. 相同点

早期和晚期重商主义都把国际贸易作为增加国内金银存量，从而增加国家财富的手段，并把是否有利于金银流入和贸易顺差作为衡量一国经济政策成败的标准。

2. 不同点

在具体贸易理论与贸易政策上，不同时期的重商主义者的主张又有明显的区别，特别

是在理论观点上有较大的差异。

(1) 早期重商主义者主张多卖少买或不买，强调绝对的贸易顺差，同时要保持每一笔交易和对每一个国家的贸易都实现顺差，并主张采取行政手段，禁止货币输出。

马丁·路德曾对法兰克福繁荣的商业贸易作出评论："我们德国人让全世界都富起来了，而我们自己却越来越穷，因为我们将越来越多的金银付给了外国人。正是法兰克福繁荣的市场交易成为德国财宝源源外流的黑洞。"可见，早期重商主义将货币与商品绝对地对立了起来。恩格斯也曾形象地指出，这个时期的重商主义者"就像守财奴一样，双手抱住他心爱的钱袋，用嫉妒和猜疑的目光打量着自己的邻居"。早期重商主义特别强调金属货币余额，因此又被称为货币差额论。

(2) 晚期重商主义重视长期的贸易顺差和总体的贸易顺差，反对政府限制货币输出。其认为，从长远的观点看，在一定时期内的外贸逆差是允许的，只要最终能保证顺差，货币就能流回国内。从总体的观点看，不一定要求对所有国家都保持贸易顺差，只要对外贸易的总额保持出口大于进口，可以允许对某些地区的贸易逆差。晚期重商主义强调贸易差额甚于货币差额，因此又被称为贸易差额论。

2.1.3 英国和法国的重商主义

一、英国的重商主义

从16世纪后半期起，欧洲战火连绵。而此时的英国在欧洲诸国中还显得很弱小，"英国是一个小国，到亨利七世即位时的人口大约为250万。英国是一个岛国，从北至南的距离只有365英里[①]，从东至西最宽处也只有280英里"。在经济发展上，英国也较落后，在16世纪早期，英国同它的欧洲邻居们相比工业相对落后，直至1540年以后，英国才开始通过建立新兴工业和发展商业赶超上来。因此，英国在经济上推行重商主义政策，并以此增加国家财富就十分必要了。英国的统治者意识到，迅速发展工商业是使国家富强的必要条件，也是英国作为民族国家崛起的基石。伊丽莎白一世（Elizabeth Ⅰ，1533—1603年）顺应历史发展的潮流，果断而坚决地执行"富国强兵"的重商主义政策。

1. 发展海外贸易和殖民贸易

发展海外贸易和殖民贸易是重商主义政策扩张性最为明显的表现。在伊丽莎白一世统治时期，政府大力促进造船业的发展，通过一系列立法规定许多商品进出口只许英国船只载运，限制外国商船装运英国外贸商品。而且，政府还从经济上对造船业给予资助，船只的建造可以获得相应的政府津贴。这些举措都在一定程度上为英国造船业的发展提供了支持和鼓励。在政府政策的正确诱导下，英国的造船业无论是在船只的数量上，还是在船只航行的能力上都获得了长足的发展。1571—1576年，英国制造了51艘适合远洋的百吨以上的船；1582年，英国拥有177艘此类舰船；1602年，进入伦敦的船只几乎一半属于英国。英国造船业的发展状况，为伊丽莎白时代的海外贸易和殖民贸易提供了物质保障。

与此同时，英国政府已经认识到对外贸易掠夺金银同样是获取财富的重要源泉。在克服了交通工具的障碍后，积极地从本土向遥远的海外扩张。1581年成立了利凡特公司，专营地中海东岸的贸易，1585年成立了摩洛哥公司，1588年成立了几内亚公司，英国的商

① 1英里=1 609.344米。

业集团纷纷前往西北非、西亚等地进行不平等的贸易掠夺。16 世纪 60 年代，英国殖民贸易触角伸向印度。1600 年伦敦商人成立了东印度公司，享有对好望角以东地区（特别是印度）进行贸易的垄断权。英国的海外活动将英国经济纳入世界经济运行的轨道，尽管是以暴力掠夺的方式进行贸易，但所开辟的广阔市场以及所获得的大量廉价原料、金银财富，流入母国变成资本，推动了英国经济的大力发展，使英国迅速跃居世界经济强国之首。

2. 关税保护

利用关税限止国外奢侈品和国内可生产的产品进口，以及限制国内原材料、半成品及农产品出口。按照重商主义的观点，一个国家的繁荣程度是依据该国所拥有的贵金属数量来确定的。一个国家占有金银越多，就越富有，越强大。因此，一个国家在国际贸易中应当尽量多卖少买。根据此观点，国外奢侈品和国内可生产的产品是不能购买的，成为限制的首选对象。例如，英国政府曾明令禁止粗斜纹布、亚麻布等工业制成品进口。而对英国国内生产所需的原材料却限制其出口。英国支柱产业毛纺织业的原料羊毛极少出口，直至 16 世纪中叶，羊毛的出口仍然继续呈下降趋势，保护了本国毛纺织业的发展。然而，对于特定商品，英国政府所奉行的政策与此相反，其大力鼓励从国外输入本国工业生产所需的木材、糖、硝石等原料。1576 年英国政府颁布法令规定，对于如羊毛、大麻、亚麻、铁等工业原料的进口要大力支持。

3. 发展本国工业

随着新纺织品原料的引进和新机器的采用，英国古老的纺织工业有了新的发展，棉、丝等原料在英国开始使用，纺织制成品在更广泛的范围内获得了销路。英国在立足于纺织工业的同时，还大力扶植新工业。皮革业、金属业等各种制造业都获得了长足发展。

英国政府发展本国工业的另一重大举措是使国民养成勤劳节俭的良好风气。这是重商主义政策在民众习俗上的体现。女王伊丽莎白一世十分提倡节俭，“女王之所以伟大，秘密在于她的理财意识，在于她始终坚持着那种甚至令人恼怒的吝啬作风”。此时代的商人托马斯·孟同样认为“如果我们认真节约，在饮食和服饰方面不要过多地消费外国货，也同样可以减少我们的进口货。如果我们也实施其他一些国家所严格执行的防止我们所说的那种过分浪费的良好法律，这种恶习或许就可以很容易被纠正过来。”

二、法国的重商主义

早期的重商主义表现为一种“货币主义”，就是致力于鼓励金银流入而严格控制金银流出，以达到本国积累货币的目的。这种“守财奴”式的政策，并不真正利于商业的发展。而法国的重商主义则不同，法国财政大臣柯尔柏注重促进本国工业，改善和扩大对外贸易，多卖少买，主要以贸易顺差来获得金银。其具体政策有以下几种。

（1）吸引和鼓励外国工匠到本国来，以提高本国手工业水平或者扩大本国工业范围。柯尔伯曾经派人到各国去秘密招聘身怀绝技的工匠，其中有荷兰的船匠、挂毯织工，瑞典的船具制造工，威尼斯的制镜匠和德意志的冶金行家。

（2）推行保护关税，即通过高额税率来控制原料的出口和外国制成品的进口。例如，1667 年，柯尔伯为了保护本国新兴的毛纺业不受英国、荷兰等国同类产品的竞争的影响，把关税提高到排斥毛纺产品进口的水平。

(3) 政府积极帮助建立新工业和改造旧工业。这些帮助主要有提供资金、工作场地、免除捐税、出口补助，以及特许垄断市场，国家有时也建立官办工场。柯尔伯当政的20年里，法国的官办手工工场由68个增加到113个。

(4) 由政府把过去行会对工业生产的管制扩大到全国范围，通过政府的干预、监督来保证工人的技术和产品的质量。1683年时，法国政府对工业原料、产品规格、质量等规定已达48种。专制君主统治下的英国也有许多类似规则，并设有调查委员会和工业监察实行监督。

2.1.4 评价

一、积极意义

1. 理论贡献

重商主义贸易学说是重商主义的核心，是西方最早的国际贸易学说，它的理论为古典国际贸易理论的形成奠定了基础。经济学家熊彼特（J. A. Schumpeter，1883—1950年）对重商主义的评价是："为18世纪末和19世纪初形成的国际贸易一般理论奠定了基础。"

重商主义贸易学说冲破了封建思想的束缚，开始了对资本主义生产方式的最初考察，指出对外贸易能使国家富足。同时，晚期重商主义贸易学说看到了原料贸易与成品贸易之间巨大的利润差额，认识到了货币不仅是流通手段，而且具有资本的职能，只有将货币投入流通，尤其是对外贸易，才能取得更多的货币。正如恩格斯评价的那样："他们（指晚期重商主义者）开始明白，一动不动地放在钱柜里的资本是死的，流通中的资本却会不断增殖……人们开始把自己的金币当作'诱鸟'放出去，以便把别人的金币引回来……"

重商主义提出的贸易顺差的概念，进一步发展成为后来的"贸易平衡""收支平衡"概念。重商主义关于进出口对国家财富的影响，对后来凯恩斯的国民收入决定模型也产生了启发。更重要的是，重商主义已经开始把整个经济作为一个系统，把对外贸易视为这一系统非常重要的一个组成部分。

2. 政策意义

重商主义贸易学说代表了资本原始积累时期处于上升阶段的商业资本的利益，主张的国家干预对外贸易、积极发展出口产业、实行关税保护措施、通过贸易差额从国外取得货币的观点，对各国根据具体情况制定对外贸易政策是有参考价值的。

重商主义贸易学说促进了各国商品货币关系的发展，加速了资本的原始积累，推动了资本主义生产方式的建立，促进了当时的国际贸易和运输业的发展，促进了历史的发展。

重商主义的许多贸易政策和措施对当今世界各国制定对外贸易政策仍有一定的影响，如积极发展本国工业、鼓励原材料进口和制成品出口等仍有借鉴意义。

二、局限性

由于商业资产阶级的历史局限性和国际贸易实践的限制，重商主义贸易学说存在许多缺陷，主要表现为以下几方面。

(1) 理论观点不成熟，缺乏系统性。重商主义贸易学说的许多观点是以专题或小册子的形式发表的，而且除少数人（如托马斯·孟等）外，绝大多数重商主义者都只是针对某个具体问题一事一议，虽然各种观点之间存在一些联系，但并不紧密。

(2) 对国际贸易问题的研究不全面、不科学。重商主义贸易学说只研究如何从国外取得金银货币，而未探讨国际贸易产生的原因以及能否为参加国带来实际利益，也没有认识到国际贸易对促进各国经济发展的重要性。同时，它对社会经济现象的探索仅限于流通领域，未深入生产领域，没有认识到财富是在生产过程中产生的，流通中纯商业活动并不创造财富，因而无法揭示财富的真正来源。

(3) 将金银等贵金属同财富等同起来的财富观是错误的。财富不是金银，而金银也不是财富的唯一形态，贵金属只是获得物质财富的手段或媒介，真正的财富是该国国民所能消费的本国与别国的商品和服务的数量及种类，是一国所掌握的与别国交换商品的能力。但重商主义者把货币与财富混为一谈，错误地认为货币是衡量一个国家富强程度的尺度，因而得出“对外贸易是财富的源泉，对外贸易的目的就是从国外取得货币，而货币有限，此得彼失”等错误结论，当然也就无法认识到国际贸易对促进各国经济发展的重要意义。

(4) 将国际贸易视作是一种“零和博弈”的观点是错误的。重商主义者认为，出口者从贸易中获得财富，而进口者则减少财富，没有认识到国际贸易对促进各国经济增长的重要意义，以及贸易的基础只能是普遍的贸易利益。这种思想的根源在于他们只把货币当作财富，而没有把交换所获得的产品也包括在财富之内，从而把双方的等价交换看作一得一失。重商主义者的这些思想实际上只是反映了商人的目标，以及资本原始积累时期商业资本家对货币或贵金属的认识，体现了重商主义者极端利己主义的心态。

(5) 通过持续的贸易顺差聚敛金银财富的观点是错误的。重商主义者希望通过保持持续的贸易顺差聚敛金银财富，使一国致富，没有认识到在社会商品总量不变的前提下，从海外贸易中取得大量金银，势必引起本国物价的上涨，导致本国商品丧失与国外商品竞争的价格优势，这不仅使本国的贸易顺差难以为继，还必须对外支付金银货币以弥补随之而来的贸易入超。

尽管重商主义的贸易思想存在许多错误与局限性，但他们提出的许多思想对后来的国际贸易理论和政策产生了巨大的影响。而且重商主义虽然不适应自由竞争和自由贸易的需要，但其影响从来没有消失过。事实上，除了1815—1914年的英国，没有一个西方国家彻底摆脱过重商主义。自20世纪80年代以来，随着被高失业率困扰的国家试图通过限制进口来刺激国内生产，新重商主义有卷土重来的势头。

2.2 绝对优势理论

真正意义上的国际贸易理论是从亚当·斯密的“绝对优势理论”开始的。

2.2.1 历史背景

亚当·斯密（Adam Smith，1723—1790年）是英国著名的经济学家，资产阶级古典经济学派的主要奠基人之一，国际分工及国际贸易理论的创始者，自由贸易的倡导者。在亚当·斯密所处的时代，英国资产阶级的资本原始积累已经完成，产业革命逐渐展开，经济实力不断增强，新兴的产业资产阶级迫切要求在国民经济各个领域中迅速发展资本主义，实行自由竞争，发展自由贸易。但存在于乡间的行会制度严重限制了生产者和商人的正常活动，重商主义的极端保护主义从根本上阻碍了对外贸易的扩大，使新兴资产阶级难以从海外获得生产所需的廉价原料，并为其产品寻找更大的海外市场。

亚当·斯密花了将近10年的时间，在1776年发表了一部奠定古典政治经济学理论体系的著作《国民财富的性质和原因的研究》(*Inquiry into the Nature and Causes of the Wealth of Nations*)，简称《国富论》(*The Wealth of Nations*)。在这部著作中，亚当·斯密站在新兴产业资产阶级的立场上，从批评重商主义的财富观入手，揭示了重商主义国际贸易理论的虚妄性和贸易政策的经济利己主义本质，第一次把经济科学所有主要领域的知识归结成一个统一和完整的体系，建立起市场经济学分析框架，把分工和专业化生产推广至整个国际经济领域，搭建起了古典国际贸易理论和政策体系的基本框架，提出了主张自由贸易的国际分工和绝对优势理论（the Theory of Absolute Advantage)，推动了国际贸易理论的发展。

2.2.2 绝对优势理论的主要内容

1. 绝对优势理论的基本假设

像其他经济分析一样，为了在不影响结论的前提下使分析更加严谨，在研究国际贸易时，亚当·斯密将许多不存在直接关系和不重要的变量假设为不变，并将不直接影响分析的其他条件尽可能地简化。其主要包括以下几个方面。

(1)“2×2×1模型”，即两个国家分别生产两种产品，共同使用一种生产要素。

(2) 两国在不同产品上的生产技术不同，存在劳动生产率上的绝对差异。

(3) 劳动力在一国内是完全同质的，两国的劳动力资源总量相同且都得到了充分利用，劳动力市场始终处于充分就业状态。劳动力在国内可以自由流动，但在两国之间则不能自由流动。

(4) 不存在技术变化，每种产品的国内生产成本都是固定的，劳动的规模报酬不变。

(5) 国家间实行自由贸易政策，各国的产品和要素市场结构是完全竞争的，这表明各国的产品价格等于平均成本，没有经济利润。

(6) 没有运输费用和其他交易费用。

(7) 贸易按“物物交换”的方式进行，两国之间的贸易是平衡的。

2. 绝对优势理论的主要观点

(1) 分工可以提高劳动生产率。

亚当·斯密非常重视分工，他在《国富论》的开篇就颂扬分工，强调分工的利益。他认为，分工可以提高劳动生产率，因而能增加社会财富。他以制针业为例来说明其观点。制针共有18道工序，在没有分工的情况下，一个粗工每天最多只能制造20根针，有时甚至连一根针也制造不出来；而在分工之后，平均每人每天能制造出4 800根针，分工使劳动生产率提高了数百倍甚至几千倍。因此，亚当·斯密主张分工，他认为在生产要素不变的条件下，分工可以提高劳动生产率。其理由有三个：一是分工能够提高劳动者的熟练程度；二是分工使某人专门从事某项作业，可以节省与生产没有直接关系的时间；三是分工有利于改良工具和进行发明创造。

亚当·斯密认为，人类有一种天然的倾向，那就是交换。交换是出于利己心并为达到利己目的而进行的活动。人们为了追求私利，通过市场这个无形之手会给整个社会带来利益。他认为，人类的交换倾向产生分工，社会劳动生产力的巨大增进就是分工的结果。

（2）分工的原则是绝对优势。

亚当·斯密得出结论，既然分工可以大幅提高劳动生产率，那么每个人专门从事一种物品的生产，然后彼此交换，这样对每个人来说都是有利的。他以家庭之间的分工为例，"如果购买一件产品所花的钱比在家里生产所花的钱少，就应该去购买，而不是在家里生产，这是每个精明的家长都知道的格言。裁缝不想自己制作鞋子，而是向鞋匠购买鞋子；鞋匠不想自己做衣服，而是向裁缝定制衣服。"

在亚当·斯密看来，适用于一国内部不同个人或家庭之间的分工原则，也适用于各国之间。因此，他主张国际分工。他认为，每个国家都有其适宜生产某些特定产品的绝对有利的生产条件，如果每个国家都按照其绝对有利的生产条件（即生产成本绝对低）去进行专业化生产，然后彼此进行交换，则对所有交换国家都是有利的。他说："在每一个私人家庭的行为中是精明的事情，在一个大国的行为中就很少是荒唐的。如果外国能比我们自己制造还便宜的产品供应我们，我们最好就用我们有利地使用自己的产业生产出来的物品的一部分向他们购买……"国际分工之所以也应按照绝对优势的原则进行，亚当·斯密认为是因为"在某些特定产品生产上，某一国占有很大的自然优势，以致全世界都认为，跟这种优势做斗争是枉然的。"他举例表示，在苏格兰，人们可以利用温室培育出口感极佳的葡萄，并且用它酿造出与从国外进口的一样美味的葡萄酒，但却要付出比从国外进口费用高 30 倍的代价。他认为，如果真的这么做，那显然是愚蠢的行为。

（3）国际分工的基础是有利的自然禀赋或后天的有利条件。

亚当·斯密认为，有利的自然禀赋（Natural Endowment）或后天的有利条件因国家不同而不同，这就为国际分工提供了前提，因为有利的自然禀赋或后天的有利条件可以使一个国家生产某种产品的成本绝对低于别国，因此，在该产品的生产和交换上处于绝对有利的地位。各国按照各自的有利条件进行分工和交换，将会使各国的资源、劳动力和资本得到最有效的利用，从而大幅提高劳动生产率和增加物质财富，并使各国从贸易中获益。这就是绝对优势理论的基本精神。亚当·斯密所说的"按各国绝对有利的生产条件进行国际分工"，实质上是按绝对成本的高低进行分工，所以我们也把它叫作"绝对成本理论"。

3. 绝对优势理论的举例说明

为了说明这个理论，亚当·斯密举如下例子说明：假定英国和葡萄牙两国都生产葡萄酒和毛呢两种产品，它们的生产情况如表 2-1 所示。

表 2-1 绝对优势理论举例（分工前）

国家	酒产量/单位	所需劳动人数/(人·年$^{-1}$)	毛呢产量/单位	所需劳动人数/(人·年$^{-1}$)
英国	1	120	1	70
葡萄牙	1	80	1	110

亚当·斯密认为，在这种情况下，英国和葡萄牙可以进行分工和交换，英国用 1 单位毛呢换葡萄牙 1 单位酒，其结果对两国都有利。分工和交换的情况如表 2-2 和表 2-3 所示。

从表 2-2 和表 2-3 中可知，英、葡两国在分工后，产量都比分工前提高了，通过交换，（国际贸易）两国的消费均增加了（都获得了利益）。

表 2-2　绝对优势理论举例（分工后）

国家	酒产量/单位	所需劳动人数/（人·年$^{-1}$）	毛呢产量/单位	所需劳动人数/（人·年$^{-1}$）
英国	—	—	2.7①	190
葡萄牙	2.375②	190	—	—

表 2-3　绝对优势理论举例（交换结果）

国家	酒产量/单位	毛呢产量/单位
英国	1	1.7
葡萄牙	1.375	1

2.2.3　评价

1. 贡献

(1) 开创了对国际贸易进行经济分析的先河。

亚当·斯密把国际贸易理论纳入了市场经济的理论体系，第一次从生产领域阐述了国际贸易的基本原因；首次论证了国际贸易不是“零和博弈”，而是一种“双赢博弈”；揭示了国际分工和专业化生产能使资源得到更有效的利用，从而提高劳动生产率的规律。

(2) 推动了历史进步。

绝对优势理论反映了当时社会经济中已成熟了的要求，成为英国新兴产业资产阶级反对贵族地主和重商主义者并发展资本主义的有力理论工具。

(3) 具有重大的现实意义。

亚当·斯密在其《国富论》中运用分工理论对自由贸易的合理性进行了论证，并指出“只要两个国家各自出口生产成本绝对低或者具有绝对优势的产品，进口生产成本绝对高或者具有绝对劣势的产品，就可以使两个国家都有利可图或者说获得贸易利益”。这一理论虽然已有200多年的历史，仍具有重大的现实意义。“双赢博弈”理念至今仍然是各国扩大开放、积极参与国际分工贸易的指导思想。

2. 局限性

绝对优势理论没有揭示国际贸易产生的一般原因，不能解释国际贸易的全部，而只说明了国际贸易中的一种特殊情形，即具有绝对优势的国家参加国际分工和国际贸易能够获益，而对当一个国家在所有贸易产品的生产上都不具有绝对优势时的贸易基础的情况则没有论述。因而它只能解释经济发展水平相近国家之间的贸易，无法解释绝对先进和绝对落后国家之间的贸易，带有极大的局限性，还不是一种具有普遍指导意义的贸易理论。其后，大卫·李嘉图用比较优势理论，回答了绝对优势理论回答不了的问题，更好地解释了贸易基础和贸易所得。

① 190/70≈2.7。

② 190/80=2.375。

2.3 比较优势理论

根据绝对优势理论，如果一个国家在两种产品的生产上均处于绝对优势地位，而另一个国家均处于绝对劣势地位，则这两个国家之间不会进行贸易。因此，国际贸易可能只会发生在发达国家之间，发达国家与发展中国家之间就不会发生任何贸易。这显然与国际贸易的现实不符。英国古典经济学家大卫·李嘉图在1817年发表的《政治经济学与赋税原理》（*Principles of Political Economy and Taxation*）一书中提出了比较优势理论（the Theory of Comparative Advantage）。比较优势理论的提出是西方传统国际贸易理论体系建立的标志，对推动国际贸易的发展起到了积极的作用，并为国际贸易理论的建立奠定了科学基础，因此具有划时代的意义。

2.3.1 历史背景

大卫·李嘉图是英国著名的经济学家，资产阶级古典政治经济学的完成者。在大卫·李嘉图所处的时代，英国工业革命迅速发展，资本主义发展势头不断上升。到19世纪初，英国成了“世界工厂”，工业资产阶级的力量得到进一步加强。新兴工业资产阶级与地主阶级之间的矛盾是当时英国社会的主要矛盾。这一矛盾由于工业革命的发展而达到异常尖锐的程度。在经济方面，他们的斗争主要表现在对《谷物法》的存废问题上。

《谷物法》是1815年英国政府为维护地主阶级的利益而限制谷物进口的法令。该法令规定，必须在国内谷物价格上涨到限额以上时才准进口，而且这个价格限额还要不断地提高。由此引起英国粮价上涨、地租猛增，地主阶级显著获利，工业资产阶级的利益却严重受损。因为一方面，国内居民对工业品的消费因购粮开支增加而相应减少；另一方面，工业品成本因粮价上涨而提高，削弱了工业品的竞争力。《谷物法》的实施还使国外以高关税来阻止英国工业品对它们的出口。于是，英国工业资产阶级同地主贵族阶围绕《谷物法》的存废展开了激烈的斗争。

大卫·李嘉图在这场斗争中站在工业资产阶级那边，他继承和发展了亚当·斯密的理论，在其代表作《政治经济学与赋税原理》一书中提出了以自由贸易为前提的“比较优势理论”，为工业资产阶级提供了有力的理论武器。大卫·李嘉图认为，英国不仅要从国外进口粮食，而且要大量进口，因为英国在纺织品生产上所占的优势比在粮食生产上所占的优势更大，所以应放弃粮食生产，专门发展纺织品的生产。

2.3.2 比较优势理论的主要内容

1. 比较优势理论的基本假设

大卫·李嘉图的比较优势理论以一系列简单的假定为前提，除了强调两国之间生产技术存在相对差别而不是绝对差别之外，比较优势模型的假设与绝对优势模型基本一样。

2. 比较优势理论的主要观点

亚当·斯密认为，由于自然禀赋和后天的有利条件不同，各国均有一种产品的生产成本低于其他国家而具有绝对优势，按绝对优势原则进行分工和交换，各国均可获益。大卫·李嘉图发展了亚当·斯密的观点，认为各国不一定要专门生产劳动成本绝对低的产品，而只要专门生产劳动成本相对低的产品，便可进行对外贸易，并能从中获益和实现社会劳动的节约。大卫·李嘉图认为，决定国际分工和国际贸易的一般基础是比较成本（或称相对成本），而不是绝对成本，即一国与另一国相比，在两种产品的生产上都占绝对优势（成本都低于另一国）或均处绝对劣势（成本都高于另一国），分工和贸易仍然可以进行，结果对两国都有利。

大卫·李嘉图在《政治经济学与赋税原理》一书的“论对外贸易”一章中举了一个通俗的例子：“如果两个人都能制造鞋和帽子，其中一个人在两种职业上都比另一个人强一些，不过制帽子时只强 1/5，而制鞋时则强 1/3，那么这个较强的人专门制鞋，而那个较差的人专门制帽子，岂不是对双方都有利吗？”

大卫·李嘉图由个人推及国家，认为国家间也应按“两优取其重，两劣择其轻”的比较优势原则进行分工。如果一个国家在两种产品的生产上都处于绝对有利地位，但有利的程度不同，而另一个国家在两种产品的生产上都处于绝对不利地位，但不利的程度不同。在此种情况下，前者应专门生产更为有利的产品，后者应专门生产不利程度最小的产品，然后通过对外贸易，双方都能取得比自己以等量劳动所能生产的更多的产品，均获得了利益。

3. 比较优势理论的举例说明

为了说明这一理论，李嘉图沿用了英国和葡萄牙生产毛呢和葡萄酒的例子，但对条件做了一些变更，如表 2-4 所示。

表 2-4　国际分工产生的利益

国家		酒产量/单位	所需劳动人数/（人·年$^{-1}$）	毛呢产量/单位	所需劳动人数/（人·年$^{-1}$）
英国	分工前	1	120	1	100
葡萄牙		1	80	1	90
合计		2	200	2	190
英国	分工后	2. 125①	170	2. 2②	220
葡萄牙					
合计		2. 125	170	2. 2	220
英国	国际交换	1	—	1. 2	—
葡萄牙		1. 125	—	1	—

从表 2-4 中可以看出，葡萄牙生产葡萄酒和毛呢所需的劳动人数均少于英国，即在这两种产品的生产上均占有利地位。但两相比较，生产葡萄酒所需的劳动人数比英国少了 40 人，生产毛呢只少了 10 人，即分别少 1/3 和 1/10，显然，在葡萄酒的生产上优势更大一些；英国在两种产品的生产上都处于劣势，但在毛呢的生产上劣势较小一些。根据李嘉图的比较成本理论，葡萄牙虽都处于优势地位，但应生产优势更大的葡萄酒，英国虽都处于

① （80+90）/80=2. 125。

② （120+100）/100=2. 2。

劣势地位，但应生产劣势较小的毛呢。按这种原则进行国际分工，两国的产量都会增加，进行国际贸易，两国都能获利。

2.3.3 评价

大卫·李嘉图的比较优势理论具有合理的、科学的成分和历史的进步意义。其主要贡献在于证明了无论各国是否具有绝对优势，都存在使双方获益的贸易基础，但同时，李嘉图的比较优势理论也存在一定的局限性，具体如下。

1. 主要贡献

诺贝尔经济学奖获得者保罗·萨缪尔森认为，经济学中有许多不可否认的正确原理，但对许多人来说并非显而易见，比较优势就是一个最佳例子。

（1）比绝对优势论更全面、更深刻。

从理论分析的角度考查，比较优势理论分析研究的经济现象涵盖了绝对优势理论分析研究的经济现象，这说明了斯密所论及的绝对优势贸易模型不过是李嘉图讨论的比较优势贸易模型的一种特殊形态。将只适用于某种特例的贸易模型推广至对普遍存在的一般经济现象的理论分析，正是李嘉图在发展古典国际贸易理论方面的一大贡献。该理论为具有比较优势的国家参与国际分工和国际贸易提供了理论依据，因此具有划时代的意义，成为国际贸易理论的一大基石。

（2）具有普遍适用性。

“两优取其重，两劣择其轻”的比较优势原则不仅是指导国际贸易的基本原则，也成为合理进行社会分工，以取得最大社会福利与劳动效率的原则。因此，比较优势的思想除了可以用于对国际贸易问题的分析以外，还在社会生活的诸多方面有着较为广泛的一般适用性。

（3）在历史上起过重大的进步作用。

李嘉图继承了亚当·斯密的经济自由主义思想，极力主张推行自由贸易的政策，认为对外贸易可以使一国的产品销售市场得以迅速扩张，因而十分强调对外贸易对促进一国增加生产、扩大出口供给的重要作用。斯密和李嘉图站在当时新兴产业资产阶级的立场上，为了给产业资本所掌握的超强的工业生产能力，以及由此产生的大量剩余产品寻找出路，从供给的角度论证了推行自由贸易政策的必要性和合理性。从这个意义上来说，可以将斯密和李嘉图的贸易思想归于贸易理论研究上的“供给派”，它曾为英国工业资产阶级争取自由贸易提供了有力的理论武器，而自由贸易政策又促进了英国生产力的迅速发展。

2. 局限性

（1）静态分析的局限性。

李嘉图和亚当·斯密一样，研究问题的出发点是一个永恒的世界，在方法论上是属于形而上学的。他的比较优势理论建立在一系列简单的假设前提基础上，把多变的经济世界抽象成静止的均衡的世界，因此，所揭示的贸易中各国获得的利益是静态的短期利益，这种利益是否符合一国经济发展的长远利益则不得而知。虽然李嘉图偶尔也承认，当各国的生产技术及生产成本发生变化之后，国际贸易的格局也会发生变化，但遗憾的是，他并没有进一步阐述这一思想，更没有用其来修正他的理论。

(2) 李嘉图劳动价值论的不完全和不彻底。

比较优势理论以劳动价值论为基础，但根据李嘉图的劳动价值论，劳动是唯一的生产要素或劳动在所有的商品生产中均按相同的固定比例使用，而且所有的劳动都是同质的，因此，任何一种商品的价值都取决于它的劳动成本。显然，这些假设和观点是不切实际的，甚至是错误的，所以，仅用劳动成本的差异来解释比较利益是不完整和不完全的。

(3) 李嘉图模型对国际贸易产生原因的剖析不全面。

李嘉图模型忽略了各国资源禀赋的差异、规模经济等都是贸易产生的原因，因此漏掉了贸易体系的一个重要方面，这使它无法解释明显相似的国家之间的大量贸易往来。

(4) 对国际贸易中深层次问题的研究不够深入。

李嘉图模型忽略了引起各国劳动成本差异的原因、互利贸易的范围以及贸易利得的分配等问题，因而对国际贸易问题的研究不够系统。

随堂练习

人们为什么说比较优势理论是绝对优势理论的继承和发展?

2.4 相互需求理论

李嘉图论证了国际分工和国际贸易能给参加国带来利益，但却没有进一步论证带来的利益有多少、贸易双方各得多少、贸易条件由什么来决定等问题。针对这些最基本的问题，约翰·斯图亚特·穆勒（John Stuart Mill，1806—1873 年）提出了相互需求论，阿尔弗雷德·马歇尔（Alfred Marshall，1842—1924 年）用几何方法对穆勒的相互需求理论做出了进一步的分析和阐述。

2.4.1 穆勒的相互需求理论

约翰·斯图亚特·穆勒是 19 世纪中叶英国最著名的经济学家，也是大卫·李嘉图的学生和追随者，有人称他是“最后一个古典主义者”。其代表作是 1848 年出版的《政治经济学原理》(*Principles of Political Economy*)。在之后的半个多世纪里，这部著作一直都是欧美各大学经济类专业的标准教科书。在这本书中，他论述了“相互需求理论”（Theory of Reciprocal Demand，或称“相互需求方程式”）。穆勒认为，国际商品交换比例是在比较成本确定的范围内，由相互需求的强度决定的。所谓相互需求理论，实质上是指由供求关系决定商品价值的理论。

一、国际商品交换比例的上、下限与互惠贸易范围

穆勒在比较优势理论的基础上，用两国商品交换比例的上、下限解释了贸易双方获利范围的问题。举例：假设投入等量的劳动和资本，朝鲜和日本分别生产棉布和化纤布的米数如表 2-5 所示。

表 2-5 朝鲜和日本生产棉布和化纤布的情况 单位：米

国家	棉布	化纤布
朝鲜	1	1.5
日本	1	2

按照比较优势理论进行分析，在棉布的生产上，朝、日两国处于均势，而在化纤布的生产上，朝鲜处于劣势，日本处于优势，所以，两国间应进行分工，朝鲜专门生产棉布，日本专门生产化纤布，然后朝鲜用棉布与日本化纤布进行交换。

两国原来各自生产这两种产品时，在朝鲜，棉布与化纤布的交换比例是 1∶1.5，因为投入了等量的劳动和资本，国内成本相同。同理，在日本，二者的交换比例为 1∶2。两国分工生产时，如果两国棉布与化纤布的交换比例是 1∶1.5，即按朝鲜国内的交换比例交换，参加贸易对朝鲜来说，与自行生产相同，不比分工前多得产品，所以没有获得贸易利益。而这个交换比例对日本是有利的，其可以节省 0.5 米化纤布，因此，贸易利益全被日本占有。但在这一交换比例下，朝鲜会退出交易，而使国际贸易不能发生。显然，两国棉布与化纤布的交换比例不能低于 1∶1.5 这个朝鲜国内的交换比例。例如，棉布与化纤布交换比例为 1∶1.4，这一比例固然对日本更加有利，但对朝鲜来说，它绝不会用 1 米棉布到国外去交换 1.4 米化纤布。因此结论是：双方贸易的条件是棉布与化纤布的交换比例不能等于或低于 1∶1.5 这一朝鲜国内的交换比例。同理，如果两国棉布与化纤布的交换比例是 1∶2，即日本国内的交换比例，参加贸易对日本来说，同自己生产相同，不比分工前多获得产品，所以没有获得贸易利益。这一交换比例对朝鲜是有利的，多得了 0.5 米化纤布，贸易利益全被朝鲜占有。因此，在这个交换比例下，日本会退出交易，而使国际贸易不会发生。显然，两国的交换比例更不能高于 1∶2 这个日本国内的交换比例。例如，交换比例为 1∶2.1，这固然对朝鲜更加有利，但对日本来说，绝不会到国外用 2.1 米化纤布交换 1 米棉布。因此，结论是：双方贸易的条件是棉布与化纤布的交换比例不能等于或高于日本国内的交换比例。

综上所述，在此例中，朝鲜、日本两国棉布同化纤布的交换比例只能为 1∶1.5~1∶2，即朝鲜、日本两国之间棉布和化纤布的交换比例，上限是 1∶2 这个日本国内的交换比例，下限是 1∶1.5 这个朝鲜国内的交换比例。

二、贸易条件的决定与贸易利益的分配

这里所说的贸易条件就是国际间商品交换的比例，即 1 单位 A 产品能交换多少单位 B 产品。穆勒认为，贸易条件及其变化是由相互需求对方产品的强度决定的。在国际商品交换比例上、下限的范围内，对对方产品需求相对强烈的国家，其产品交换对方产品的能力就要降低。因为它为了多获得对方国家的产品，要拿更多的本国产品去交换，从而使本国产品的交换能力降低，贸易条件对其就不利。相反对对方产品需求相对弱的国家，其产品交换对方产品的能力就会提高，贸易条件对其就有利。

国际贸易能给参加国带来利益，利益的大小取决于两国国内交换比例之间范围的大小。在朝、日两国棉布和化纤布的交易中，给双方带来利益的范围在 1∶1.5~1∶2。因此，在这个范围之内，贸易利益的分配存在孰多孰少的问题。双方在贸易利益分配中所占份额的多少，取决于具体的贸易条件，即上、下限之间的具体交换比例。如果按 1∶ 1.6

的比例交换，则朝鲜多得 0.1 米化纤布，日本节省 0.4 米化纤布。如果按 1∶1.7 的比例交换，则朝鲜多得 0.2 米化纤布，日本节省 0.3 米化纤布。可见，在双方分配贸易利益时，国际商品交换的比例越接近本国国内的交换比例，对本国越不利，获得的利益就越少。因为越接近本国国内的交换比例，说明它从贸易中获得的利益越接近分工和交换前自己单独生产时的产品量。相反，国际商品交换的比例越接近对方国家国内的交换比例，对本国越有利，它从贸易中获得的利益超过分工和交换前自己生产时的产品量就越多。

三、相互需求方程式

穆勒将需求因素引入国际贸易理论中，以说明贸易条件决定的原则。他认为，无论国内贸易还是国际贸易都是商品的交换，一方出售商品便构成了购买对方商品的手段，即一方的供给便是对对方商品的需求，所以供给的需求也就是相互需求。在两国间互惠贸易的范围内，贸易条件或两国间商品交换比例是由两国相互需求对方产品的强度决定的，必须等于相互需求对方产品总量之比，这样才能使两国贸易达到均衡。如果两国的需求强度发生变化，则贸易条件或两国间的交换比例必然发生变动。一国对另一国出口商品的需求越强，而另一国对该国出口商品的需求越弱，则贸易条件对该国越不利，该国的贸易利益越小；反之，则相反，这就是相互需求方程式（或称相互需求法则）。

现假定贸易条件是 1∶1.7，这一交换比例若能确定，必须使朝鲜对日本化纤布的需求总量同日本对朝鲜棉布的需求总量正好相等，即朝鲜出口棉布的总量与日本出口化纤布的总量相互抵偿。如果两国相互需求对方产品的总量是 1 米棉布比 1.7 米化纤布的公倍数，相互需求方程式即可成立。例如，朝鲜需要日本化纤布的数量是 17 000 米，日本需要朝鲜棉布的数量是 10 000 米，这时两国的需求平衡，使相互需求方程式成立，10 000∶17 000=1∶1.7。如果两国的需求强度发生变化，朝鲜只需求 13 600 米化纤布，而日本仍需求 10 000 米棉布，而这时，1∶1.7 的交换比例显然不能使原来的方程式平衡，因为 10 000∶13 600≠1∶1.7。因此，相互需求不平衡，贸易条件不能稳定下来，必然发生变化。由于日本对朝鲜棉布的需求比朝鲜对日本化纤布的需求强，为了得到朝鲜的棉布，日本只好降低化纤布的交换价值。假定比例变为 1∶1.8，在这个交换比例下，由于棉布的交换价值上升，故日本的需求由原来的 10 000 米减至 9 000 米；反之，由于化纤布的交换价值下降，朝鲜的需求由原来的 13 600 米增至 16 200 米，此时 1∶1.8 的交换比例恰好能使相互需求方程式成立，9 000∶16 200=1∶1.8。故在 1∶1.8 的交换比例下，相互需求达到均衡水准，贸易条件又稳定下来了。相反，如果朝鲜对日本化纤布的需求强度不变，而日本对朝鲜棉布的需求强度减弱，则贸易条件就要降至 1∶1.7 以下。总之，贸易条件的变化必须使相互需求方程式成立。

2.4.2 马歇尔的相互需求理论

阿尔弗雷德·马歇尔是 19 世纪末 20 世纪初英国著名的经济学家，剑桥学派和新古典学派的创始人。其代表作有 1879 年出版的《国际贸易纯理论》(*The Pure Theory of International Trade*)、1890 年出版的《经济学原理》（*Principles of Economics*)、1919 年出版的《工业与贸易》（*Industry and Trade*）和 1923 年出版的《货币、信用与商业》（*Money, Credit, and Commerce*）等。另外，马歇尔还创立了“均衡价值理论”，提出了一整套经济学新概念和崭新的研究方法，对后世产生了巨大影响，一直被各国经济学家沿用至今，因此被经济学理论界尊为“近现代经济学的鼻祖”。他用提供曲线来说明贸易条件的确定及其变化，对穆勒的国际价值和相互需求方程式做了进一步说明。

一、互利贸易条件的范围

相互需求理论认为，贸易双方在各自国内市场上有各自的交换比例，在世界市场上，两国产品的交换形成一个国际交换比例，即国际贸易条件，或称为国际价值。这一贸易条件是指互利贸易条件，即在对贸易双方均有利的两国产品的交换比例所规定的上、下限之间。在 2.4.1 的例子中，棉布与化纤布的交换比例，朝鲜国内为 1∶1.5，日本国内为 1∶2。所以，棉布交换化纤布的互利贸易条件的范围是 1∶1.5~1∶2 这一下限和上限之间，可用图 2-1 表示。

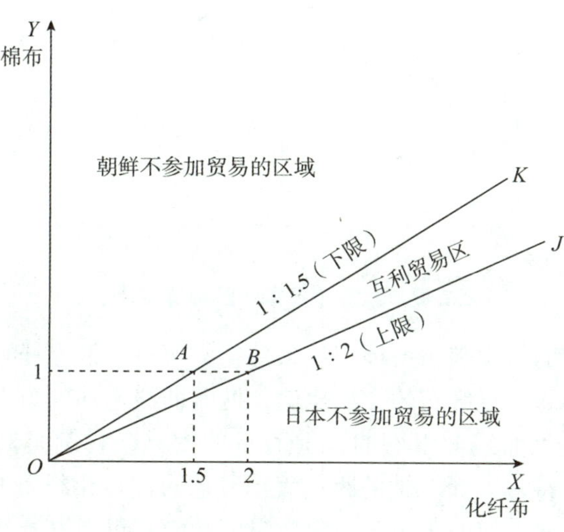

图 2-1 朝鲜和日本两国交换比例的上、下限

纵坐标 Y 表示棉布，横坐标 X 表示化纤布。两国国内的交换比例用从原点引出的射线的斜率来表示，斜率等于射线任意点到 X 轴距离和到 Y 轴距离之比。

OK 的斜率为 1∶1.5，表示朝鲜国内的交换比例，为棉布交换化纤布的下限，OJ 的斜率为 1∶2，表示日本国内的交换比例，为棉布交换化纤布的上限。从图 2-1 中可知，OY 与 OK 之间是朝鲜不参加贸易的区域，OX 与 OJ 之间是日本不参加贸易的区域，而 OK 与 OJ 之间为互利贸易区。

另外，A 点斜率为 1∶1.5，B 点斜率为 1∶2。这样，从原点引出的、通过开区间线段 AB 的任意点的斜率都是互利贸易条件，且贸易条件越接近 A 点，对朝鲜越不利，对日本越有利；相反，越接近 B 点，对日本越不利，对朝鲜越有利。

二、相互需求均衡决定贸易条件

相互需求均衡就是供求相等。穆勒用相互需求方程式说明贸易条件或国际价值的决定，而马歇尔用提供曲线解释贸易条件或国际价值。

1. 提供曲线

提供曲线（Offer Curve）也称为相互需求曲线（Reciprocal Demand Curve），其表示在不同的贸易条件下，一国愿意在国际市场上出口和进口的商品数量的组合轨迹，即一国为了换取一定数量的进口商品而愿意出口的最大商品数量。它表明一国的进出口贸易意向随着商品的相对价格（交易条件）的变化而变化。因为互利贸易条件的范围必须在两国国内交换比例所规定的上、下限之间，这两条曲线必须在互利贸易区的范围之内。图 2-2 是表示贸易条件的两条提供曲线，其中的横坐标 X 表示化纤布，纵坐标 Y 表示棉布。

因此，对日本来说，横坐标 X 表示出口化纤布的数量，纵坐标 Y 表示进口朝鲜棉布的数量；相反，对朝鲜来说，纵坐标表示出口棉布的数量，横坐标表示进口日本化纤布的数量。而 OJ 和 OK 是两条提供曲线，分别表示两个国家的贸易条件。其中，OJ 表示日本的贸易条件，OK 表示朝鲜的贸易条件。

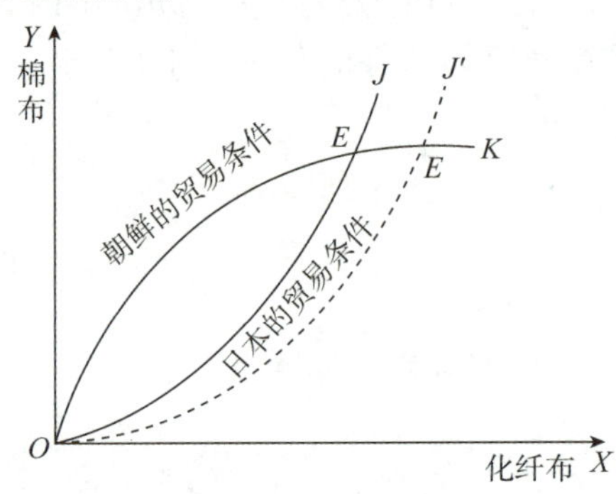

图 2-2　朝鲜和日本两国的提供曲线

提供曲线上每一点的斜率表示一种贸易条件，它等于曲线上任意点到 X 轴距离和到 Y 轴距离之比，也就是棉布和化纤布的交换比例。两条曲线弯曲的方向不同，日本的提供曲线向上弯曲，朝鲜的提供曲线向下弯曲，但表示的贸易条件都是对本国越来越有利。例如，日本的提供曲线上每一点到 Y 轴的距离表示其愿意出口化纤布的数量，到 X 轴的距离表示进口棉布的数量，向上弯曲表示用一定数量的化纤布可以交换更多的棉布。因为曲线上每一点表示的贸易条件都可用从原点引出的通过该点的射线的斜率来表示（斜率等于棉布与化纤布的比），由于曲线是向上弯曲的，曲线上的每一点都可以有一条射线通过，而且通过的射线越来越陡，即斜率越来越大。这意味着，随着贸易量的增加，日本交换同样数量的对方产品所用的本国产品的数量越来越少，或者说用同样数量的本国产品能交换更多的对方产品。相反，朝鲜的提供曲线向下弯曲，曲线上每一点到 X 轴的距离表示愿意出口棉布的数量，到 Y 轴的距离表示进口化纤布的数量，曲线向下弯曲表示用一定数量的棉布可以交换更多的化纤布。因为曲线向下弯曲同曲线向上弯曲相反，通过每点的射线越来越平缓，即斜率越来越小，这意味着朝鲜交换同样数量的对方产品所用的本国产品越来越少，贸易条件越来越有利。

根据马歇尔的供求价格论，日本的提供曲线向上弯曲和朝鲜的提供曲线向下弯曲的原因有两点：一是商品的价值由产品的效用决定。对日本来说，随着进口棉布和出口化纤布数量的增加，国内棉布的数量增加而化纤布的数量减少，化纤布因数量减少而效用提高，棉布因数量增加而效用下降，因此对日本来说，出口同样数量的化纤布必须换回比以前更多数量的棉布，才能使它继续扩大这种交易。对朝鲜来说正好相反。二是商品的价格由生产成本决定。对日本来说，随着化纤布出口数量的增加，必须增加产量，由于总产量的增加，生产成本不断提高（引起化纤布原料价格上涨），只有用一定数量的化纤布必须交换更多的棉布，日本才能继续扩大进出口数量。朝鲜恰好相反。总之，由于产品的效用和生产成本两方面的原因，使日本的提供曲线向上弯曲，而使朝鲜的提供曲线向下弯曲。

2. 贸易条件的决定和均衡的恢复

在不同的贸易条件下，日本都将出口一定数量的化纤布同某一数量的棉布相交换，而朝鲜将出口一定数量的棉布，进口相应数量的化纤布。在一定的贸易条件下，一方的出口数量等于另一方的进口数量，这种贸易条件就是均衡贸易条件，它决定了贸易利益的分配方法。由图 2-2 可知，只有两条提供曲线的交点 E，才能使一方出口的数量等于另一方进口的数量，使双方的进出口达到平衡。除 E 点之外，两条曲线上的任何一点都不具备这种性质。所以，两条提供曲线的交点 E 所确定的贸易条件是均衡贸易条件。如果相互需求发生变化，就会使均衡贸易条件发生变化。假定日本对朝鲜棉布的需求增加，而朝鲜对日本化纤布的需求不变，这种需求强度的变化，使日本要用比以前更多的化纤布去交换朝鲜的棉布。用图形表示则是日本的提供曲线向下移动，移到虚线 OJ'的位置。新的提供曲线与朝鲜的提供曲线的交点为 E'，它表示新的均衡贸易条件。通过该点射线的斜率要小于通过 E 点射线的斜率，即坡度不如通过 E 点的射线陡，说明日本愿意为交换一定数量的棉布提供比以前更多的化纤布，这个贸易条件变得对日本不利而对朝鲜有利。相反，如果朝鲜对日本化纤布的需求增加，而日本对朝鲜棉布的需求不变，这种需求强度的变化使朝鲜要用比以前更多的棉布去交换日本的化纤布。用图形表示这种情况会使朝鲜的提供曲线向上移动，使贸易条件对朝鲜不利，而对日本有利。

2.4.3 评价

相互需求理论是对比较优势理论的补充。穆勒补充了国际贸易为交易双方带来利益的范围问题和在利益分配中双方各得多少的问题，指出了互利贸易的范围介于两国国内交换比例的上、下限之间，亦即对双方有利的贸易条件的变化有个客观界限，超出这个界限国际贸易便不会发生；两国产品的交换比例越接近本国国内的交换比例，本国获得的利益越少，反之越接近对方国家国内的交换比例，本国获得的利益越多。这些都是正确的。但穆勒的相互需求方程式是脱离实际的，因为它的假设前提是物物交换下供给等于需求，实际上，出口和进口不是同时进行的，而是彼此分离的。

在相互需求理论中，贸易条件是指商品的物物交换比例，是用商品表示的贸易条件。这种贸易条件用于两个国家两种产品的理论模式中，只适用于抽象的理论分析，不能用来分析和说明一国一定时期贸易地位的变化。因此，西方国家还用价格表示贸易条件，以对国际贸易实践中各国贸易利益和地位的变化情况进行具体分析。

马歇尔用几何方法说明贸易条件的决定与变动，为西方传统国际贸易理论增添了新的表述方法和研究手段，是可供参考的。但马歇尔与穆勒一样，研究的问题并未反映国际生产关系的价值范畴，这使他们虽然在一定范围内和从某一角度说明了各国在贸易利益分配中，实物产品的孰多孰少问题，但不能从根本上说明国际间的商品交换是否公平合理，是否实现了等价交换，是否存在剥削等，这些属于规范经济学方面的问题，也是该理论的根本性缺陷。

相关思政元素：**道路自信、理论自信**

相关案例：

我国开放型经济发展取得历史性成就

“十三五”时期是全面建成小康社会、实现第一个百年奋斗目标的决胜阶段。商务部门开拓进取、迎难而上，不断提高对外开放水平，推动开放型经济新体制逐步健全、全面开放新格局加快形成，为国民经济和社会发展作出了重要贡献。

“十三五”时期，我国扎实推进经贸强国建设，以技术、标准、品牌、质量、服务为核心的对外经济新优势加快形成，中国商品、中国投资、中国服务的全球影响力持续提升。

1. 贸易大国地位更加巩固

我国对外贸易加快优化升级，实现稳中提质。货物贸易进出口额从2015年的3.95万亿美元增加至2019年的4.58万亿美元。服务贸易进出口额从2015年的6 542亿美元增加至2019年的7 850亿美元，稳居世界第二位。贸易结构持续优化，2019年，机电产品出口占比提升至58.4%，高新技术产品出口保持较高增速；国际市场布局更加优化，对新兴市场出口占比增加至49.2%；国内区域布局更加均衡，中西部地区出口占比增加至18.3%；民营企业出口占比2019年首次超过50%，增加至51.9%；一般贸易出口占比增加至57.8%。贸易新业态成为新增长点，2019年，跨境电商零售进出口额比2015年增长4倍、市场采购贸易出口额增长2.2倍。外贸对国民经济的贡献越加突出，带动就业人数约1.8亿，2019年货物和服务净出口对经济增长贡献率达到11%，有力保证了国际收支的平衡。

2. 利用外资——大国地位提升

我国利用外资的水平不断提高，保持稳中向好的发展势头。在全球跨境投资持续低迷的背景下，我国利用外资逆势增长，2017年成为全球第二大外资流入国，2016—2019年吸收外资合计达5 496亿美元。利用外资质量进一步提高，2016—2019年，高技术产业利用外资年均增长23.9%，2019年占比达27.7%，比2015年提高15.5个百分点。全国规模以上工业企业中，外资企业研发投入占比约为1/5。对外资企业吸引力不断增强，我国营商环境国际排名不断提升对国际要素资源形成巨大的“引力场”。外资对国民经济拉动作用明显，创造了2/5的对外贸易、1/6的税收收入，促进了近1/10城镇人口的就业。

3. 对外投资——大国地位稳定

我国对外投资有序发展，在全球配置资源的能力不断增强。2016—2019年，我国对外直接投资规模合计达6 344亿美元，稳居世界前列。截至2019年年末，共在188个国家和地区设立了4.4万家企业。投资结构更加均衡，主要投向租赁和商务服务业、制造业、批发和零售业等领域，2019年，制造业投资占比14.8%，使全球产业布局进一步优化，也使国际竞争力显著提升。2020年，117家企业入选《财富》杂志世界500强，其中74家企业上榜“全球最大250家国际承包商”，企业数量和市场份额均居世界前列，使经济社会效益充分显现。2016—2019年，我国企业通过对外投资合作，累计带动出口金额5 000多亿美元。截至2019年年末，“走出去”的企业外籍员工超过220万人，部分项目填补了当地产业的空白，促进了当地的发展。

摘自：人民日报，2020年9月29日，作者：钟山。

拓展案例

家电行业要学会寻找比较优势

案例简介：

我国家电行业在短短20年的时间里获得了迅速发展，涌现出一大批具备国际竞争力的家电巨头，包括海尔、TCL、海信、格力等企业。除了在国内市场建立了较强的竞争优势，这些企业还积极拓展海外市场，分别在欧美等地开拓销售网络，并建立生产制造工厂，实现了“走出去”的发展战略，行业整体竞争力不断提升，中国迅速成长为全球家电业的制造中心。与此同时，家电行业内部也出现了盲目扩张规模，圈地建厂，造成产能过剩，使企业间恶性竞争，让价格战持续不断，企业利润持续走低等问题。

案例分析：

1. 国外家电巨头在资本运作、内部管理、产品工艺、技术创新等多方面拥有很强的竞争优势，它们在进入中国市场后迅速地将这种优势进行辐射和扩张。以LG、三星、西门子为代表的国外家电企业纷纷转战中高端市场，尽管它们只占据了少量的市场份额却获得了高额的利润回报。

2. 短期内，我国家电企业加强并提升技术创新能力的可行性并不大。同时，每个企业都面临它来自各方面的重重压力，既要保证企业的稳定发展和正常流转，特别是资金流不能出现问题，还要面对来自战略转型与流程再造过程中的巨大风险和竞争压力。加上我国市场环境不成熟，相关的法规和准则缺失，使企业的市场竞争行为得不到正确引导和有力约束，困难重重。

3. 我国家电企业建立核心竞争优势的可能性和空间比较小，但可以在竞争中寻找比较优势，扩大对市场的控制权和话语权。我国家电行业的比较优势主要集中体现在规模经济、成本和价格、中低端市场三方面。

启示：

1. 家电企业应该运用比较优势，有计划地将企业发展战略进行调整，逐渐加大在技术和研发上的投入力度，从而实现企业的可持续发展。

2. 企业在市场策略的实施过程中，找准定位和市场坐标，将市场竞争的主要目标锁定在中低端市场上，从而避开与国外企业针锋相时，运用“田忌赛马”的策略。只有这样，我们才能够有针对性地实施技术创新和技术研发体系的积累。

3. 加强技术创新体系建设，提升企业的核心竞争力，特别是一些具有相对优势的家电企业要迅速掌握产品的技术创新能力，引领国内甚至全球家电产品的发展方向。

4. 加快制度建设进程，建立健全各项法律法规，为国内家电企业创造良好的市场环境。

案例延伸：

长期以来，指导我国国际分工与贸易的比较优势理论，强调自然资源和劳动力资源相对丰富的比较优势。与此相应，在外贸战略上突出劳动密集型产品出口。但是，在当今的国际市场上，劳动密集型产品的比较优势并不一定能转变为竞争优势。首先，劳动密集型产品已趋饱和，国际消费需求结构以及相应的投资需求结构已向更高层次转换。我国出口的劳动密集型产品加工程度浅、技术含量低，面对的只能是日益缩小的国际市场和日益下降的价格水平，与发达国家高技术产品交换的贸易条件越来越恶化。其次，劳动密集型产品的需求弹性小、附加价值低，容易出现出口的“贫困化增长”。另外，我国劳动密集型产品的出口市场过于集中，生产地区分布极不平衡，容易遭受国际经济波动的影响和冲击。此外，发达国家对发展中国家歧视性的贸易政策使我国劳动密集型产品出口受到诸多壁垒的阻碍，在国际市场上发展的空间越来越有限。因此，我国以劳动密集型产品为主的出口贸易在国际分工中处于从属的和被动的不利地位，极易陷入“比较优势陷阱”。

随着对外开放的扩大、经济全球化进程的加快，以及交通、通信技术和国际贸易的发展，资本、自然资源等生产要素可以在国际自由流动，再加上技术的进步和对人力资本投资的增加，极大地推动了资本对劳动力的替代、新材料对自然资源的替代以及劳动力素质的提高对劳动力数量不足的弥补，基本要素（如土地、矿藏等）在经济发展中的作用日益下降，而知识经济的发展使高级要素（如知识、人才、信息网络等）的作用不断增加。这就使得我国以及其他发展中国家所具有的自然资源和劳动力成本低廉的比较优势在国际竞争中的优势地位被逐渐削弱。另外，由于我国长期以来生产资源密集型产品，自然资源逐年减少；同时，工资的上涨和人口老龄化的趋势也削弱了我国在劳动力方面的优势。

比较优势是基础，我们绝不能放弃，但同时也更应重视发展竞争优势，以提高国际竞争力。而其中的关键是如何将比较优势更好地发挥出来，并依靠竞争优势维持比较优势，使比较优势带来更大的利益。

本章小结

1. 国际贸易理论的实质是市场经济商品交换和生产分工的思想，其起源和发展可以追溯到出现分工交换思想的古罗马、古希腊时代。重商主义者认为国际贸易是一种“零和博弈”，出口者从贸易中获得财富，而进口则减少财富。其政策主张是“奖出限入”。

2. 亚当·斯密的绝对优势理论认为，国际贸易和国际分工的原因和基础是各国间存在的劳动生产率和生产成本的绝对差别。各国应该集中生产并出口其具有劳动生产率和生产成本绝对优势的产品，进口其不具有绝对优势的产品。贸易的双方都会从交易中获益。因此，国际贸易可能只会发生在发达国家之间，发达国家与发展中国家之间就不会发生任何贸易。这显然与现在国际贸易的实情不符。

3. 英国经济学家大卫·李嘉图继承和发展了亚当·斯密创立的劳动价值理论，并以此作为建立比较优势理论的理论基础，即承认劳动是商品价值形成的唯一源泉，社会必要劳动时间的多少决定商品价值量的高低。国际商品价格的差异完全由劳动生产率差别决定，国际贸易中各方的利益完全取决于国际市场上各类商品的交换价值，即相对价格水平。如果一个国家在本国生产一种产品的机会成本（用其他产品来衡量）低于在其他国家生产该种产品的机会成本，则这个国家在生产该种产品上就拥有比较优势。

4. 大卫·李嘉图的比较优势理论在一系列前提假定的基础上得出以下结论：贸易的基础是生产技术的相对差别（而非绝对差别），以及由此产生的相对成本的不同。每个国家都应集中生产并出口其具有比较优势的产品，进口其具有比较劣势的产品。“两优取其重，两劣择其轻”是比较优势理论的基本原则。

5. 约翰·穆勒提出的相互需求理论，实质上是指由供求关系决定商品价值的理论。穆勒在相互需求理论的基础上，用两国商品交换比例的上、下限解释贸易双方获利的范围，用贸易条件说明贸易利益的分配情况，用相互需求强度解释贸易条件的变化问题。马歇尔用提供曲线来说明贸易条件的确定及其变化，对穆勒的国际价值和相互需求方程式做了进一步说明。

本章习题

2.1　名词解释

重商主义　相互需求法则　提供曲线

2.2　简答题

(1) 简述亚当·斯密的绝对优势理论并做出评价。

(2) 简述大卫·李嘉图比较优势理论的主要贡献和局限性。

(3) 应该如何评价约翰·穆勒的“相互需求理论”?

(4) 提供曲线弯曲的原因是什么?

本章实践

案例简介：

1. 全球咨询公司PAC集团的调查数据显示，2008年，通用、丰田、福特三家汽车制造商的在华零配件采购额将比预期减少80亿美元，到2010年，总共减少160亿美元，本土零部件制造商赖以生存的低成本比较优势正急速丧失，汽车零部件中国制造遭遇边缘化危机。

2. 中国纺织工业协会统计，2007年前三个季度，超过2/3企业的利润率低于全行业平均值，其平均利润率只有0.61%，总亏损额接近100亿元，此归因于“中国大部分服装企业都是生产型企业，没有完善的品牌设计规划。这也就意味着，在外贸产业链中，订单客户始终把中国作为成本中心。”

试用国际贸易中的相关知识对此进行分析。

第3章 新古典贸易理论

学习目标

- 掌握列昂惕夫之谜及其解释。
- 熟练掌握赫克歇尔—俄林要素禀赋理论的主要内容。

教学要求

学生通过本章的学习，掌握要素禀赋理论的基本含义，以及由要素禀赋理论推论而来的要素价格均等化定理和对要素禀赋理论的实证分析——列昂惕夫之谜。

导入案例

中国农产品出口有优势吗?

中国是全世界人均可耕地面积较少的国家之一。根据大卫·李嘉图的比较优势理论，中国的农产品出口应该是处于劣势，农产品对外贸易方面应该主要以进口为主。但是，事实却不是这样，中国的农产品出口每年都以两位数的速度增长。以加入WTO前后的几年为例，中国1999年的农产品进出口总额为216.3亿美元，其中出口总额为134.7亿美元，而2003年中国农产品进出口总额403.6亿美元，其中出口总额为214.3亿美元。那么，中国农产品出口的比较优势在哪里?

实际上考察一个国家对外贸易的比较优势不是从某一方面来考虑的，而应该把各种生产要素综合起来全面考虑。比如中国的农产品出口，如果从人均可耕地面积的角度考虑，中国处于劣势，但是，如果从劳动力的角度来考虑，中国处于绝对优势。根据赫克歇尔—俄林理论，产品的价格是由要素的成本决定的，中国具有劳动力成本低的优势。所以，中国可以选择劳动密集型的产品出口，而进口一些土地密集型或资源密集型的产品。因此，中国的农产品对外贸易额每年都以较高的速度增长就不奇怪了。那么，什么是要素禀赋理论呢？本章将为大家介绍。

作为整个古典经济学理论的一个重要组成部分，古典贸易理论是建立在劳动价值论的基础上的，即认为劳动是创造价值和造成生产成本差异的唯一要素。因此，在古典学派的分析中，假定生产技术不变，只有一种要素（劳动）投入。在有两种或两种以上要素投入的情况下，许多分析过程和结论不再有效。在古典贸易理论之后，经济学发生了边际革命，而数学方法在经济学中的应用也为国际贸易理论的发展提供了基础。新古典贸易理论是在坚持古典比较优势理论的基础上发展起来的，它坚持了古典理论的基本观点，但是又放弃了或者改变了古典理论的某些假设，并对其结论作了进一步的引申和发展。新古典贸易理论实际上是用新的分析方法对古典贸易理论基本命题的重新表述；同时，又在某些领域推动了其进一步发展。

3.1　要素禀赋理论

3.1.1　历史背景

1919 年，伊利·赫克歇尔（Eli Filip Hecksher，1879—1952 年）在其发表的题为《对外贸易对收入分配的影响》（*The Effect of Foreign Trade on the Distribution of Income*）的论文中，对国际贸易比较优势形成的基本原因作了初步分析。1933 年，伯尔蒂尔·俄林（Beltil Gotthard Ohlin，1899—1979 年）出版了著名的《区域贸易与国际贸易》（*Interregional and International Trade*）一书，对其老师赫克歇尔的思想作了清晰而全面的解释，深入而广泛地探讨了国际贸易产生的深层原因。由于在国际贸易方面的突出贡献，俄林于 1977 年荣获诺贝尔经济学奖。

由于赫克歇尔—俄林的贸易理论将贸易中国际竞争力的差异归于生产要素禀赋的国际差异，人们又称该理论为要素禀赋理论（Theory of Factor Endowment）。这一理论后经保罗·萨缪尔森（Paul Samuelson，1915—2009 年）等经济学家不断完善。因此，人们又称该理论为赫克歇尔—俄林—萨缪尔森定理（简称“H-O-S 模型”）。要素禀赋理论被誉为国际贸易理论从古典向新古典和现代理论发展的标志，它与李嘉图比较优势理论并列为国际贸易理论中的两大理论模式。赫克歇尔—俄林要素禀赋理论无论是在理论分析上，还是在实际应用中，都取得了巨大成功。在 20 世纪前半叶到 20 世纪 70 年代末，要素禀赋理论成了国际贸易理论的典范，也几乎成了国际贸易理论的代名词。

3.1.2　与要素禀赋理论有关的几个概念

一、要素禀赋与要素丰裕度

要素禀赋（Factor Endowment）是指一国所拥有的各种生产要素的数量。

要素丰裕度（Factor Abundance）是从一国整体的角度来衡量其要素禀赋状况，即一国所拥有的某种（或各种）生产要素的丰富程度。判断一国的要素丰裕度一般有两种方法：一种是以实物单位定义，即用各国所有可以利用的生产要素，如资本和劳动的总量来衡量，又称物质定义法（Physical Definition）。另一种则是用要素的相对价格来定义，即以生产要素相对价格的高低作为衡量一国要素禀赋的标准，因此又称为价格定义法（Price Definition）。

首先，我们来看第一种物质定义法。假设有 A 、B 两国，要素禀赋比可表示为总资本/总劳动（TK/TL），如果（TK/TL）$_A$>（TK/TL）$_B$，则我们说 A 国是资本丰裕国家，相应地，B 国则为劳动力丰裕国家。但要注意，要素丰裕度衡量的是相对量而非绝对量。我们使用的是总资本和总劳动的比率，而不是可用资本与可用劳动的绝对数量，所以即使 A 国资本拥有的绝对数量小于 B 国，只要其 TK/TL 大于 B 国，则它仍是资本丰裕的国家。

下面，我们来看第二种价格定义法。依然以 A 、B 两国为例，以工资率（W）表示劳动的价格，以利率（r）表示资本的租用价格，以 W/r 代表劳动力的相对价格。如果（W/r）$_A$>（W/r）$_B$，即劳动的相对价格在 A 国高于 B 国，则称 A 国为资本丰裕国家，B 国为劳动力丰裕国家。同样，决定一国是否是资本丰裕国家，并不是看 r 的绝对水平，而是看 W/r 值的大小，所以不存在所有资源都丰裕的国家。

二、要素密集度和要素密集型产品

要素密集度（Factor Intensity）衡量的是产品中生产要素的投入比例，或者说是不同要素的密集使用程度。假设两种产品 X 和 Y，分别使用资本（K）和劳动（L）两种投入要素，且两要素的投入比例分别为（K/L）X、（K/L）Y，如果（K/L）Y>（K/L）X，则称 Y 为资本密集型产品，而 X 为劳动密集型产品。

同样要注意，要素密集度也是一个相对概念，例如，对于 X 、Y 两种产品，生产 1 单位 Y 需要投入 2 单位资本（$2K$）和 2 单位劳动（$2L$），而生产 1 单位 X 则需资本为 $3K$，劳动为 $12L$。尽管从绝对量来看，1 单位 Y 投入的资本要小于 1 单位 X（$2K<3K$），但我们不能据此判断 X 为资本密集型产品，因为 $2K/2L>3K/12L$，即 Y 产品拥有较高的资本/劳动比率，所以在生产中，Y 比 X 相对更多地使用资本，较少地使用劳动，据此，我们把 Y 定义为资本密集型产品。

根据生产投入的生产要素中所占比例最大的生产要素种类不同，可把产品划分为不同种类的要素密集型产品（Factor Intensive Commodity）。例如，生产小麦投入的土地占的比例最大，则小麦为土地密集型产品；生产纺织品投入的劳动占的比例最大，则称纺织品为劳动密集型产品；生产汽车投入的资本所占比例最大，于是称汽车为资本密集型产品；生产电子计算机投入的技术所占的比例最大，则称电子计算机为技术密集型产品，以此类推。

三、生产要素和要素价格

生产要素（Factor of Production）是指生产活动必须具备的主要因素或在生产中必须投入或使用的主要手段，通常包括土地、劳动和资本三要素，加上企业家的管理才能，并称“四要素”。另外，有人把技术知识、经济信息也当作生产要素。要素价格（Factor Price）则是指生产要素的使用费用或要素的报酬。例如，土地的租金、劳动的工资、资本的利息、管理的利润等。

3.1.3　要素禀赋理论的假设前提

与李嘉图的比较优势理论一样，要素禀赋理论也是建立在若干假设前提基础之上的。这些假设前提有的与比较优势理论的假设前提是一致的，有的则是对比较优势理论的假设前提的重大修正。

1. 2×2×2 模型

假定世界上只有两个国家（要素丰裕度不同），每一个国家都使用两种生产要素（资本和劳动），从事两种不同要素密集度产品（资本密集型产品和劳动密集型产品）的生产，这就是所谓的标准“2×2×2”国际贸易理论模型。这一假设目的是便于用一个二维的平面图来说明这一理论。实际上，放宽这一假设的条件（即研究更为现实的多个国家、多种产品、多种要素）并不会对要素禀赋理论所得出的结论产生根本的影响。

2. 充分就业和贸易平衡

假设两个国家的所有生产要素都被充分利用，因此国内均衡是充分就业均衡，国际均衡是在贸易平衡的条件下实现的均衡。

3. 要素禀赋的非对称性

假设两个国家所拥有的两种生产要素的数量不同。其中，一个国家资本较为充裕因而利息率相对较低，而另一个国家劳动较为充裕因而工资率相对较低。假设在两国中，产品 X 都是劳动密集型产品，产品 Y 都是资本密集型产品。这表明，在两个国家中，生产产品 Y 相对于生产产品 X 来说，使用的资本—劳动比例较高。但这并不意味着两国生产产品 Y 的资本—劳动比例是相同的，而是在各国生产 X 的资本—劳动比例均低于该国生产 Y 的资本—劳动比例。资源禀赋差异或者说非对称性是要素禀赋理论的最基本和最主要的假设。

4. 技术的对称性

技术的对称性即具有相同的生产函数，是两个国家在两种产品生产上所使用的技术完全相同，产量只是生产要素投入量的因变量。注意，反映每种产品生产技术的生产函数都满足边际收益递减和规模报酬不变两个假设。

每种要素的边际收益递减，或单位产出的边际成本和平均成本递增，表明贸易后，两国不能实现完全的专业化，即尽管是自由贸易，两国仍然继续生产两种产品，亦即没有一个国家是小国。

生产的规模收益不变，表明增加生产某一产品的资本和劳动投入将带来该产品的产量以同一比例增加，即生产函数是线性齐次的，单位生产成本不随着生产规模的增减而变化。例如，如果在生产产品 X 时增加 10%的资本和劳动投入，产品 X 的产量也会增加 10%。如果资本和劳动投入增加 1 倍，产品 X 的产量也会增加 1 倍。对于产品 Y 的生产也是这样。

生产技术相同这一假设，意味着如果要素价格在两国是相同的，两国在生产同一产品时就会使用相同的劳动和资本比例。由于要素价格通常是不同的，因此，各国的生产者都将使用更多的价格便宜的要素以降低生产成本，这样做是为了排除因国际技术的差异导致的生产成本差异与产品价格差异，从而把后者有效地归类于生产要素禀赋的差异。

5. 自由竞争与自由贸易

每个国家内部的产品和要素市场都表现为完全竞争的市场特征，而两国的两种产品的生产者和消费者数量众多，资本和劳动的使用者和供给者都是价格的接受者。

6. 两国消费偏好相同

如果两国消费偏好相同表明两国需求偏好的无差异曲线的形状和位置完全相同。当两国的产品相对价格相同时，两国消费两种产品比例也是相同的，而且不受收入水平的影响。

7. 要素密集度不会发生逆转

即给定两种生产要素资本和劳动及两种产品 A、B，假定产品 A 为劳动密集型产品，产品 B 为资本密集型产品，无论劳动和资本的价格怎样变动，产品的要素投入结构怎样调整，产品 A 为劳动密集型产品，产品 B 为资本密集型产品的性质不发生改变。

8. 没有运输成本，国与国之间的贸易没有关税和其他贸易限制

由以上假设可知，除两国要素禀赋不同外，其他一切条件都是完全相同的。

要素禀赋理论的基本假设前提与大卫·李嘉图比较优势理论的不同之处主要体现在以下三个方面：一是大卫·李嘉图是在单要素模型中展开分析的，产品价值是由生产产品所花费的劳动时间决定的，而要素禀赋理论是对两要素模型进行分析。二是大卫·李嘉图认为国内等量劳动相交换的原则不能在国际贸易中应用，而要素禀赋理论则暗含着国内、国际贸易都是不同区域间的产品交换，本质上是相同的。三是大卫·李嘉图认为，国际贸易产生的原因主要是各国在劳动生产率上的差异，而要素禀赋理论则假设各国生产技术、生产函数相同，而同种生产要素具有同样的劳动生产率。

3.1.4 要素禀赋理论的主要内容

要素禀赋理论有狭义和广义之分。狭义的要素禀赋理论又称要素比例理论，或要素供给比例理论，即用生产要素的丰缺来解释国际贸易产生的原因和一国进出口产品结构的特点。广义的要素禀赋理论除了包括要素比例理论的内容外，还包括要素价格均等化学说，它主要研究国际贸易对要素价格的反作用，说明国际贸易不仅使国际产品价格趋于均等化，而且使各国的生产要素价格趋于均等化。

1. 要素比例理论

俄林认为：产品价格的国际绝对差异是产生国际贸易的直接原因；各国不同的产品价格比例是产生国际贸易的必要条件；各国不同的产品价格比例是由各国不同的要素价格比例决定的；各国不同的要素价格比例是由各国不同的要素供给比例决定的。在这些环节中，要素供给是中心环节。

（1）产品价格的国际绝对差异是国际贸易产生的直接原因。产品价格的国际绝对差异是指不同国家的同种产品以本国货币表示的价格，按照一定的汇率折算成以同种货币表示的价格时出现的价格差异。

现以美国和日本两国分别生产 X、Y 两种产品为例，说明美、日两国 X、Y 两种产品价格的绝对差异，如表 3-1 所示。

表 3-1　美、日两国 X、Y 两种产品价格的绝对差异

项目	以本国货币表示的价格		换算成同种货币表示的价格（按 1 美元=100 日元换算）			
			以美元表示		以日元表示	
	美国	日本	美国	日本	美国	日本
X 产品	1.5 美元	200 日元	1.5 美元	2 美元	150 日元	200 日元
Y 产品	2 美元	150 日元	2 美元	1.5 美元	200 日元	150 日元

从表3-1可以看出，若X产品的单位价格都以美元计价，则美国为1.5美元，日本为2美元，其价格差额为0.5美元；若都以日元计价，则美国为150日元，日本为200日元，其价格差额为50日元。也就是说，美国X产品的价格低于日本。同样可以看出，日本Y产品的价格低于美国。在没有运输费用的假设前提下，把产品从价格低的国家出口到价格高的国家，双方都可获得利益。

(2) 各国不同的商品价格比例是产生国际贸易的必要条件。产品价格的国际绝对差异是国际贸易产生的直接原因，但并不是只要存在产品价格的国际差异，国际贸易就必然发生。同时，还必须具备另一个条件，即必须交易双方国内的商品价格比例不同，亦即必须符合比较成本优势的原则。

从表3-2中可以看出，美、日两国X、Y两种产品的国内价格比例分别为1.5∶2和2∶1.5，即两国两种产品的国内价格比例不同，存在比较利益。因此，进行国际贸易能给两国都带来利益；如果两国两种产品的国内价格比例相同，则不存在比较利益，国际贸易也不会发生，或只能发生暂时的贸易关系。仍以表3-1为例加以说明，但将价格条件稍作调整，如表3-2所示。

表3-2　美、日两国X、Y两种产品价格的相对差异

项目	以本国货币表示的价格		换算成同种货币表示的价格（按1美元=100日元换算）			
	美国	日本	以美元表示		以日元表示	
			美国	日本	美国	日本
X产品	1.5美元	300日元	1.5美元	3美元	150日元	300日元
Y产品	2美元	400日元	2美元	4美元	200日元	400日元

由于两国的国内价格比例都是1.5∶2，不存在比较利益，虽然两国同种产品的价格存在绝对差异，国际贸易也不会发生，或只能发生暂时的贸易关系。这是由于，如果两国的国内价格比例是相同的，一国的两种产品价格（在完全竞争条件下，产品价格等于生产成本）都按同一比例低于另一国，则两国间只能发生暂时的贸易关系。因为在这种情况下，只能是美国的X产品和Y产品单方面流向日本。日本则入超，需大量购入美元来补偿，则美元的汇价就会上升，日元的汇价就会下降。美元汇价的上升意味着以日元计价的美国产品价格上涨，从而就会抑制美国产品对日本的出口量。在汇率达到一定水平时，双方的进口值恰好会等于出口值，就达到了贸易平衡。但在两国价格（成本）比例相同时，两国间的均衡汇价就会按美元或日元计算，美国产品的单位成本完全等于日本的单位成本，将不会再有贸易关系发生。在此例中，美元汇价（美国产品价格）上涨1倍，就会使两国两种产品的单位成本完全相等。由此可见，比较价格（成本）比例的差异是国际贸易产生的重要条件。

(3) 各国不同的产品价格比例是由各国不同的要素价格比例决定的。不同的产品是由不同的生产要素组合生产出来的。每个国家的产品价格比例反映了它的生产要素的价格比例关系，亦即土地、工资、利息和利润等之间的比例关系。由于各种生产要素彼此是不能替代的，生产不同产品必须使用不同的要素组合。两国不同的要素价格比例将在两国产生不同的产品价格比例。

(4) 各国不同的要素价格比例是由各国不同的要素供给比例造成的。俄林认为，要素的价格取决于要素的供给与需求，其中要素供给是主要方面。在各国要素需求一定的情况下，各国的要素禀赋不同，对要素价格的影响也不同；供给相对丰富的要素价格较低，供给相对稀缺的要素价格较高。因此说，要素价格比例不同主要是由要素供给比例不同造成的。由此，俄林得出结论：一个国家生产和出口那些需大量使用本国供给丰富的生产要素的产品，价格就低，就有比较优势；相反，生产那些需大量使用本国稀缺的生产要素的产品，价格就高，出口就不利。为了提高世界的生产效率，充分利用各国的资源，每个国家都应生产和出口本国丰富要素的要素密集型产品，进口本国稀缺要素的要素密集型产品。

按照俄林的理论，国际分工和国际贸易的格局应该是：资本、技术占优势的国家和地区应当专门生产并出口资本、技术密集型产品，劳动力充足、地广人稀的国家则应当集中生产和出口劳动密集型和土地密集型产品。这样，各国都可以凭借其优势生产要素，通过生产和出口其产品而获得“比较利益”。俄林认为，这种按照生产要素的丰缺进行的国际分工和国际贸易是合理的，可以给发达国家和发展中国家都带来好处。

2. 要素价格均等化学说

国际贸易的最重要的结果是各国都能更有效地利用各种生产要素。如果世界各个区域和各个国家间彼此没有贸易往来，处于完全隔绝状态，而它们的要素禀赋又有很大区别，则各种生产要素的使用效率将是最低的。在世界分为不同区域和国家的情况下，只有各种生产要素在各区域和国家间自由转移，才能使各种要素得到最充分有效的利用。生产要素在供求关系的影响下，在世界范围内自由流动性，使各国的要素价格趋于相等，这意味着世界范围内没有哪个国家的生产要素缺乏或过剩。但国际间生产要素的相对不流动性（要素的自由流动往往被各国政府制定的种种限制政策所阻碍），使世界生产不能达到这种理想的结果。但商品的流动性可以部分代替要素流动性，弥补要素缺乏流动性的不足，所以国际商品贸易能缩小要素价格差距，使要素价格趋于均等。

如上所述，在赫克歇尔—俄林理论中已经包含了要素价格均等化学说的基本内容，萨缪尔森等人完善了要素价格均等化的基本命题，并对此进行了论证。从逻辑上讲，要素价格均等化定理是赫克歇尔—俄林定理的推论。因此，要素价格均等化学说又被称为赫—俄—萨学说，它主要研究国际贸易对生产要素价格的影响，说明国际贸易（自由贸易）使各国的生产要素价格趋于均等化。

3.1.5 评价

1. 积极方面

要素禀赋理论继承了比较优势理论，但又有新的发展，被认为是现代国际贸易的理论基础，主要原因有以下几方面。

(1) 该理论仍然属于比较优势理论的范畴，使用的是比较优势理论的分析方法，但是它对国际贸易产生的原因、各国进出口商品结构的特点和国际贸易对要素价格的影响等分析与研究更深入、更全面，更接近实际，从而增强了理论的实用性。

(2) 该理论比较正确地指出了“生产要素及其组合在各国进出口贸易中占据重要地位”，并用参与贸易的各国各种生产要素的丰裕程度来解释 19 世纪到第二次世界大战前国际贸易发生的原因和国际贸易的格局，是具有说服力的。

(3) 该理论对于一个国家如何利用本国的资源优势参与国际分工和国际贸易，仍然具有现实意义。

2. 局限性和缺陷

(1) 该理论用要素比例理论来反对李嘉图和马克思的劳动价值论，抹杀了劳动收入和财产收入的区别，使比较成本理论庸俗化了。

李嘉图还以劳动价值论来解释其理论，而赫克歇尔—俄林理论则完全违背了劳动价值论。马克思主义认为，资本主义是一个剥削体系，资本的利润、土地的地租都是剥削收入。而俄林却认为它们都是正当收入，地租是符合土壤的自然肥性的，工资是符合劳动生产率的，利润是符合资本的生产率的。

(2) 与比较优势理论一样，要素禀赋理论也是建立在一系列假设条件之上的，如自由贸易、完全竞争、两国的技术水平相同、生产要素在国内能自由流动而在国际不能流动、同种生产要素具有同样的劳动生产率等，而这些假设与现实都有一定距离。这影响了其对现实国际贸易现象和问题的解释力。事实上，以后不少经济学家对这个理论进行验证时，都发现它存在很多无法解释的矛盾。

① 关于“要素禀赋”的论述和两种要素等假设前提。

俄林指出：如果一个地区有丰富的铁和煤，而另一个地区有肥沃的土地可生产小麦，那么，前者最好从事制铁，后者则最好生产小麦。俄林简单地把要素禀赋看作一种单纯的数量，而没有把它看成一个变量或者说没有把要素禀赋看作一个动态因素。事实上，每一个国家的生产要素都是一个变量。随着生产的发展、经济的增长，生产要素的数量、质量乃至种类都会发生变化。如第二次世界大战的日本已由一个劳动力充裕的国家变为一个资本丰裕的国家。此外，俄林假定一种产品在各国都是按同样两种生产要素组合生产的。事实上，某种产品在一国可能利用某种主要的要素生产，而在另一国，则可能用另一种主要的要素生产。

② 关于贸易前提与贸易结果的矛盾。

要素价格均等化学说认为，贸易的结果使要素的价格趋于一致。而要素比例理论所论证的是，国际贸易产生的原因是各国商品价格的差异，而要素价格的差异才导致了产品价格的差异。那么，贸易的结果却导致了贸易前提条件的消失，这一矛盾是无法自圆其说的。

③ 要素禀赋理论与当代发达国家间贸易迅速发展的实际情况不符。

按照这一理论，国际贸易的大部分应该发生在要素禀赋不同的和需求格局相异的工业国与初级产品生产国之间。但当代国际贸易的一个突出特征却是大量贸易发生在要素禀赋相似、需求格局相近的工业国之间。

(3) 抹杀和掩盖了国际分工与国际贸易发生和发展的最重要的原因。俄林认为，土地、劳动与资本的比例关系是决定国际分工和国际贸易发生、发展的最重要因素，从而把资本主义的生产关系、资本家追逐利润和超额利润，使市场与生产无限扩大等这些最重要的原因掩盖了。

(4) 该理论没有考虑国际生产关系和国际政治环境对国际贸易分工的影响。在现实中，国际分工在某些方面很大程度上受这些因素的影响。这使得一些国家参与国际贸易分工往往偏离其要素禀赋格局。

随堂练习

请同学们分析新古典贸易理论在解释国际贸易成因时与古典贸易理论有什么区别?

3.2 列昂惕夫之谜

自赫克歇尔和俄林提出了要素禀赋理论以来，1933—1953年，要素禀赋理论由于其逻辑的严谨、模型的精巧，以及对诸多现实问题的解释能力，逐渐为西方经济学界普遍接受，被公认为是经济学中的一颗“明珠”，成为国际贸易学中最具影响力的理论之一。第二次世界大战后，一些学者开始对该模型进行实证检验，看其能否反映国际贸易活动的规律性。其中最为著名的是美国经济学家、投入产出经济学的创始人、1973年诺贝尔经济学奖获得者华西里·列昂惕夫运用他创造的投入产出分析法对要素禀赋理论所作的验证。

3.2.1 列昂惕夫之谜的产生与验证

第二次世界大战后，在第三次科技革命的推动下，世界经济迅速发展，国际分工和国际贸易都发生了巨大变化，传统的国际分工和国际贸易理论显得脱离实际。在这种形势下，一些西方经济学家试图用新的理论与学说来解释国际分工和国际贸易中存在的某些问题，这个转折点就是“列昂惕夫悖论”。

列昂惕夫的代表作是《投入—产出经济学》，该书收录了他在1947—1965年公开发表的11篇论文，其中有2篇是主要研究国际贸易的，即《国内生产与对外贸易：美国资本状况再检验》（1953年）和《生产要素比例和美国的贸易结构：进一步的理论和经济分析》（1956年）。

列昂惕夫对要素禀赋理论确信无疑，按照这个理论，一个国家出口的应是密集地使用了本国丰富的生产要素生产的产品，进口的应是密集地使用了本国稀缺的生产要素生产的产品。基于以上认识，1952年，他利用投入—产出分析法对美国1947年的外贸产品结构进行了具体分析，其目的是对要素禀赋理论进行验证。他把生产要素分为资本和劳动力两种，计算出每百万美元出口产品和进口产品所使用的资本和劳动量，从而得出美国出口产品和进口产品中所含的资本和劳动的密集程度。其计算结果是：美国出口产品具有劳动密集型特征，而进口商品具有资本密集型特征。这个验证结果正好与要素禀赋理论相反。正如列昂惕夫的结论所言：“美国之参加国际分工是建立在劳动密集型生产专业化基础上，而不是建立在资本密集型生产专业化基础上。”

列昂惕夫的计算结果使西方经济学界大为震惊和困惑，因此将这一结论称为“列昂惕夫悖论”或“列昂惕夫之谜”。随之，有人提出指责，认为1947年正值第二次世界大战结束不久，贸易模式很可能由于战争影响未消除而遭到扭曲，于是1956年，列昂惕夫又用投入—产出法对美国1951年的对外贸易结构进行了第二次验证，验证结果与第一次相同。此后，美国经济学家鲍德温等人还检验了美国1962年的对外贸易统计资料，也得到了一致的结果。

列昂惕夫之谜激发了其他经济学家对其他国家的贸易情况进行类似的研究。例如，日本两位经济学家建元正弘和市村真一1959年采用与列昂惕夫类似的研究方法对日本的贸易结构进行分析发现，从整体上看，日本出口的主要是资本密集型产品，进口的是劳动密集型产品。但从双边贸易看，日本向美国出口的是劳动密集型产品，从美国进口的是资本密集型产品；日本出口到发展中国家的则是资本密集型产品。之所以出现这种情况，这两位经济学家认为，是因为日本资本和劳动的供给比例介于发达国家与发展中国家之间，日本与前者的贸易在劳动密集型产品上占有相对优势，而与后者的贸易则在资本密集型产品上占有相对优势。因此，就日本的全部对外贸易而言，建元正弘和市村真一的结论支持列昂惕夫之谜，但在双边贸易中，他们的结论则支持要素禀赋理论。

1961年，经济学家沃尔分析了加拿大与美国的贸易后发现，加拿大的出口产品为相对资本密集型，因为加拿大对外贸易的大部分是与美国进行的，而美国相对于加拿大而言是资本丰富的国家，所得结论与列昂惕夫之谜一致。

1962年，印度经济学家巴哈德瓦奇研究发现，印度出口的主要是劳动密集型产品，进口的主要是资本密集型产品，与要素禀赋理论一致。但当他进一步研究印度与美国的双边贸易时发现，印度向美出口资本密集型产品，进口劳动密集型产品，“谜”又出现了。

如此验证的实例不胜枚举，其验证结果既未肯定也未否定要素禀赋理论。

3.2.2　列昂惕夫之谜的解释

列昂惕夫对要素禀赋理论的验证结果深深地震撼了世界各国的经济学家，他们并不甘心于列昂惕夫的检验，纷纷从各种角度对列昂惕夫之谜产生的原因进行解释，其中有代表性的学说主要有以下几种。

1. 熟练劳动说

熟练劳动说（Skilled Labor Theory）又称为劳动效率说、要素非同质说，最先由列昂惕夫自己提出，后来由美国经济学家基辛继续发展。

列昂惕夫认为，谜的产生可能是由于美国工人的劳动效率比其他国家高所造成的。他认为，美国工人的劳动效率大约是其他国家的3倍，因此，在以效率为单位衡量劳动的条件下，美国就成为劳动要素相对丰富而资本要素相对稀缺的国家。为什么美国工人的劳动效率比其他国家高呢？他说，这是由于美国企业管理水平较高、工人所受的教育和培训较多、较好，以及美国工人进取心较强的结果。这些论点可以看作熟练劳动说的雏形。但是，一些人认为列昂惕夫的解释过于武断，一些研究表明实际情况并非如此。例如，美国经济学家克雷宁经过验证，认为美国工人的效率和欧洲工人相比最多高出1.2~1.5倍，因此，他的这个论断通常不为人们所接受。

后来，美国经济学家基辛对这个问题进一步加以研究。他利用美国1960年的人口普查资料，将美国企业职工的劳动分为熟练和非熟练劳动两大类。熟练劳动包括科学家、工程师、厂长或经理、技术员、制图员、机械工人、电工、办事员、推销员、其他专业人员和熟练的手工操作工人等。非熟练劳动指不熟练和半熟练工人。他还根据这两大分类对14个国家的进出口商品结构进行了分析，得出了资本较丰富的国家倾向于出口熟练劳动密集型产品，资本较缺乏的国家倾向于出口非熟练劳动密集型产品的结论。例如，在这14个国家的出口商品中，美国的熟练劳动比例最高，非熟练劳动比例最低；印度的熟练劳动比例最低，非熟练劳动比例最高。在进口商品方面，正好相反。这表明发达国家在生产含有较多熟练劳动的商品方面具有优势，而发展中国家在生产含有较少熟练劳动的商品方面具有比较优势。因此，劳动熟练程度的不同是国际贸易产生和发展的重要因素之一。

2. 人力资本说

人力资本说（Human Capital Theory）是由美国经济学家凯南等人提出的，该学说用对人力投资的差异来解释“谜”的产生原因。他们认为，劳动是不同质的，这种不同质表现为劳动效率的差异，这种差异主要是由劳动熟练程度决定的，而劳动熟练程度的高低，又取决于对劳动者进行培训、教育和其他有关的开支，即取决于对智力开支的投资。因此，高的熟练效率和熟练劳动，归根到底是一种投资的结果，是一种资本支出的产物。凯南认为，国际贸易商品生产所需的资本，既包括有形资本（物质资本），也包括无形资本（人力资本）。所谓人力资本，主要是指用于职业教育、技术培训等方面的资本。人力资本投入可提高劳动者的劳动技能和专门知识水平，促进劳动生产率的提高。美国正是由于投入了较多的人力资本而拥有更多的熟练技术劳动力。因此，美国出口产品含有较多的熟练技术劳动。

如果熟练技术劳动的收入高出非熟练技术劳动的收入部分资本化，将其视为一种物质资本（Physical Capital），并与有形的物质资本相加，然后作为资本—劳动比率（K/L）的分子，这样就能把列昂惕夫反论颠倒过来（列昂惕夫之谜就会消失）。因为美国的出口产品生产中含有大量的技术劳动，而进口商品生产中使用的却主要是非技术劳动，所以，从广义的资本意义上讲，美国仍然是出口资本密集型产品。

3. 自然资源说

一些经济学家认为，列昂惕夫的计算只局限于资本和劳动两种生产要素，未考虑其他生产要素，如自然资源的作用。各国自然资源的种类和数量有很大不同。阿拉伯半岛石油资源丰富，但几乎没有其他资源，而日本只有很少的耕地，没有多少矿产和森林；美国拥有充足的耕地和煤；加拿大拥有除热带特有资源以外的各种自然资源。各国自然资源禀赋的不同，直接影响到产品的资本—劳动比率。而实际上，一些产品既不是劳动密集型产品，也不属于资本密集型产品，而是自然资源密集型产品。比如，美国的进口产品中初级产品占60%~70%，而且大部分是木材和矿产品，而这些产品的自然资源密集程度很高，把这类产品划归资本密集型产品，无形中加大了美国进口商品的资本—劳动比率，使“谜”产生。如果考虑自然资源这个因素在美国进出口贸易结构中的作用，就可以对“谜”进行解释。列昂惕夫后来在对美国的贸易结构进行检验时，在投入产出中减去了19种自然资源密集型产品，结果就成功地解开了“谜”，获得了与要素禀赋论一致的结果。这也可用来解释加拿大、日本、印度等国贸易结构中的“谜”的存在。

4. 贸易壁垒说

从理论上讲，贸易壁垒只能妨碍自由贸易的进行，却无法彻底改变贸易的格局。要素禀赋理论是建立在自由贸易、完全竞争等市场假设前提之上的。但事实上，这种前提是不存在的。不少经济学家认为，市场竞争的不完全、贸易壁垒的普遍存在是导致列昂惕夫之谜的主要原因。以美国为例，美国政府为了解决国内就业，对使用大量不熟练工人的劳动密集型产品实行保护政策，这就势必造成外国的劳动密集型产品难以进入美国市场，美国必须扩大这类产品的生产以替代进口。如果实行自由贸易或没有贸易壁垒的干扰，美国进口产品的劳动密集程度就会提高。

美国经济学家鲍德温的研究结果表明，即使排除贸易壁垒也只能减轻，却无法完全破解列昂惕夫之谜。

5. 需求偏好说

这种理论强调需求因素对进出口贸易结构的影响。比如，美国用世界标准衡量并不是一个大米生产国，却是大米的主要出口国之一，这是美国人很少食用大米的缘故。再如，美国对资本密集型产品的需求大于对劳动密集型产品的需求，因此，美国进口资本密集型产品超过出口这类产品，而这种需求正好颠倒了美国在出口资本密集型产品方面的比较成本优势。

6. 要素密集型逆转说

这一学说最先是由罗纳德·琼斯提出的。他认为，由于各国的要素禀赋和要素价格不同，它们在生产同一种产品时可能会采用不同的方法，因而投入的要素比例也就会不同。这样，同一种产品在不同的国家就可能表现为不同的要素密集型产品。例如，在劳动力丰富的国家是劳动密集型产品，在资本充裕的国家是资本密集型产品。对于这种情形，西方经济学家就称为“要素密集型逆转”（Factor Intensity Reversal）。又如，小麦在不少发展中国家都是劳动密集型产品，而在美国却可能是资本密集型产品。因此，同一种产品的产出可以存在要素密集型逆转（或变换）。这是因为当两种商品的替代弹性差异大，例如X产品的替代弹性较大，Y产品的替代弹性较小，则资本充裕的国家将用资本密集型技术生产X产品，劳动力丰富的国家则用劳动密集型技术生产X产品。与此同时，两国被迫使用类似技术生产Y产品，所以X产品在劳动力丰富的国家成为劳动密集型产品，在资本充裕的国家成了资本密集型产品。根据这种解释，美国的进口产品在国内可能用资本密集型技术生产，但在国外却是用劳动密集型技术生产，从美国的角度看，就会造成进口以资本密集型为主的错觉；同时，美国的出口产品在国内可能是劳动密集型的，在国外却是资本密集型的，用美国标准衡量也会造成出口是劳动密集型产品的假象。只要贸易双方有一方存在要素密集型逆转的情况，另一方就必然存在列昂惕夫之谜。

3.2.3 评价

首先，列昂惕夫之谜是对赫克歇尔—俄林理论应用于实际的大挑战，引起了对“谜”的各种解释。要素禀赋理论已不能对第二次世界大战后的国际贸易实际做出有力的解释，因为第二次世界大战后科学技术、熟练劳动在生产中的作用日益加强，已构成一个非常重要的生产要素，而建立在庸俗学派要素理论基础上的要素禀赋理论已脱离战后的经济现实。“谜”与要素禀赋理论的矛盾是理论与实践的矛盾，对“谜”的解释正是结合实际对要素禀赋理论前提中劳动同质，即劳动生产率相同、两要素模型和完全竞争的假设进行的修正。

其次，对列昂惕夫之谜所做的各种解释都有一定的道理，但是都没有最终令人信服地解开这个谜。不过，这些学说却拓宽了人们的思路，引发了人们从不同的角度对国际贸易理论与实践进行研究的热潮，并由此产生了许多新的理论，极大地推动了国际贸易理论的发展。

再次，在理论上，他们继承了西方传统国际分工和国际贸易理论中最基本的东西，即比较优势理论，把两个国家、两种产品、两种要素模型的发现，代之以多数国家、多种商品、多种因素的分析；从方法上，他们把定性分析与定量分析、理论研究和实践论证、静态分析和动态转移进行了结合。

最后，列昂惕夫首次运用投入—产出方法对国际贸易商品结构进行了定量分析，这种研究方法具有一定的科学性和现实意义。

相关思政元素：科学的开放观

相关案例：

开放是人类文明进步的重要动力，是世界繁荣发展的必由之路。当前，世界百年未有之大变局加速演进，世界经济复苏动力不足。我们要以开放纾发展之困、以开放汇合作之力、以开放聚创新之势、以开放谋共享之福，推动经济全球化不断向前，增强各国发展动能，让发展成果更多、更公平地惠及各国人民。

2022 年 11 月 4 日，第五届中国国际进口博览会暨虹桥国际经济论坛开幕式在上海举行，关键字是“纾、汇、聚、谋”，向世界传递了中国扩大开放的坚强决心和大国自信，提出了“让中国大市场成为世界大机遇”的观点。

中国共产党第二十次全国代表大会强调，中国坚持对外开放的基本国策，坚定奉行互利共赢的开放战略，坚持经济全球化正确方向，增强国内国际两个市场两种资源联动效应，不断以中国新发展为世界提供新机遇，推动建设开放型世界经济。

相约进博，共享机遇。如今，中国国际进口博览会已经成为中国构建新发展格局的窗口、推动高水平开放的平台、全球共享的国际公共产品。今年，参加第五届中国国际进口博览会的世界 500 强和行业龙头企业超过 280 家，回头率近 90%。

在开放中创造机遇，在合作中破解难题，彰显了中国共产党人“以天下之心为心、以天下之利为利”胸怀天下的情怀与担当。

来源：中央广播电视总台 2022 年 11 月 7 日。

拓展案例

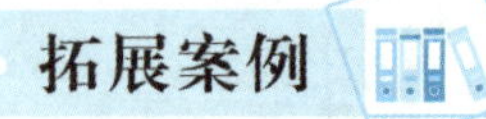

农业发展与资源禀赋

案例简介：

以色列国土面积 2.8 万平方千米，人均耕地仅有 0.07 公顷，人均水资源占有量 364 立方米，仅为我国的 1/5。但以色列的农业却取得了令人刮目相看的成就。在 34 亿美元的农业总产值中，农产品出口值为 14 亿美元，农业技术设备年出口值为 12.5 亿美元。以色列人均生产的蔬菜、水果、肉类和奶类，分别为 258 千克、201 千克、61 千克和 202 千克，均远高于世界平均水平（123 千克、76 千克、39 千克和 96 千克）。以色列是世界上主要的园艺产品（花卉、蔬菜、水果）出口国之一，素有“欧洲庭园”之称。其畜牧业生产水平也是世界一流的。多年来，该国的农业生产年增长率一直保持在 8%左右。

案例分析：

以色列作为资源小国而又成为农业强国主要有以下三个原因。

(1) 政府重视。尽管农业产值只占 GDP 的 5%，但政府对农业的投入很大。根据实际情况，该国制定了生产出口高附加值产品、进口需求土地和水资源多的粮食的正确策略。

(2) 重视农业研究。农业中的科学研究与试验发展占农业总产值的 2.6%。该国针对水资源严重短缺的重大研究突破有两项：一是发明了高效的滴灌和微灌设备，并联合使用能溶于水的化肥，使灌溉水和化肥的有效利用率均超过90%。二是开发了可以利用低矿化度的咸水（每升3.5克以下）资源进行农作物种植的技术，其温室技术和滴灌产品的技术水平均为世界领先。

(3) 重视农业教育和推广。从事农业生产的人员都具有中专以上学历，每位农业推广人员的年经费高达4万美元（其中大部分经费由政府提供），农业推广人员都是高素质的农业专家，兼做科学研究，推广水平不断提高。

启示：

资源禀赋是一国经济发展与经济增长的重要推动力，也是参与国际分工和国际贸易的重要基础之一。资源禀赋不足的各发展中国家由于缺乏适应本国国情的农业新技术与方法，缺乏对农业技术与方法迅速变化所需要的人力资本投资，长期以来需要进口大量的农产品，还有很大一部分人的温饱问题尚未解决。因此，发展中国家应建立农业研究机构，研究出适合发展中国家的农业新技术与新方法；加强人力资本投资，发展农业教育。这样，即使发展中国家资源不足，也能完成对传统农业的改造。

但是，发展中国家在制定经济发展策略时，对于在国际贸易中如何扬长避短，既要发挥资源禀赋优势，又要避免陷入“比较优势陷阱”这个问题，也是迫切需要解决的。

本章小结

1. 20世纪30年代由瑞典经济学家赫克歇尔和俄林在李嘉图比较优势理论的基础上提出的要素禀赋理论（H-O理论）是国际贸易理论的基石，在国际贸易理论发展中具有里程碑的意义。要素禀赋理论认为，国家之间互利贸易的基础是要素禀赋的差异，一国应当生产并出口其相对丰裕和便宜的生产要素生产的产品，进口该国相对稀缺而昂贵的生产要素生产的产品。

2. 列昂惕夫运用投入产出分析法，采用美国的数据对要素禀赋理论进行实证检验，发现其结果并不符合要素禀赋理论，被称为“列昂惕夫悖论”。对“列昂惕夫悖论”的解释包括熟练劳动说、人力资本说、自然资源说、贸易壁垒说、需求偏好说和要素密集型逆转说等。

本章习题

3.1　名词解释

要素禀赋　要素丰裕度　要素密集度　要素密集型产品　要素价格　要素密集型逆转

3.2　简答题

(1) 赫克歇尔—俄林理论的基本思想是什么？

(2) 列昂惕夫之谜是什么？

(3) 简述劳动效率说、人力资本说、自然资源说、贸易壁垒说和需求偏好说的基本观点。

本章实践

中国的石油贸易

中国近代石油工业的历史最早可追溯到1878年台湾苗栗打出的第一口工业油井。从此以后的70多年里，爱国知识分子为勘察石油资源、建立中国的石油工业历尽艰辛，先后发现玉门、延长和独山子油田。但是直到1949年，全国的石油生产量只有12万吨，国内用油主要从国外进口，中国也被国外认定为是一个严重贫油的国家。中华人民共和国成立后，政府加大了对油气资源的寻找、勘探与开发所需资金和科研力量的投入。20世纪50年代，石油勘探部门相继发现冷瑚油田、克拉玛依油田和四川天然气田。1959年，大庆油田的发现被视为中国石油工业发展史上的重大转折，这一特大型油田的发现与开发，摘掉了中国"贫油国"的帽子，一举改变了中国石油工业的布局。20世纪60至70年代，中国又相继在大港、胜利、冀中、江汉、长庆、辽河、吉林、塔河、江苏、河南等地发现大型油田。1978年中国的原油产量达到1.04亿吨，成为世界第八大产油国。20世纪80年代，在改革开放的推动下，中国石油工业进入大发展时期，石油工业部门用石油出口赚来的外汇大量引进国外先进的技术和设备，用积累的资金加大油气勘探与开发。自20世纪80年代以来，天然气的勘探也获得重大进展。中国先后在塔里木、鄂尔多斯、四川、松辽、柴达木、渤海湾、东海和南海莺琼等盆地获得一系列重大的发现，30多个储量在几百亿立方米到几千亿立方米的天然气田被发现，形成中、西部和海域多个天然气生产基地。截至2022年，全国石油总储量为380 629.3万吨。其中新疆维吾尔族自治区石油储量为66 956.82万吨，位居储量榜首；甘肃省石油储量为48 233.81万吨，位居第二；陕西省石油储量为35 120.11万吨，位居第三；黑龙江省石油储量为31 696.32万吨，位居第四。

20世纪50年代，中国的石油消费主要依靠进口。从20世纪60年代起，随着国内大油田的发现，中国由贫油国变为产油国，并且出口石油。直到1992年，石油出口一直是中国出口创汇的重要来源。然而，随着经济的持续发展，中国对石油的需求不断增加，供需缺口增大。1993年，中国石油进口量超过出口量，开始成为石油净进口国。1996年，中国石油净进口量达到1 388万吨，2002年进一步扩大到6 220万吨，2007年已达到1.83亿吨。

经济的快速增长推动石油消费量不断增多。2003年，中国GDP达到9.1%，每天消费石油546万桶，超过日本（543万桶），中国石油消费量在世界石油消费量的比例中占到7.1%，虽然远未赶上位于世界第一的美国2 000万桶的消费量，中国已经成为世界第二大石油消费国。

思考题：

1. 能否用要素禀赋理论解释中国石油贸易的状况？
2. 能否用比较优势理论解释中国石油贸易的状况？
3. 促使中国石油出口或进口的真正原因是什么？

第 4 章 当代国际贸易理论

学习目标

- 了解需求相似理论、技术差距论。
- 掌握产品生命周期理论、国家竞争优势理论。
- 熟练掌握产业内贸易理论、规模经济理论。

教学要求

教师运用图形分析、案例分析等方法，帮助学生理解掌握当代国际贸易的主要理论，重点掌握产业内贸易理论以及规模经济理论，并能够运用这些理论分析实际问题。

导入案例

依托强大的产业集群，"义乌价格"牵动世界神经

联合国与世界银行、摩根士丹利联合发表的一份专题报告中，对义乌有着这样一段描述："义乌市距上海市 300 千米，是全球最大的小商品批发市场，外国买主都到那里订货。"而在这份专题报告中，义乌是中国唯一被录入的县域经济体。为什么一个小小的县级市会得到如此大的关注度呢？因为它是"世界超市"，它在全球小商品交易中拥有绝对话语权。

引领时尚走势的饰品、琳琅满目的工艺品……义乌市场无疑卖的都是普通日常用品，但这些针头线脚的小商品却托起了一个巨大的产业集群，并产生能决定世界市场价格的"义乌价格"。在这个拥有 32 万种商品的城市，它的很多商品价格都影响着全球小商品价格的走势，这种影响力甚至受到了联合国的重视。2005 年 8 月，联合国在义乌市场设立了我国首个采购信息中心，义乌加入了联合国采购网络，成为联合国物资采购的重要基地、价格信息采集中心。

在义乌街头和国际商贸城里，到处可以碰到来自不同国家、有着不同肤色、说着不同语言的人。"义乌的早晨总比别的地方醒得早，这里的节奏很快，你必须时时刻刻地把握市场信息"，在义乌经商的一位中东商人说道，他每月发往中东的集装箱有六七个，因此他对这里的市场价格浮动非常敏感，如果拿货的价格有涨跌，中东的市场会立即有反应。

一位从事了20多年饰品生意的香港商人张先生说："现在的义乌有来自世界各地的客商到这里采购订货，义乌价格决定了我的零售价格。"

义乌物价部门负责人表示，义乌之所以成为全球小商品的定价中心，这与义乌是全球最大的小商品批发市场密不可分。目前，在全球，还没有第二个像义乌这样的市场，因此义乌商品的价格也就成为全球小商品市场的"晴雨表"。

结合材料分析：义乌靠什么成了全球小商品市场的"晴雨表"？

所谓当代国际贸易理论（国际贸易新理论），是相对于古典国际贸易理论和新古典国际贸易理论而言的，是指第二次世界大战以后，特别是20世纪80年代以来，伴随着国际贸易的迅速发展而产生的一系列国际贸易理论。这些理论改变了传统国际贸易理论的假设条件，其分析框架也不相同，故称其为当代国际贸易理论或国际贸易新理论。

4.1 需求相似理论

需求相似理论（Theory of Demand Similarity）又称偏好相似理论（Theory of Preference Similarity），是由瑞典经济学家林德（S. B. Linder）在1961年出版的《论贸易和转变》（*An Essay on Trade and Transformation*）一书中提出的。该理论从需求方面探讨了国际贸易发生的原因。

4.1.1 需求相似理论的主要观点

林德认为，不同国家由于经济发展水平不同，需求偏好也不相同。各国的需求结构状况决定了其贸易格局。要素禀赋论只适用于解释初级产品贸易，而制成品贸易则需从需求方面去研究。一般来讲，各国开发出的新产品，都是针对本国消费者的消费偏好的，都是首先满足本国市场的需求，然后才向国外出口的。这是由于企业家的信息是有限的，他们不可能随时了解国外消费者的需求变化情况，即使了解了外国消费者对某种产品的需求信息，由于企业并不熟悉这种需求，也不会集中大量的资源进行生产。另外，要试制出能够满足国外市场需求的产品，往往要反复多次，这也是相当困难的。所以，各国企业都是根据本国市场的需求状况来进行生产，通过扩大产量来实现规模经济，促成成本的下降，在满足了国内市场需要后再进入国际市场。而在出口时，首先就要选择那些与本国需求结构相似的国家，这有助于其迅速打开市场。所以，需求结构（需求偏好）相似的国家之间开展贸易的可能性就较大。

该理论还认为，一国的需求结构取决于该国的人均收入水平。对于收入水平不同的国家，消费者的需求偏好存在很大差异，即高收入国家的消费者偏好消费技术水平高、加工程度深、价值较高的商品；而低收入国家的消费者偏好购买低档次的产品，以满足其基本生活需要。因此，两国的经济发展水平越接近，人均国民收入越接近，需求偏好越相似，相互需求就越大，贸易量也就越大。相反，各国人均国民收入参差不齐会成为国际贸易的障碍。例如，一国根据本国国内需求开发生产出的产品，但由于别的国家收入水平较低而对该产品缺乏需求，或者由于别的国家收入水平过高，消费者对此产品不屑一顾，彼此间的贸易自然无法进行。

为了进一步说明问题，林德还提出了代表性需求的概念。我们知道，同一类产品可以分成不同的档次，两个国家即使对同一类产品有需求，但如果它们的人均收入不同，它们所需求的档次也会存在差异，而一个国家消费者消费某种产品的平均档次就是这个国家的代表性需求。很显然，人均收入水平越高的国家，其代表性需求的档次就越高，而人均收入水平低的国家则代表性需求的档次就越低。

林德的需求相似理论在解释发达国家之间的贸易方面具有较强的说服力。概括起来，其中的主要内容包括以下几方面。

1. 需求是产生贸易的基础

如果两国经济发展水平相当、收入水平相近，它们之间需求结构就越相似，发生潜在贸易的可能性就越大。

2. 需求结构越相似，两国间贸易量越大

既然可以出口的工业品是基于本国大规模生产和大量消费需求的，那么，两国对产品需求的档次变动范围重叠部分越大，表示需求结构越相近，贸易的可能性就越大。

3. 人均收入水平是影响需求结构的最主要因素

一国的人均收入水平决定了该国特定的需求偏好模式。每个国家都生产那些适合本国居民的需求和偏好的产品，贸易将发生在那些具有重叠需求的产品上。两国的收入水平越相似，其需求结构就越接近，进行制成品贸易的可能性也就越大。

需求相似理论得出的结论是：工业制成品的贸易在具有相同或相近发展水平的国家间更易于开展。

4.1.2　需求相似理论的意义

首先，需求相似理论从需求的角度对国际贸易进行了分析，是对比较优势理论的重要补充。以前人们在分析国际贸易问题时总是从供给的角度入手，而需求相似理论则独辟蹊径，以需求来解释贸易的原因，从而得出了更符合客观实际的结论。它证明了“随着经济的发展和各国经济水平的日益接近，国际贸易并不像比较优势原理所预言的那样越来越少，而是越来越发达”，这是对比较优势理论的重大补充和发展。

其次，这一理论对解释第二次世界大战后产业内贸易迅速发展的原因做出了贡献。根据传统理论，国际贸易之所以发生，是由于各国之间要素禀赋存在差异，因此贸易必须在不同的产业（部门）之间进行；但是第二次世界大战之后，产业（部门）内贸易却得到了迅速发展，且远远超过了产业（部门）间贸易的规模。对于这一现实，传统贸易理论是无法解释的。需求相似理论则从需求角度论证了各国经济发展水平越接近，它们之间的贸易规模则越有扩大的可能性。这是对比较利益理论的补充，更贴近国际贸易的实际。克鲁格曼从供给的角度对此进行了解释，林德从需求的角度对此进行了解释，对国际贸易理论的发展起到了极大的推动作用。

但是，需求相似理论也存在不足，就是它过分地强调了人均收入在决定消费结构中的作用。事实上，消费结构除了取决于人均收入外，还受诸如气候、地理环境、风土人情、法律法规、消费偏好等各种因素的影响。如科威特、沙特阿拉伯与美国的人均收入水平十分接近，但需求结构却相差甚远。

4.2 技术差距论

美国经济学家波斯纳认为，各国或各地区技术水平的差异（即技术差距）是国际贸易中比较优势甚至出口垄断优势形成的重要原因。基于此，波斯纳于 1961 年在《国际贸易与技术变化》一文中提出了技术差距（也称技术缺口）理论（Technological Gap Theory）。

4.2.1 技术差距论的主要内容

技术差距论把国家间的贸易与技术差距的存在联系起来，认为当一国通过技术创新研究开发出新产品后，它可能凭借这种技术差距所形成的比较优势向其他国家出口这种新产品，这种技术差距将持续到国外通过进口此新产品或技术合作等方式逐渐掌握了该先进技术，能够模仿生产从而减少进口后才逐步消失。而创新国由技术优势所获取的垄断利润的消失促使其不断地改进技术、工艺，开发出新产品，创造出新一轮的技术差距。这种技术差距表现为拥有新技术的国家能在一段时间垄断出口，这个时间段称为“仿效时滞”，即新技术被国外仿效的时间。一种新产品从出现到被国外消费者所接受，也会经过一段时间，这叫作“需求时滞”，从技术创新国开始生产新产品到进口国模仿其新技术开始自行生产新产品，又有一段时间间隔，称为“反应时滞”。这两个时滞之间的时间差决定了国际贸易利益。需求时滞越短，反应时滞越长，技术创新国获得的贸易利益越大；反之，则相反。由此可见，技术差距也是导致国际贸易中比较优势甚至出口垄断优势的原因。需求时滞和反应时滞的长短主要取决于规模利益、关税、运输费用、国外市场容量和居民收入水平等因素。如果进口国的关税及运输成本较低，国内市场容量较小，居民收入水平较低，反应时滞就会较长，技术创新国的优势就能维持较久。所谓“掌握时滞”，是指进口国从产品开始生产到与原出口国同一技术水平，国内生产扩大，进口变为零的时间间隔。掌握时滞阶段的长短主要取决于技术模仿国吸收新技术能力的大小。技术创新能否使两个在其他方面一样的国家进行贸易，取决于这些时滞的净效应。

4.2.2 技术差距论的图形解释

胡弗鲍尔用图形形象地描绘了波斯纳的技术差距理论（图 4-1）。

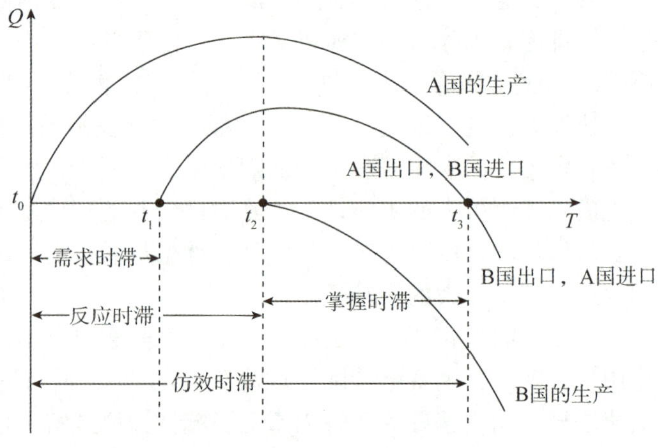

图 4-1 技术差距与国际贸易

图 4-1 中，横轴 T 表示时间，纵轴 Q 表示商品数量，上方表示技术创新国 A 的生产和出口（B 国进口）数量，下方表示技术模仿国 B 的生产和出口（A 国进口）数量。从 t_0起开始生产新产品，t_0—t_1为需求滞后阶段，B 国对新产品没有需求，因此，A 国不能将新产品出口到 B 国。过了 t_1，B 国模仿 A 国消费，对新产品有了需求，A 国出口、

B 国进口新产品，而且随着时间的推移，需求量逐渐增加，A 国的出口量、B 国的进口量也逐渐扩大。由于新技术通过各种途径逐渐扩散到 B 国，到达 t_2，B 国掌握新技术开始模仿生产新产品，反应滞后阶段结束，掌握滞后阶段开始，此时 A 国的生产和出口（B 国进口）量达到最大值。过了 t_2，随着 B 国生产规模的扩大和产量的增加，A 国的生产量和出口量（B 国的进口量）不断下降。到达 t_3，B 国生产规模进一步扩大，新产品成本进一步下降，其产品不但可以满足国内市场的全部需求，而且可以用于出口。此时，技术差距消失，掌握滞后和模仿滞后阶段结束。可见，A、B 两国的贸易发生在 t_1—t_3 这段时间，即 B 国开始从 A 国进口到 A 国向 B 国出口为零的这段时间。

技术差距论证明了即使在要素禀赋和需求偏好相似的国家间，而技术领先也会形成比较优势，从而使国际贸易产生。这也较好地解释了实践中常见的技术先进国家与落后国家之间技术密集型产品的贸易周期。但它只解释了技术差距会随时间推移而消失，并未解释其产生和消失的原因，因而该理论还需进一步发展。

4.3　产品生命周期理论

产品生命周期理论（Product Life Cycle Theory）是由美国经济学家弗农（R. Vernon）于 1966 年在其《产品周期中的国际投资与国际贸易》一文中首先提出的，后经美国哈佛大学教授威尔斯（L. T. Wells）和赫希（S. Hirsch）等人补充和完善。

4.3.1　产品生命周期理论的主要内容

弗农在技术差距论的基础上，将市场营销学中的概念引入国际贸易理论，认为许多新产品的生命周期经历以下三个时期。

1. 产品创新时期（The Phase of Introduction）

少数在技术上领先的创新国家的企业首先开发出了新产品，然后便在国内投入生产。这是因为国内拥有开发新产品的技术条件和吸纳新产品的国内市场。该国在生产和销售方面享有垄断权。新产品不仅满足了国内市场需求，而且出口到与创新国家收入水平相近的国家和地区。在这一时期，创新国几乎没有竞争对手，企业竞争的关键也不是生产成本，同时国外还没有生产该产品，当地对该新产品的需求完全靠创新国家的出口来满足。

2. 产品成熟时期（The Phase of Maturation）

随着技术的成熟与扩散，生产企业不断增加，市场竞争日趋激烈，对企业来说，产品的成本和价格变得越发重要。与此同时，随着国外该产品的市场不断扩大，出现了大量仿制者。这样一来，创新国家企业的生产不仅面临着国内原材料供应相对或绝对紧张的局面，而且面临着产品出口运输能力和费用的制约、进口国家的种种限制及进口国家企业仿制品的取代等问题。在这种情况下，企业若想保持和扩大对国外市场的占领就必须选择对外直接投资，即到国外建立子公司，当地生产、当地销售，在不大量增加其他费用的同时，由于利用了当地各种廉价资源，减少了关税、运费、保险费的支出，因此大幅降低了产品成本，增强了企业产品的竞争力，巩固和扩大了市场。

3. 产品标准化时期（The Phase of Standardization）

在这一时期，技术和产品都已实现标准化，参与此类产品生产的企业日益增多，竞争更加激烈，产品的成本和价格在竞争中的作用十分突出。在这种情况下，企业通过对各国市场、资源、劳动力价格进行比较，选择生产成本最低的地区建立子公司或分公司从事产品的生产活动。此时往往由于发达国家劳动力价格较高，生产的最佳地点从发达国家转向发展中国家，创新国的技术优势已不复存在，国内对此类产品的需求转向从国外进口。对于创新型企业来说，若想继续保持优势，选择只有一个，那就是进行新的发明和创新。

从产品的要素密集性上看，不同时期产品存在不同的特征。在产品创新时期，需要投入大量的科研与开发费用，这一时期的产品要素密集性表现为技术密集型；在产品成熟时期，随着知识技术的投入减少，以及资本和管理要素投入增加，高级的熟练劳动投入越来越重要，这一时期的产品要素密集性表现为资本密集型；在产品标准化时期，产品的技术趋于稳定，技术投入更是微乎其微，资本要素投入虽然仍很重要，但非熟练劳动投入大幅增加，产品要素密集性也将随之改变。在产品生命周期的各个时期，由于要素密集性不同，产品所属类型不同、技术先进程度不同以及产品价格不同，因此，不同国家在产品处于不同时期所具有的比较利益不同，而“比较利益也就从一个拥有大量熟练劳动力的国家转移到一个拥有大量非熟练劳动力的国家”。产品的出口国也随之转移。

这种产品生命周期理论已在产品开发和市场营销方面得到广泛应用，但当初弗农等人提出这种理论主要用于解释美国工业制成品生产和出口变化的情况。他们把产品生命周期分为四个阶段，还建立了一个产品生命周期的四个阶段模型。

第一阶段：美国垄断新产品的生产和出口阶段。新产品的生产技术为美国所垄断，美国生产全部的新产品，随着生产规模的扩大，新产品的供应增加，该种产品不仅在国内市场销售，而且出口到西欧和日本等发达国家。

第二阶段：外国厂商开始生产并部分取代该产品的进口阶段。西欧和日本等发达国家开始生产该种新产品，美国仍控制产品市场，并开始向发展中国家出口新产品。在这个阶段，该种新产品的技术差距在美国与西欧和日本等发达国家之间逐步缩小，西欧和日本等发达国家不断扩大该产品的自给率，因此，美国对这些国家的出口会有所下降，但对其他国家的出口量仍在增加。

第三阶段：外国厂商参与新产品出口市场的竞争阶段。随着新产品的技术差距进一步缩小，美国在该产品生产中的技术优势完全丧失，西欧和日本等发达国家开始成为新产品的主要出口国，在一些第三国市场上与美国产品进行竞争，并逐渐取代美国货占领这些市场。

第四阶段：外国产品在美国市场上与美国产品竞争阶段。在这个阶段，西欧和日本等发达国家和地区的生产规模急剧扩大，竞争优势明显，成为新产品的主要供应者，而发展中国家也逐渐掌握新产品的生产技术，开始生产和销售，西欧和日本等国家和地区对美国大量出口该种产品，美国成为该种产品的净进口国，这一个产品在美国的整个生命周期也就宣告终结。

事实上，在该种产品处于第二、第三阶段时，美国又开始其他新产品的创新和生产了。也就是说，另一种新产品的生命周期又开始了。因此，制成品的生产和贸易表现为周期性运动。

图4-2是产品的生命周期。在t_1之前，美国生产了一种新产品并在国内市场销售。到t_1时，它开始向西欧和日本出口。随着生产工艺的成熟和技术的转移，到t_2时，西欧和日本开始生产这种产品，它们的进口开始减少。但是由于技术的成熟和成本（价格）的下降，其他国家也开始进口这种产品，因此，美国的出口量继续增加。到t_3时，由于西欧和日本从进口转向出口，美国的出口开始下降。到t_4时，随着产品的完全标准化生产，生产就会逐步转移到其他国家，美国从出口转为进口，西欧和日本的出口也开始减少。到t_5之后，其他国家（发展中国家）成为出口国。此时，产品已经完全标准化，生产技术很容易购买，产品的竞争主要表现在价格上。因此，产品的相对优势已转移到技术和工资水平较低而劳动力资源丰富的其他国家。这些国家生产产品，并把产品输入美国。因此，最先开始生产该产品的美国反而成为进口国。

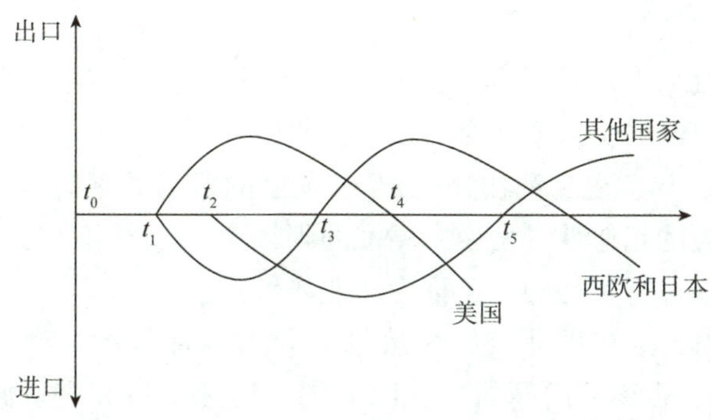

图4-2 产品的生命周期

对产品生命周期理论最有说服力的验证是电子产品。如半导体等最初由美、日及欧洲等先进国家研制、生产和出口。现在，印度、中国等发展中国家和地区都成为此类产品的出口国。

4.3.2 评价

产品生命周期理论从一个侧面解释了工业先进国家与落后国家之间比较优势的不断转化和产业结构的不断调整过程。工业先进国家的产业转移不仅促进了工业落后国的工业化，同时也导致了彼此之间比较优势和贸易结构的变化。从产品要素的密集性来看，在产品生命周期的不同时期，其生产要素的比例会发生规律性的变化；从不同国家的角度来看，在产品生命周期的各个阶段，其比较优势将从某一国家转向另一国家。可见，产品生命周期理论是一种动态的经济理论。该理论运用动态分析法，从技术创新和技术传播的角度分析了国际分工的基础和贸易格局的演变。因此，产品生命周期理论也可视为对比较成本理论和要素禀赋理论的一种发展。

但是在当代，许多产品已不具备这样的生命周期，因为：第一，随着跨国公司全球化经营的发展，跨国公司的研发、生产都全球化了。对于一些产品，跨国公司往往在东道国就地研发、就地生产，直接面向全球销售，就没有这样一个梯度转移的过程了。第二，科学技术的迅速发展使产品的生命周期大幅缩短，许多产品创新出来以后很快进入成熟期，甚至衰退期。因此，产品生命周期理论对当代国际贸易、国际投资只能起到一定的借鉴作用。对发展中国家而言，一方面，要抓住发达国家产业转移的机遇，引进相对于国内较为先进的产业；另一方面，由于不能满足于吸引发达国家转移过来的成熟技术，只能加大创新力度，并吸引跨国公司前来设立研发中心。

4.4 产业内贸易理论

产业内贸易理论（Intra-industry Trade Theory）是20世纪60年代以来，在西方国际贸易理论中产生和发展起来的一种解释20世纪60年代以后出现的国际贸易分工格局的理论。其主要代表人物是美国经济学家格鲁贝尔和劳埃德等人。

4.4.1 产业内贸易的概念

最早提出产业内贸易概念的是荷兰经济学家沃顿。1960年，沃顿在考察比利时、荷兰、卢森堡经济联盟内部的贸易形式时发现，联盟内部各国专业化生产的产品大多是同一贸易分类项下的。1962年，麦克利在分析36个国家的贸易数据时也发现，发达国家间的进出口产品构成有较大的相似性，发展中国家的则较小。1966年，巴拉萨将这种不同国家在同一个产业部门内部进行贸易的现象称为产业内贸易。

从产品内容上来看，当代国际贸易大致可以分为两种基本类型：一种是产业间贸易（Inter-industry Trade），也称部门间贸易，即一国或地区出口和进口属于不同产业部门生产的完全不同的产品。例如，发展中国家向发达国家出口初级产品和劳动密集型产品，从发达国家进口资本密集型和技术密集型产品。另一种则是产业内贸易（Intra-industry Trade），也称部门内贸易，即一国或地区既出口同时又进口某种或某些同类产品。所谓同类产品，一般按照联合国颁布的《国际贸易标准分类》（Standard International Trade Classification，SITC）的前三位数来确定。SITC第四次修订将国际贸易中的商品分为10大类，其中0~4类大多为初级产品，6类和8类大多为劳动密集型的制成品，5类和7类大多为资本或技术密集型的制成品，9类为未分类产品。大类以下分为67章，章以下又分为262组。这就是说属于同一“组”的产品，即为同类产品。但也有人采用较为宽松的划分标准，即以同一“章”的产品作同类产品。还有人提出了同类产品的两个标准：一是消费上能够互相替代；二是生产中有相近或相似的生产要素投入。符合这两个标准的产品，就可以称为同类产品。

4.4.2 产业内贸易的类型与基础和原因

1. 产业内贸易的类型

1975年，格鲁贝尔和劳埃德在他们合著的《产业内贸易》中对以前的产业内贸易理论进行了总结和综合，并对此进行了深入、系统的研究。他们把产业内贸易分为两种类型：一种是同质产品的产业内贸易；另一种是异质产品的产业内贸易。

1）同质产品的产业内贸易

同质产品也称相同产品，是指那些在价格、品质、效用上都相同的产品，产品之间可以完全互相替代，即商品需求的交叉弹性极大，消费者对这类产品的消费偏好完全一样。这类产品一般情况下属于产业间贸易，但由于生产区位和制造时间不同等原因，也在相同产业中进行贸易。格鲁贝尔和劳埃德认为，同质产品是符合下列3个条件的产品：①产品之间可以完全互相替代。②生产的区位不同。③制造的时间不同。这种同质产品的产业内贸易包括以下5种情况：①大宗原材料贸易。比如水泥、石料、砖瓦等原材料，本身的价值较低，但运输费用却较高。这样人们在采购这些商品时首先要考虑的可能就是运输距离的远近和运输费用的高低，就会从距离最近的生产地点来买进这些产品，而自然资源的分布又决定了这些产品的生产区位。所以，在这类产品的交易中，就会出现一国的需求者不从距离较远的本国生产者处而从距离较近的国外生产者处购进的现象，特别是在两国边境地区这种现象更为普遍。这时，两国之间的产业内贸易就发生了。②服务贸易。由于各国之间的经济技术合作和特殊的技术条件，会引起同质的服务领域的国际贸易，如金融、保险、运输等为商品流通服务的业务活动，在各国之间就是交叉进行的，各国既有这些项目的“出口”，又有“进口”，形成产业内贸易。另外，还有一种情况，如欧洲电力系统整个是连网的，其中各国会由于用电高峰时间的不同而在一天中既出口又进口电力。互联网中的信息服务贸易也属于这种类型。③转口贸易和再出口、再进口贸易。世界上许多国家或地区，存在许多转口贸易和再出口贸易，它们进出口的产品往往在基本形态上没有太大变化，只是提供一些诸如仓储、包装、运输、零售等服务性的活动，这就会形成大量的产业内贸易。同时，有的国家还会对其他国家进行低价倾销，由于倾销商品形成的国内外价格差异过大，有人把倾销出去的产品再进口回来以获利。④跨国企业的避税贸易。世界上一些大的跨国公司为了追求利润最大化，经常会进行国际避税活动。其方式是：在国际避税地设立一家公司，通过这家公司对跨国公司的各个子公司进行同种产品的低价买进、高价卖出活动，将利润转移到这家避税公司来，以达到少缴税或不缴税的目的。这种避税贸易现已成为国际贸易中不可忽视的一部分，显然这就属于产业内贸易。⑤季节性产品贸易。由于某些产品如水果、蔬菜等农产品的生产受季节因素的影响较大，这就会使一些国家在生产旺季出口而在淡季又进口这些产品，以平衡国内市场的需要。同时，自然灾害也会使一国本来大量出口的产业的生产遭到破坏，转而进口这些产品。

2）异质产品的产业内贸易

异质产品也称差异产品，是指在消费上并不能完全替代，而在生产上又需要有极其类似的要素投入的产品，大多数产业内贸易的产品都属于这类产品。异质产品的产业内贸易主要有以下三种情况：①产品的使用价值完全一样，但生产投入极不相同。②生产投入极为相似，但产品的使用价值极不相同。③产品的使用价值几乎完全一样，生产投入又极为相似。

2. 产业内贸易的基础和原因

格鲁贝尔和劳埃德认为，同质产品的产业内贸易是可以用H-O模型来说明的，只不过是要对H-O模型加以改造，在其中加入运费、规模经济、价值增值、政府行为和时间等因素。困难的是对于异质产品的产业内贸易进行解释。

国家间要素禀赋的差异，进而比较成本的差异，是产业间贸易发生的基础和原因。国家间的要素禀赋差异越大，产业间贸易量便越大。这是传统贸易理论对产业间贸易的解释。国际贸易中的产业内贸易现象显然不能用传统的贸易理论来解释，因为传统贸易理论有两个重要假定：一是假定生产各种产品需要不同密度的生产要素，而各国所拥有的生产要素禀赋也是不同的。因此，贸易结构、贸易流向和比较优势是由各国不同的要素禀赋来决定的；二是假定市场竞争是完全的，在一个特定产业内的企业，生产同样的产品，拥有相似的生产条件。而这些假定与现实相差甚远。产业内贸易形成和发展的原因及主要制约因素比较复杂。

1）产品的差异性是产业内贸易的基础

在每一个产业部门内部，由于产品的质量、性能、规格、商标、牌号、款式、包装装潢等方面的不同而被视为差异产品，即使实物形态相同，也可由于信贷条件、交货时间、售后服务和广告宣传等方面的不同而被视为差异产品。各国由于财力、物力、人力的约束和科学技术的差距，使它们不可能在具有比较利益的部门生产所有的差异产品，而必须有所取舍，着眼于某些差异产品的专业化生产，以获取规模经济利益。因此，每一产业内部的系列产品常常产自不同的国家。而消费多样化造成的需求多样化，使各国对同种或同类产品产生相互需求，从而产生贸易。例如，美国和日本都生产小汽车，但美国生产的小汽车一般比较豪华，价格也较昂贵；而日本生产的小汽车大多比较实用、节能，物美价廉。这与两国大多数消费者的消费偏好相吻合，但两国也都各有一部分消费者喜欢对方国家的产品，所以在两国之间就会发生相互交换汽车的产业内贸易。

与产业内差异产品贸易有关的是产品零部件贸易的增长。为了降低成本，一种产品的不同部分往往通过国际经济合作在不同国家生产，追求多国籍化的比较优势。例如，在波音 777 飞机的 32 个构成部分中，波音公司承担了 22%，美国制造商承担了 15%，日本供给商承担了 22%，其他国际供给商承担了 41%。该飞机的总体设计在美国进行，美国公司承担发动机等主要部分的生产设计和制造，其他外国承包商在本国进行生产设计和制造有关部件，然后运到美国组装。显然，波音 777 飞机是多国籍化的产物。类似的跨国公司间的国际联盟、协作生产和零部件贸易促进了各国经济的相互依赖和产业内贸易的发展与扩大。

2）需求偏好相似是产业内贸易的动因

最早试图对当代工业化国家之间的贸易和产业内贸易现象做出解释的是瑞典经济学家林德。他提出，不同国家由于经济发展水平和人均收入水平不同，需求结构与需求偏好也不同。两国的经济发展水平和人均收入水平越接近，需求结构与需求偏好越相似，相互间的贸易量便越大。相反，各国或地区间经济发展水平和人均收入水平的参差不齐反而成了国际贸易的障碍。例如，一国根据本国国内需求开发生产出的产品，但由于别的国家收入水平较低而对该产品缺乏需求，或者由于别的国家收入水平过高，而对此产品不屑一顾，彼此间的贸易自然便无法进行。

3）不同国家产品和消费层次结构的重叠使得相互间的产业内贸易成为可能

不同国家的产品和消费层次结构是存在重叠现象的。对发达国家来说，由于其经济发展水平相近，其产品和消费层次结构也大体相同。这就是说，A 国厂商提供的各种档次的同类产品基本上能够为 B 国各种层次的消费者所接受；反过来，A 国各种层次的消费者也能接受 B 国厂商提供的各种档次的同类产品。这种重合是发达国家之间产业内贸易的前提和基础。在发达国家与发展中国家之间，产品和消费层次结构也有部分重叠。发展中国家能够提供适合发达国家消费者的产品，发展中国家消费者也能够接受发达国家的部分产品。例如，发达国家中相当数量的中、低收入者与发展中国家高收入者的需求相互重叠。这种重叠使得发达国家与发展中国家之间具有差别的产品的相互进出口成为可能。

如图 4-3 所示，aa'、bb'和 cc'分别是发展中国家 A、中等发达国家 B、发达国家 C 的代表需求曲线。发展中国家的潜在出口品为低级品 X，中等发达国家在把 Y 产品中的 e_2、e_3出口给发展中国家的同时，把 e_4、e_5出口给发达国家；而发达国家把 Z 产品中的 e_5、e_6出口给中等发达国家。由于中等发达国家的需求结构既类似于发达国家，也类似发展中国家，相互重叠的区间最大，且它们相互间的收入水平也相似，这类国家发展产业内贸易目前较好。故我国应加速向中等发达国家迈进。

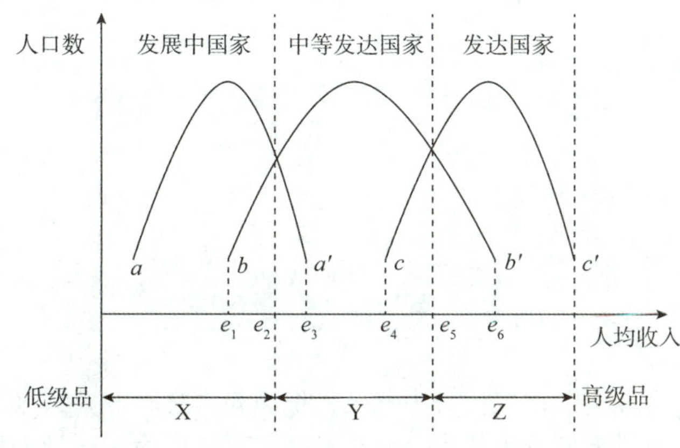

图 4-3　消费层次结构的重叠形成的产业内贸易

4）规模经济是产业内贸易的利益来源

福兰克林·鲁特曾经做过如下分析：如果 A、B 两国具有相同的要素比例和技术水平，那么两国生产出的商品的成本和价格比率必然就是相同的，根据传统的国际贸易理论，这两国之间就不会有贸易往来。但如果考虑到规模经济的因素就不同了，如果 A 国在某种商品生产上具有规模经济，随着其产量的增加，长期平均成本呈递减的趋势，那么它将排挤 B 国的同类商品而占领 B 国的市场；同时，B 国原来生产这种商品的资源将转移到其他的商品生产上，这样产业内贸易就发生了。可见，由于规模经济会使企业随生产量的扩大而产生节约的经济效果，就会使企业在大规模的专业化生产过程中取得优势，从而使具有相同的生产要素禀赋与生产技术水平的国家之间也能进行贸易。这一分析中实际上是有如下三个假设条件的：①每个产业内部都存在广泛的有差异的产品系列；②存在不完全竞争市场，差异产品间存在垄断性竞争；③每种产品的生产收益是随着规模的扩大而递增的。

4.4.3　产业内贸易指数

国际上通用的评价产业内贸易程度的指标是 1975 年由格鲁贝尔和劳埃德给出的“产业内贸易指数”（Intra- industry Trade Index，ITI）。产业内贸易指数的计算公式为：

$$A_i = \{1 - |X_i - M_i| \div (X_i + M_i)\}$$

式中，X_i 指一国 i 产品的出口额，M_i 指该国的进口额。A_i 代表 i 产品的产业内贸易指数，A_i 的变动范围是 0 ~ 1，A_i 越接近 1，说明产业内贸易程度越高；越接近 0，表明产业内贸易程度越低。

在评价产业内贸易程度时，还有其他可供选择的方法。如沃顿提出，用同一产业内的出口值与进口值的比值来表示产业内贸易的程度。用公式表示为：

$$U_i = X_i / M_i$$

产业内贸易指数是从一个产业部门的角度来研究产业内贸易程度的，所以，产业内贸易指数的大小受到三个主要因素的影响。一是与某一产业部门的产品特性有关，因为有些产业部门的产品生产和消费具有明显的地域性，难以发生大规模的产业内贸易。二是与该产业部门的成熟程度有关，因为高度发达的产业部门容易发生产业内贸易，不发达的产业部门难以发生产业内贸易。三是与该产业部门的划分有关，如果产业部门的划分较细，产业内贸易指数就比较小；如果产业部门的划分较粗，产业内贸易指数就比较大。

随堂练习

请同学们查阅《中国统计年鉴》，任选我国的某一产业，算一算其产业内贸易指数是多少？

4.5 规模经济理论

古典和新古典贸易理论以比较优势为基础，把国与国之间的要素禀赋差异作为贸易产生的唯一原因。而规模经济理论则认为，规模经济也可能成为国际贸易的动因，在规模经济作用下，不完全竞争的市场结构普遍存在。规模经济理论的代表人物是保罗·克鲁格曼。

4.5.1 规模经济的含义

规模经济是规模报酬的一种情况。

所谓规模报酬，是指当所有投入要素同比例增加时（即生产规模扩大时），总产出量的变化情况。根据产量变化的程度，规模报酬可以分为三种情况：①规模报酬递增，即所有投入要素的同比例增长导致了产出水平更大比例的提高；②规模报酬不变，即所有投入要素的同比例增加导致了产出水平的同比例增加；③规模报酬递减，即所有投入要素的同比例增加导致了产出水平较小比例的增加。

规模经济指的是规模报酬递增的情况。在规模经济条件下，随着生产规模的扩大，总产量增加的速度超过了要素投入的增加速度，这意味着平均成本下降，生产效率提高。这种情况下，大厂商比小厂商更有竞争力，少数大厂商逐渐垄断了整个市场，不完全竞争成为市场的基本特征。

根据厂商平均成本下降的原因，规模经济可以分为外部规模经济和内部规模经济两种情况。其中，外部规模经济是指单个厂商由于相关产业其他厂商生产规模的扩大而导致的平均成本的下降；内部规模经济是指由于厂商自身产出量的增加而导致的平均成本的下降。外部规模经济的实现依赖产业规模，内部规模经济的实现则依赖厂商自身规模的扩大和产量的增加，它们对于市场结构和国际贸易的影响是有区别的。

4.5.2 外部规模经济与国际贸易

外部规模经济出现的主要原因是整个产业集中在一个地理区域内，有利于形成专业化的供应商，培育共同的劳动力市场，并有利于知识外溢，这使整个产业的生产效率得以提高，所有厂商的平均生产成本下降，如美国硅谷的计算机工业、中国义乌的小商品市场等。

在外部规模经济下，产业规模的扩大使得厂商的成本下降，从而竞争力增强，一国就有可能出口该产品。但是一国出口产业的最初建成或扩大却纯粹是由偶然因素决定的，一旦该国建立起大于别国的生产规模，随着时间的推移，该国会拥有更多的成本优势。这样，一旦该国先行将该产业发展到一定规模，即使其他国家具有更大的比较优势，也不可能成为该产品的出口国。因此，在外部规模经济存在的情况下，贸易模式会受到历史偶然因素的极大影响。

4.5.3 内部规模经济与国际贸易

在存在内部规模经济的产业中，大厂商要比小厂商更具有成本优势，因而能迫使小厂商退出市场，并最终把市场控制在自己手中，形成不完全竞争的市场结构。在封闭经济情况下，这会导致一系列的负面影响，如经济中的竞争性下降、消费者支付的成本上升、产业多样化程度降低等。而国际贸易可以解决这些问题。与封闭的国内市场相比，世界市场可以容纳更多的厂商，同时单个厂商的规模也会扩大，从而解决了规模经济与竞争性之间的矛盾。在规模经济较为重要的产业，国际贸易还可以使消费者享受到比封闭条件下更加多样化的产品。

具有内部规模经济的一般是资本密集型或知识密集型行业。内部规模经济之所以会出现，是由于企业所需特种生产要素的不可分割性和企业内部进行专业化生产造成的。采用大规模生产技术的制造业可以使用特种的巨型机器设备和流水生产线，进行高度的劳动分工和管理部门的分工，有条件进行大批量的销售，而且有可能进行大量的研究和开发工作，可以大幅降低成本，从而获取利润。对于研究和开发费用较大的产业来说，规模经济的实现更是至关重要。如果没有国际贸易，这类产业可能就无法生存。只有在进行国际贸易的情况下，将产品销售到世界市场上，使产量增加，厂商才能最终实现规模经济下的生产。

4.5.4 规模经济理论的主要观点

经过以上分析可知，规模经济理论的主要观点为以下几点。

（1）规模经济存在的原因有两个：一是大规模的生产经营能够充分发挥各种生产要素的效能，更好地组织企业内部的劳动分工和生产专业化，提高固定资产的利用率，取得内部规模经济效应；二是大规模的生产经营能更好地利用交通运输、通信设施、金融机构、资源条件等良好的企业环境，获得外部规模经济。

（2）规模经济是国际贸易存在的重要原因。当某个产品的生产出现规模报酬递增时，随着生产规模的扩大，单位产品的成本会发生递减，从而形成成本优势，这会导致该产品的专业化生产和出口。

（3）在存在规模经济的条件下，以此为基础的分工和贸易会通过提高劳动生产率、降低成本，从而使产业达到更大的国际规模并从中获利，也使参与分工和贸易的双方均能享受这种好处。

4.6 国家竞争优势理论

20世纪八九十年代，美国哈佛大学商学院教授迈克尔·波特先后出版了《竞争战略》《竞争优势》和《国家竞争优势》三部著作，分别从微观、中观和宏观的角度论述了竞争力问题，对传统理论提出了挑战。在《国家竞争优势》一书中，波特讨论了如何从长远的角度将一国的比较优势转化为竞争优势，提出了比较系统的国家竞争优势理论（the Theory of Competitive Advantage of Nations）。他利用竞争优势理论对当代国际贸易竞争的方式和内容进行了深入研究，大幅推动了国际贸易理论的进一步发展。

4.6.1 国家竞争优势理论的基本内容

国家竞争优势理论的中心思想是：一个国家的竞争优势就是企业、行业的竞争优势，也就是生产力发展水平的优势。波特认为，一国兴衰的根本原因在于能否在国际市场上取得竞争优势，竞争优势形成的关键在于能否使主导产业具有优势，优势产业的建立依托提高生产效率，提高生产效率的源泉在于企业是否具有创新机制。

创新机制可从微观、中观和宏观三个层面来阐述：①微观创新机制：国家竞争优势的基础是企业内部活力，企业缺乏活力或不思进取，国家就难以树立整体优势；②中观创新机制：企业的创新涉及产业和区域发展，企业经营过程中的升级要依赖企业的前、后向和横向关联产业的辅助与支持；③宏观竞争机制：如何把企业、产业、产品等局部优势整合为国家竞争优势，这时政府的行为会起到一定作用。

从宏观层面来看，一个国家的竞争优势的获得取决于四个基本因素和两个辅助因素，而这些因素构成了该国企业的竞争环境，并促进或阻碍国家竞争优势的产生。这是竞争优势理论的中心思想。

具体地讲，波特认为国家竞争优势有以下四个来源，即四个基本因素。

1. 生产要素

波特把生产要素区分为初级生产要素和高级生产要素，一般性生产要素和专业性生产要素。其中，初级生产要素是指一国先天拥有或不用太大代价就能得到的要素，包括自然资源、气候、地理位置、非熟练劳动力、资本等；高级生产要素则是指通过长期投资或培育才能创造出来的要素，包括现代化电信网络、高科技人才、高精尖技术等。他认为，一国的真正竞争优势主要来源于经过不断地、大量地投资、创新与升级所取得的高级生产要素和专业性生产要素。要素是动态的，可以被升级、被创造和被特定化。初级生产要素的重要性，会因对其需求的下降和容易得到而不断下降，拥有初级生产要素优势的国家由于对其的依赖而使其国际竞争力反而下降。如果能够充分利用和提升要素的质量，在一定条件下，要素劣势也能转化为优势。

2. 市场需求

波特认为，本国市场对有关行业的需求是影响一国竞争优势的重要因素。例如，本国市场对有关行业的某类产品需求广大，就会促使该行业竞争和发展，形成一定的规模经济，从而有利于国际竞争优势的加强。而国内需求质量高，更有利于促进创新，提高产品竞争力。如果国内的消费者善于挑剔、品位较高，就会迫使本国企业努力提高产品的质量、档次和服务水平，从而取得竞争优势。例如，荷兰人特别喜爱鲜花，并由此诞生了庞大的花卉产业。正是由于荷兰人对鲜花的强烈需求和高度挑剔，荷兰才成为世界上最大的鲜花出口国。

3. 相关与支撑产业

波特认为，以国内市场为基础的有竞争优势的供应商会以三种重要方式对下游产业竞争优势的形成产生影响：第一，可以使下游产业更容易、更迅速逼近尽可能低的成本；第二，可以提供一种不断发展中的协调优势；第三，下游产业的公司也能够调整它们的战略计划，并利用供应商发明、创新的优势。因此，如果一国的一定区域内能为某个产业聚集起健全且具备国际竞争力的相关和支持性产业，从而形成强大的产业群，则不仅有利于降低交易成本，还有助于改进激励方式，改善创新条件，就会更容易形成竞争优势。

4. 企业组织、战略和竞争

不同企业由于目标不同，战略、生产与管理方式也不同，跨国公司的发展会促进一国的竞争优势的提升，这些都影响其目标竞争力的发展。国内市场的竞争程度对一国产业取得国际竞争优势具有重大影响。波特强调，强大的本地、本国竞争对手的存在是企业竞争优势产生并得以长久保持的最强有力的刺激。他反对“国内竞争是一种浪费”的传统观念，认为国内企业之间的竞争在短期内可能会损失一些资源，但从长远看则是利大于弊。激烈的国内竞争迫使企业不得不苦练内功，努力提高竞争能力。同时，还迫使它们走出国门，参与国际竞争。

另外，还有两个辅助因素，即机遇因素和政府因素。

机遇因素是指世界经济的发展变化，某些重要发明、技术突破和创新、汇率变化及其他突发事件等。政府因素是指一国政府所采取的宏观经济政策等，这些都影响该国国际竞争优势的变化。

波特认为，一国的竞争优势由生产要素、国内需求、相关与支撑产业，以及企业组织、战略与同业竞争四个关键因素决定。这四个关键因素之间的关系成菱形状，似钻石，因此，该理论被称为“钻石理论”。另外，机遇和政府力量也会在其中起到一定的辅助作用。国家竞争优势的决定因素如图 4-4 所示。

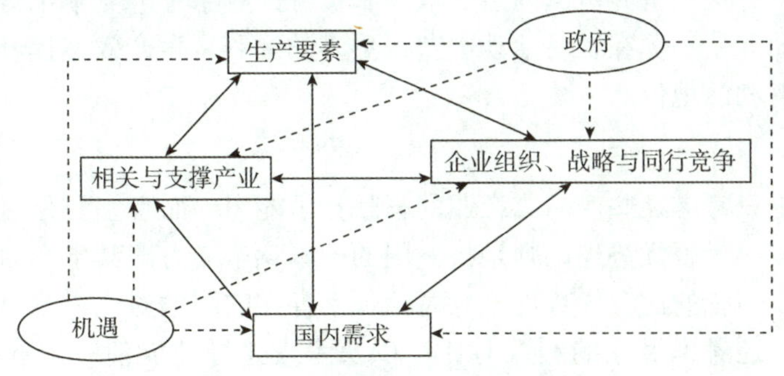

图 4-4　国家竞争优势的决定因素

波特认为，一国竞争优势的发展可分为四个阶段。

第一阶段是要素推动阶段。此阶段的竞争优势主要取决于一国在某些基本要素上拥有的优势，即是否拥有廉价的劳动力和丰富的资源，这些国家产业的技术层次低，所需的技术是一般的和可以广泛使用的，这些技术主要来源于其他国家而不是自创的，处于要素推动阶段的国家，其生产力缺乏持续增长的基础。

第二阶段是投资推动阶段。此阶段的竞争优势主要取决于资本要素。大量投资可用来更新设备，扩大规模，增强产品的竞争能力。在这一阶段，企业不仅使用国外技术，还改进国外技术，这个阶段的显著特点是企业具有吸收和改进国外技术的能力。但随着要素成本和工资大幅增加，一些价格敏感的产业开始失去竞争优势。

第三阶段是创新推动阶段。企业能在广泛的领域里进行竞争，实现不断的技术升级。竞争优势主要来源于研究与开发。企业不仅能运用和改进国外技术，还能创造技术，这个阶段的显著特点，一是高水平的服务业占据越来越高的国际地位，这是产业竞争力不断增加的反映；二是政府的作用发生变化，资源配置、贸易保护、出口补贴等形式的干预程度越来越少，政府主要发挥间接的作用。

第四阶段是财富推动阶段。这个阶段的驱动力是已经获得的财富，但是，依靠过去的财富所驱动的经济是不能保持其财富的，最终导致创新、竞争意识下降，产业竞争能力衰弱。企业已开始失去竞争优势。这个阶段的显著特点是：长期的产业投资不足；投资者的目标从资本积累转变为资本保值。

从上述四个阶段的标准看，各国在世界经济和国际分工中处于不同阶段，大多数发展中国家处于要素推动阶段；少数发展中国家处于资本推动阶段，日本、意大利在 20 世纪 70 年代处于创新推动阶段，而我国则处于投资推动阶段。

4.6.2 国家竞争优势理论的主要特点

与传统的贸易理论相比较，波特竞争优势理论具有以下特点。

1. 前提不同

比较优势理论以完全竞争市场作为理论前提，竞争优势理论则以不完全竞争作为理论前提。后者比前者更符合当前的现实。

2. 角度不同

比较优势理论从全球角度考虑，认为一个国家只要按照比较成本原则参与分工，就会增加自身的福利，并提高世界范围内生产效率和资源配置水平。竞争优势理论从国家角度出发，考虑怎样才能使一国在贸易活动中获得更多的福利，生产效率提升得更快，在国际分工中占据更加有利的地位。

3. 范围不同

比较优势理论只考虑某些产品或产业的国际竞争能力，而且主要是对其成本即价格的竞争能力进行比较。竞争优势理论则是将一国的国际竞争能力即其生产力发展水平与他国进行比较。此外，传统的比较优势理论只讨论现实存在的利益对比，竞争优势理论除了考虑现实情况之外，还考虑潜在的利益对比，以及考虑怎样才能使一国取得或保持竞争优势，以便从对外贸易中获得更大的利益。

4. 性质不同

比较优势是相对性的概念，即一国在某些方面具有比较优势，而在另一些方面必然具有比较劣势。这种理论的逻辑结果是：任何国家都应该安于现状、保持现状。竞争优势是绝对性的概念，一个国家或者处于竞争优势，或者处于竞争劣势，界限很清楚。

5. 原因不同

传统的比较优势理论认为，比较优势只取决于一个国家的初始条件。这些初始条件或来自自然原因，或来自历史原因。假如一个国家因为历史原因而经济落后、开发不足、技术低下，按照比较优势理论分工，只能生产和出口矿产品、农产品，在国际分工中处于较低层次。竞争优势理论认为，竞争优势主要取决于一个国家的创新机制，取决于企业的后天努力和进取精神。如此看来，只要企业敢于创新，积极竞争，后进的国家也可能成为具有竞争优势的国家。同样，如果一个国家的企业失去创新意识和进取精神，这个国家的市场就失去了竞争刺激，那么，先进国家也有可能失去竞争优势。

当然，波特的竞争优势理论与传统的贸易理论并不是完全隔离的，它们之间有着必然的联系。一国是否具有竞争优势，可以通过它拥有的比较优势的特点表现出来。如果两国具有比较优势的主导产业处于同一技术层次，两国具有相同的竞争力水平。如果两国具有比较优势的主导产业处于不同技术层次，居较高层次的国家便具有竞争优势。例如，发达国家在技术密集型产业上具有比较优势，所以具有竞争优势；发展中国家在较低技术层次的劳动密集型产业上拥有比较优势，所以处于竞争劣势。

波特提出的竞争优势理论对于解释第二次世界大战后国际贸易的新格局、新现象很有说服力。他提出的关于竞争优势来源于四个基本因素和两个辅助因素的观点，关于竞争优势取得的关键在于是否具有适宜的创新机制和充分的创新能力的观点，关于政府的主要作用是为企业提供一个公平竞争的外部环境的观点，关于国家竞争优势发展四个阶段的观点，对于一国提高国际竞争力、取得或保持竞争优势有很大的借鉴意义。波特的竞争优势理论是对比较优势理论的超越和对当代国际贸易现实的逼近，第一次明确阐述了国家竞争优势的内涵。

然而，波特的竞争优势理论过多地强调了企业和市场的作用，贬低了政府在当代国际贸易中扮演的重要角色。在波特看来，一个国家要具备竞争优势，主要依赖企业或产业的自强不息和创新机制。政府的作用是纠正市场扭曲，恢复公平的竞争环境；政府实行的贸易政策，应该是促进贸易伙伴之间相互开放市场，而不是相互进行贸易保护。另外，他还认为，政府的作用只是一个辅助性的因素。

从以上对竞争优势理论的分析中，我们可以分析出：一个国家如果想谋取更大的福利，取得或保持竞争优势，必须注意以下几点。

（1）提高国际竞争力的基本途径是竞争和创新。政府的首要任务是完善市场经济体制，为企业提供公平的竞争环境，鼓励企业竞争和创新，鼓励企业发挥主观能动性。政府应该积极推动自由贸易，并把本国企业推向国际市场。

（2）对于关键产业和高科技产业，政府可以采取适当的保护措施，但这种保护必须是暂时的、积极的，必须与促进企业竞争、提高企业的国际竞争力结合起来。另外，应该尽可能取得其他国家的谅解。

（3）任何情况下，政府对于本国能否取得竞争优势始终起着非常重要的作用。不管是推动企业或产业竞争和创新，还是对企业或产业进行适当的保护，政府都具有重大的、不可替代的作用。对于发展中国家来说，这一点尤其值得重视。

相关思政元素：创新

相关案例：

金观平：营造数字贸易发展良好环境

第二届全球数字贸易博览会（以下简称“数贸会”）于2023年11月23日在浙江省杭州市开幕。作为我国支持建设开放型世界经济的重要举措之一，数贸会的举办有助于健全数字贸易治理体系，促进数字贸易改革创新发展，为全球数字经济发展、世界经济增长注入了新动能。

当前，全球数字贸易蓬勃发展，成为国际贸易的新亮点。今年以来，我国数字贸易增长较快，总体规模不断扩大，整体结构持续优化，产业基础继续夯实，数字技术进一步发展，成为我国国际贸易的新增长点。

在此背景下，第二届数贸会吸引了来自世界许多国家和地区的政府代表、企业家、专家学者：68家国际组织和商协会、63个国家和地区的使领馆官员和政府官员确认参会。800多家企业线下参展，综合馆的境外展位占比超过50%，近1.5万家专业采购商注册报名，其中境外采购商超过1 700家。数贸会为各方提供了一个开放大平台，促进了国际间交流与合作。各方可以充分利用全球数字贸易博览会平台，共商合作、共促发展、共享成果，将数字贸易打造成为共同发展的新引擎。

全球数字贸易的发展离不开合理的规则和制度保障。数字贸易新业态、新模式不断涌现，对国际规则提出了更高要求。数贸会为各国提供了共商、共建数字贸易规则的机会，通过协商与讨论，有助于制定更加公正、公平、开放的数字贸易规则，促进数字贸易健康发展，为各国企业营造一个监管高效、风险可控、交易公平的数字贸易制度环境，从而推动全球经济可持续发展。

数贸会也是技术创新的展示舞台。众多领军企业和技术创新者将展示最新的数字技术和解决方案，为各国企业提供转型升级的新思路和新机遇。在数贸会综合馆，中国展区将展现世界领先的脑机接口技术和数实融合沙盘。前沿趋势馆将首次汇聚全球50个大模型，展示在教育、医疗、汽车、人机交互等领域的前沿应用。丝路电商馆将全产业链展示电商平台、跨境物流、移动支付、云服务等电商创新模式。数博会还将启用数字新闻官，展览期间24小时不间断播报展会新闻。通过技术创新的引领，数贸会将为数字经济发展注入新活力。

举办数贸会更体现中国对开放型世界经济的坚定支持。面对全球经济的复杂形势和诸多挑战，开放与合作才是应对挑战、实现共赢的正确选择。中国不仅宣布将每年举办全球数字贸易博览会，更作出了一系列承诺来支持建设开放型世界经济：将创建“丝路电商”合作先行区，同更多国家商签自由贸易协定、投资保护协定；全面取消制造业领域外资准入限制措施；主动对照国际高标准经贸规则，深入推进跨境服务贸易和投资高水平开放，扩大数字产品等市场准入，深化国有企业、数字经济、知识产权、政府采购等领域改革。这些举措将进一步展示数字技术最新成果，促进国际交流与合作，推动数字贸易规则制定和完善。

来源：经济日报“金观平：营造数字贸易发展良好环境”，2023年11月24日。

拓展案例

新贸易理论在中关村科技园区的应用

案例简介：

中关村科技园区起源于20世纪80年代初的“中关村电子一条街”。1988年经国务院批准成为我国第一家高科技园区。截至2005年，园区高新技术企业总数1.7万家，实现销售收入超过4 800亿元，占全国高新科技园区总量的1/7左右。大量科技型中小创新企业和高素质人才在中关村聚集，2005年园区从业人员达到62.6万人。中关村科技园区以软件、集成电路、计算机、网络、通信等为代表的重点产业集群初步形成；高技术服务业发展迅速，占园区经济总量的45%，带动了首都经济结构调整和产业升级；已有95家世界500强企业在园区设立了148家分支机构，其中研发机构有65家。中关村科技园区正在以科技创新中心和创新资源聚集地的姿态走向世界。

案例分析：

1. 中关村科技园区的快速发展源于政府政策引导下外部规模经济效应的充分发挥。由于同行业的增加和相对集中，区内企业能够更好地利用交通运输、通信设施、金融机构、自然资源等生产要素，从而促使企业在运输、信息收集和产品销售等方面的成本降低，竞争力加强。

2. 加强技术研发和产品创新可以促进一个国家或地区的经济结构调整和产业升级。技术创新意味着一定的要素投入可以生产出更多的产品，从而对各国的生产要素禀赋产生影响，进而影响各国产品的比较优势。

3. 通过优惠政策招商引资，吸引国际知名企业来本地投资设厂，可以充分利用“干中学”等途径来享受技术溢出效应。

启示：

1. 在经济发展中要注意充分发挥和利用规模经济效应，除了强调扩大生产规模，使企业“做大做强”以获得内部规模经济效应外，还可以引导产业积聚效应的发挥，更好地利用外部规模经济效应。

2. 技术差距也是国际贸易产生的原因之一。基于新技术和新产品的创新，一国能够获得短暂的垄断地位，并较容易进入世界市场获得垄断利润。我国传统的比较优势主要集中在劳动密集型上，随着我国低劳动成本优势逐渐减弱，必须加强技术的研究开发与创新，以获取新的优势。

3. 通过吸引外资，利用技术外溢，加快人力资本的积累，提高技术模仿效率，可以推动一国比较优势的动态变化和发展。

本章小结

1. 传统的国际贸易理论建立的基础是由于各国要素禀赋差异而形成的比较优势，随着第二次世界大战后国际贸易的迅速发展，该理论已无法对第二次世界大战后贸易领域出现的一些新现象进行合理的解释。现代国际经济学家们围绕上述现象和问题进行了深入的

研究，提出了种种解释，从而形成了国际贸易新理论。

2. 林德的需求偏好相似理论在解释发达国家之间的贸易方面具有较强的说服力。他认为，需求是产生贸易的基础，需求结构越相似，两国间贸易量越大；人均收入水平是影响需求结构的最主要因素。两国经济发展水平越接近，人均收入越接近，需求偏好就越相似，相互需求也就越大，贸易的可能性也就越大。

3. 技术差距理论将国家间的贸易与技术差距的存在联系起来，认为技术变动是一个持续的过程，持续的创造发明过程将会导致贸易的发生。而一国的技术领先优势将使其具有获得出口市场的优势。

4. 产品生命周期理论认为，产品也和有机物一样，存在产生、发展、成熟、衰退和消亡的过程，随着技术的扩散，产品一般也要经过新生期、成长期、成熟期和衰退期。在产品的整个周期中，生产产品所需要的要素是会发生变化的，因此，在新产品的生产中就可以观察一个完整的周期。该理论对第二次世界大战后的制成品贸易模式和国际直接投资作出了令人信服的解释。

5. 产业内贸易理论引入了不完全竞争的市场结构，认为决定两个相似或相同国家同一产业内分工的根本原因是规模经济和产品差别化，其利益来源主要是规模经济的充分实现和可供消费者选择的变体产品范围的扩大。同时，各国的历史条件对国际间产业内分工格局也具有重要的意义。

6. 规模经济理论则认为，规模经济也可能成为国际贸易的动因，在规模经济作用下，不完全竞争的市场结构普遍存在。根据厂商平均成本下降的原因，规模经济可以分为外部规模经济和内部规模经济两种情况。它们对于市场结构和国际贸易将产生不同的影响。

7. 国家竞争优势理论是波特在《国家竞争优势》一书中提出的。波特认为，一国的竞争优势由生产要素、国内需求、相关与支撑性产业，以及企业组织、战略与同业竞争四个关键因素决定。这四个关键因素之间的关系成菱形状，似钻石，因此该理论被称为“钻石理论”。另外，机遇和政府力量也会在其中起到一定的辅助作用。

本章习题

4.1　名词解释

规模报酬　规模报酬递增　外部规模经济　内部规模经济　产业间贸易　产业内贸易　同质产品　异质产品

4.2　简答题

(1) 试述技术差距论的主要内容及其意义。

(2) 规模经济理论的主要观点是什么?

(3) 产业内贸易产生和发展的基础是什么?

(4) 按照波特的竞争优势理论，一国的竞争优势由哪些因素决定的?

本章实践

运用“钻石理论”分析长江三角洲和珠江三角洲经济高速发展的原因。

第5章 保护贸易理论

学习目标

- 了解保护贸易理论的发展历程、中心—外围理论的主要观点。
- 掌握战略性贸易政策理论的主要思想。
- 熟练掌握幼稚工业理论的政策措施、超保护贸易理论的主要观点，以及贸易乘数。

教学要求

教师综合运用理论分析、案例分析等方法，帮助学生了解贸易保护主义理论的发展演变；掌握贸易保护主义理论的类型和内容。要求学生能熟练地应用贸易保护主义理论的内容解释世界各国贸易政策并分析当代中国的贸易政策。

导入案例

贸易保护措施居高不下 致全球贸易增速放缓

2016 年 6 月 30 日，时任商务部国际司司长张少刚在 G20 贸易部长会议新闻发布会上表示，贸易保护措施居高不下是全球贸易增速放缓的一个重要原因。作为本届 G20 峰会的主办国，中方倡议 G20 将不采取贸易保护主义措施的承诺延长至 2018 年。其中具体包括两方面内容：一是承诺不采取新的贸易保护主义措施；二是逐步减少和取消已经采取的贸易限制性措施。

张少刚表示，中方呼吁各成员方严格履行每采取一项新贸易保护措施需向 WTO 通报的义务，也继续授权世贸组织、经合组织和联合国贸发会议每年两次发布监督报告，以形成对贸易保护主义的监督压力。

近年来，全球贸易增速普遍放缓，2016 年已是第四年全球贸易增速低于 3%。

张少刚表示，反对贸易保护主义是 G20 领导人的历来承诺，但在现实中，一些主要经济体的贸易保护措施并未停止。据世贸组织、经合组织和联合国贸发会议定期发布的对 G20 成员的贸易保护主义措施的监督报告显示，从 2015 年 10 月至 2016 年 5 月，G20 贸易保护主义有所抬头。在此期间，G20 成员平均每月新采取的限制性措施达 21 起，是 2009 年该监督报告发布以来的月均数量的最大值。

在经济全球化的时代，贸易保护不仅不利于世界经济增长，也给全球贸易发展蒙上阴影。张少刚指出，作为世界主要经济体的代表，G20 应肩负起促进全球经济复苏和增长的责任。中方希望通过以上倡议，与 G20 一同加大反对贸易保护的力度，使全球贸易尽快走出低谷。

资料来源：贸易保护措施居高不下，致全球贸易增速放缓 [EB/OL]. 中研网，http://www.chinairn.com/news/20160704/104701214.shtml

从国际贸易产生以来，保护贸易与自由贸易理论的争论就没有停止过，特别是在主要资本主义国家处于经济不景气的阶段，保护贸易的理论仍发挥着重要作用。学生学习保护贸易理论有助于全面和深刻理解当今世界各国保护贸易政策的思想根源。

5.1 保护贸易理论概述

5.1.1 保护贸易理论的发展历程

保护贸易理论的产生可以追溯到 15 世纪重商主义时期。保护贸易的政策可以无限制地保持贸易出超，以及消费者可从贸易中获得利益的论点成为重商主义学说的致命弱点，受到了古典学派经济学家的猛烈抨击。此后，这一学派的影响力日渐衰退。

亚历山大·汉密尔顿提出，美国应在对外贸易上实行关税保护，并提出一系列政策主张，使美国工业得以受到有效保护而顺利发展。保护贸易理论的完善和成熟是以弗里德里希·李斯特提出的幼稚工业保护理论的出现为标志的。李斯特深受汉密尔顿观点的启发，在吸收了重商主义的观点和汉密尔顿的政策主张后，结合德国的政治经济实际，在其代表作《政治经济学的国民体系》一书中系统地提出了保护德国国内工业的一系列主张。

进入 20 世纪后，保护贸易理论受到了新的挑战，也得到了新的发展。这一时期又可分为两个阶段：一是 20 世纪初期至第二次世界大战以前，资本主义国家实行保护贸易政策的目的有了变化，它已不限于以保护幼稚工业、保护本国市场和提高生产力为目标，而着眼于进一步夺取外国市场，进行对外经济扩张，保护垄断组织获取高额利润，被称为“超保护贸易主义”。“超保护贸易主义”实质上是凯恩斯学派理论在对外贸易方面的体现。二是 20 世纪 70 年代之后，一方面，国际贸易领域自由化程度不断提高；另一方面，由于固定汇率制度的崩溃，石油危机的爆发，世界性经济危机的发生以及后来的债务危机，多边贸易体制受到冲击，使得市场争夺日趋紧张，因此，出现了新贸易保护主义。据世界银行统计，截至 1988 年，各种非关税壁垒已经增加到 2 500 多种，并且具有很大的隐蔽性和歧视性。进入 21 世纪后，国际贸易这种自由贸易与保护贸易相互交替的格局依然存在。

5.1.2 自由贸易理论与保护贸易理论的关系

自由贸易理论与保护贸易理论既对立又统一，两者统一于国家的根本经济利益。

一、自由贸易理论与保护贸易理论的联系

1. 两者的根本目的是一致的

尽管两者的出发点有差别，但都是资产阶级的经济学说，都是维护资本主义国家的经济利益的。自由贸易理论是资产阶级为了争夺国际市场和国际资源的需要产生的，侧重于本国优势产业对国外市场的占领；保护贸易理论则是侧重于劣势产业，着眼于国内市场的保护，两者的目的都是通过国际贸易获取更大的包括现实的和潜在的经济利益。

2. 两者统一于一国整体对外贸易政策中

由于各国资源禀赋的差异和国际分工的不同，产业的比较优势在不同国家分布状况也不同。这就意味着最发达国家也存在相对弱势的产业，最不发达国家也可能有相对优势的产业。因此各国贸易政策的构成不是单一的保护政策，也不是单一的自由贸易政策。例如，美国在高科技、服务业等产业方面具有明显的国际竞争优势，因此在这些领域美国强烈主张贸易自由化；与此同时，在劳动密集型产业方面，如对处于劣势的纺织业，美国采取严格的进口配额制以保护本国的纺织工业。

3. 两者往往互为因果

过度的贸易自由化可能对本国经济造成巨大冲击，使本国弱势产业遭受打击，从而导致保护贸易的抬头；过度的保护贸易可能削弱本国产业的国际竞争力，不利于参与合理的国际分工，降低整体的经济福利，但保护弱势产业的一个重要目的就是使其得到顺利发展，最终参与到国际竞争中，这又导致贸易自由化的加强。国际贸易中这种自由贸易与保护贸易互为因果的关系贯穿于20世纪的国际贸易发展过程中。

二、自由贸易理论与保护贸易理论的区别

1. 两者的政策主张表现出对立

自由贸易理论认为“自由的贸易”才能产生更大的经济福利，因此主张对外经济交换的无管制；保护贸易理论则认为“保护的贸易”更符合本国的经济利益，因此主张政府干预对外贸易，并对对外贸易实施各种程度和形式的保护。

2. 两者采取的政策手段不同

自由贸易政策倾向于市场开放，主张降低关税，取消非关税壁垒，提高贸易政策透明度，坚持非歧视公平原则等；而保护贸易政策正好相反，倾向于国内市场保护，采取“奖出限入”等各项手段。

5.2　保护关税说

1776年，也就是亚当·斯密的《国富论》出版的同一年，美国宣告独立，英国极力反对，派军队进行镇压，于是一场独立和反独立战争爆发并持续了7年之久。美国虽然取得了战争的最后胜利，但经济却遭到了严重的破坏，加之英国对其的经济封锁，使经济更加凋敝，工业处于落后状态。当时，摆在美国面前有两条路：一条是实行保护关税政策，发展本国的制造业，减少对外国工业品的依赖；另一条是实行自由贸易政策，继续向西欧

国家出口农产品，用以交换这些国家的工业品。前者反映了北方工业资本家的要求，后者符合南方种植园主的利益。

美国的开国元勋、政治家和金融家，美国独立后的首任财政部部长亚历山大·汉密尔顿代表当时美国工业资产阶级的利益，极力主张美国实行保护关税政策。他于1791年12月向美国国会递交了一份《关于制造业的报告》，在报告中，他阐述了保护和发展制造业的必要性，以及一个相当大的非农业消费阶层对于一个稳定而繁荣的农业的重要性，并提出了以加强国家干预为主要内容的一系列措施。

5.2.1 保护关税说的政策主张

汉密尔顿认为，保护和发展制造业有利于提高整个国家的机械化水平，促进社会分工的发展；有利于扩大就业，吸引移民流入，加速开发国土；有利于提供更多的创业机会，使个人才能得到更充分的发挥；有利于消化农产原料和生活必需品，保证农产品的销路和价格稳定，刺激农业发展，等等。他还指出，保护和发展制造业对维护美国经济和政治独立具有重要意义。一个国家如果没有工业的发展，不但不能使国家富强，而且很难保持其独立地位。况且，美国工业起步晚，基础薄弱，技术落后，生产成本高，难与英国、法国、荷兰等国家的廉价商品进行自由竞争。因此，美国必须实行保护关税制度以使新建立起来的工业得以生存、发展和壮大。他提出的具体措施有：①向私营工业发放政府信用贷款，扶持私营工业发展；②实行保护关税制度，保护国内新兴工业；③限制重要原料出口，免税进口本国急需的原料；④为必需品工业发放津贴，给各类工业发放奖励金；⑤限制改良机器及其他先进生产设备的输出；⑥建立联邦检查制度，保证和提高工业品质量；⑦吸引外国资金，以满足国内工业发展需要；⑧鼓励移民迁入，以增加国内劳动力供给。

当汉密尔顿递交《关于制造业的报告》时，自由贸易学说在美国占上风，因此他的主张遭到不少人的反对。随着英、法等国工业革命的不断发展，美国工业遇到了国外越来越强有力的竞争和挑战，汉密尔顿的主张才在美国的外贸政策上得到反映。1816年，美国提高了制成品的进口关税，这是美国第一次实行以保护为目的的关税措施。1828年，美国再度加强关税保护措施，使工业制成品平均关税（从价税）率提高到49%。

汉密尔顿的主张虽然只有一部分被美国国会采纳，却对美国政府的内外经济政策产生了重大而深远的影响，促进了美国资本主义的发展，具有历史进步意义。与旨在增加金银货币财富、追求贸易顺差，因此主张采取保护贸易政策的重商主义不同，汉密尔顿的保护贸易思想和政策主张，反映的是经济不发达国家独立自主地发展民族工业的愿望和正当要求，它是落后国家进行经济自卫并通过经济发展与先进国家进行经济抗衡的保护贸易学说。

5.2.2 对保护关税说的评价

汉密尔顿的保护关税说标志着从重商主义分离出来的两大西方国际贸易理论体系已经基本形成。重商主义是人类对资本主义生产方式的最初的理论考察。但是这种考察基本停留在对现象的表面描绘上。随着资本主义生产方式的进一步发展和变革，重商主义便开始瓦解和分化，逐渐形成了两个独立的分支体系，一个是斯密和李嘉图开创的自由贸易理论体系；另一个是汉密尔顿和李斯特建立的保护贸易理论体系。而汉密尔顿的保护关税说的提出则标志着和自由贸易理论体系相对立的保护贸易理论体系的形成，因而具有重要的理论意义。

汉密尔顿的保护关税说对美国对外贸易政策的制定产生了深刻的影响，促进了美国资本主义的发展，具有进步意义。汉密尔顿的许多政策主张后来成了当时美国对外贸易经济政策的重要组成部分，而事实证明，这些政策措施对于发展美国工业，增加经济实力起到了很大的积极作用。恩格斯也曾肯定了当时美国选择保护贸易道路的重要意义。恩格斯在1888年为马克思《关于自由贸易的演说》出版而写的序言《保护关税制度和自由贸易》一文中指出，假如美国也必须变为工业国，不仅有赶上它的竞争者，而且有超过它的竞争者的机会，美国面前摆着两条道路：一条是以比它先进100年的英国工业为对手，在自由贸易的背景之下，用50年的时间进行付出极大代价的竞争战；另一条是实行保护贸易，在25年之内拒绝英国工业品进口；在25年之后，美国工业在世界公开市场上能够居于强国的地位，是有绝对把握的。

汉密尔顿的保护关税说对于落后国家寻求经济发展和维护经济独立具有普遍的借鉴意义。汉密尔顿的保护关税说实际上回答了这样一些问题：落后国家应不应该建立和发展自己的工业部门？如何求得本国工业部门的发展？对外贸易政策如何体现本国经济发展战略？这对于落后国家赶超先进国家来说，有很大的借鉴意义。当然，在当时的历史条件下，汉密尔顿没能够进一步分析其保护措施的经济效益和经济后果，也没注意到保护贸易措施有其制约本国经济发展的消极的一面。

5.3 幼稚工业保护理论

5.3.1 幼稚工业保护理论的产生背景

保护幼稚工业的思想最先由汉密尔顿提出，后经李斯特发展和完善。弗里德里希·李斯特是德国政治家、理论家、经济学家，资产阶级政治经济学历史学派的先驱者，早年在德国提倡自由主义。19世纪上半期，当英国已完成了工业革命、法国近代工业也有长足发展时，德国还是一个政治上分裂、经济上落后的农业国。英、法工业的发展，造成大量廉价商品冲击德国市场。李斯特积极倡导并参与了取消各邦之间的关税、组建全德关税同盟的活动，因此触犯了政府，1825年年初被迫流亡美国。李斯特移居美国以后，受到汉密尔顿保护贸易思想的影响，并亲眼见到美国实施保护贸易政策的成效，于是转而提倡贸易保护主义。1832年，他以美国领事的身份返德驻守莱比锡，还在德国积极宣传发展工业、反对自由贸易的主张，逐渐形成了自己的思想体系。1841年，李斯特的代表作《政治经济学的国民体系》（*The National System of Political Economy*）一书出版。在书中，他批判了古典学派的自由贸易理论，发展了汉密尔顿的保护关税说，提出了自己的以生产力理论为基础，以经济发展阶段论为依据，以保护关税制度为核心，为经济落后国家服务的幼稚工业保护理论。所谓幼稚工业（Infant Industry），是指处于成长阶段尚未成熟，但具有潜在优势的产业。

5.3.2 幼稚工业保护理论的主要内容

李斯特代表了德国新兴资产阶级的利益，提倡废除割据，建立统一的关税同盟，以促进商品流通，对外实行保护贸易，以减少外国商品进口，从而促进本国工业的发展。李斯特吸收了重商主义保护贸易的观点，受到汉密尔顿的启发。李斯特在《政治经济学的国民体系》一书中以生产力理论为基础，采用历史学派的历史发展阶段的方法，就国民经济发展列举史实，反复论证，认为德国所处的发展阶段，应采取保护关税抵御英国的廉价工业品，以保护德国的国内工业市场，发展德国的生产力。李斯特保护贸易理论主要有以下几方面内容。

1. 经济发展阶段论

李斯特反对不加区别的自由贸易，主张在一定条件下实施贸易保护政策。他认为，古典学派的国际贸易理论忽视了各国的历史和经济发展的特点，所宣扬的是世界主义经济学，把将来世界各国经济高度发展之后才有可能实现的经济图式作为研究现实经济问题的出发点，因而是错误的；各国的经济发展必须经过五个阶段：即原始未开化时期、畜牧时期、农业时期、农工业时期和农工商业时期。他认为，处于不同经济发展阶段的国家应实行不同的对外贸易政策。李斯特认为，当一国处于未开化时期或以农业为主的发展阶段时，即第一至第三阶段，应实行自由贸易政策，以利于农产品的自由输出和工业品的自由输入，并培育工业化的基础。处在农工业阶段的国家，工业尚处于建立和发展时期，还不具备自由竞争的能力，故应实施保护贸易政策，使其避免国外竞争的冲击。而进入农工商业阶段的国家已具备了对外自由竞争的能力，理应实行自由贸易政策，以享受自由贸易的最大利益，刺激国内产业进一步发展。

李斯特提出上述主张时，认为英国已达到第五个阶段，法国在第四个阶段与第五个阶段之间，德国和美国均在第四个阶段，葡萄牙和西班牙则在第三个阶段。因此，李斯特根据其经济发展阶段论，认为当时的德国必须实行保护贸易政策。

2. 幼稚工业论

李斯特认为在德国内部应废除各邦的关卡，建立统一的关税同盟，使商品在国内可以自由流动。但对于他国贸易，李斯特认为德国当时仍处于农业时代，工业生产刚刚兴起，应实行保护贸易，避免外国先进工业品的竞争，保护幼稚工业，促进本国工业发展。

3. 生产力论

李斯特反对“比较成本论”关于当国外能用较低的成本生产并出口某种产品时，本国就不必生产该产品，而是通过对外贸易获得之，双方都能从贸易中获益的主张。因为贸易只是既定财富的再分配，它虽使一个国家获得了短期的贸易利益——财富的交换价值，却丧失了长期的生产利益——创造物质财富的能力。他认为，“财富的生产力比之财富本身，不晓得要重要多少倍；它不但可以使已有的和已经增加的财富获得保障，而且可以使已经消失的财富获得补偿。”因为有了生产力的发展就有了财富本身。“生产力是树之本，可以由此而产生财富的果实，因为结果子的树比果实本身价值更大。”从国外进口廉价的商品，短期内看来是会合算一些，但是这样做的结果，会使本国的工业得不到发展，以致长期处于落后和依附的地位。如果采取保护关税政策，开始时国内生产工业品的成本要高些，消费者要支付较高的价格。但当本国的工业发展起来之后，生产力将会提高，生产商品的成本将会下降，本国商品的价格将会下降，甚至会降到进口商品的价格以下。古典学派自由贸易理论只单纯追求当前财富交换的短期利益，而不考虑国家和民族的长远利益。正如他所说的：“保护关税如果使价值有所牺牲的话，它却使生产力有了增长，足以抵偿损失而有余。由此使国家不但在物质财富的量上获得无限增进，而且一旦发生战事，可以保有工业的独立地位。工业独立以及由此而来的国内发展，使国家获得了力量。”

4. 保护程度有别论

李斯特受汉密尔顿启发认识到，实行保护贸易将使国民经济的某一部分遭到损失。因此，他主张实行保护贸易，并不是一切都保护，受保护的程度也应不同。对工业应有选择地加以保护，这样可以将实行保护贸易带来的损害降低到最低限度，以便将来被保护的工业发展后所获得的利益，能补偿因实行保护政策所造成的损失。

5. 国家干预论

李斯特认为，要想发展生产力，必须借助国家的力量。同时，将国家视为“消极警察”，只负担国家安全与公共安全的保障工作，主张实行自由放任的经济政策的英国自由贸易论者相反，李斯特将国家比喻为国民生活中如慈父般的有力指导者，认为在培植国家生产力，尤其是发展民族工业方面，国家应当做一个理性的“植树人”，采取主动而有效的产业政策。他以风力和人力在森林成长中的不同作用作比喻，来说明国家调控在经济发展中的作用。他说：“经验告诉我们，风力会把种子从这个地方带到那个地方，因此荒芜原野会变成稠密森林；但是要培植森林因此就静等着风力作用，让它在若干世纪的过程中来完成这样的转变，世上岂有这样愚蠢的办法？如果一个植树者选择树秧，并主动栽培，在几十年内达到同样的目的，这难道不算是一个可取的办法吗？历史告诉我们，有许多国家，就是由于采取了那个植树者的办法，胜利实现了它们的目的”。李斯特还以英国经济发展的历史为证，论述了英国经济之所以能够快速发展，主要是由于当初政府实行扶植政策的结果。德国正处于类似英国发展初期的状况，应实行国家干预下的贸易保护政策。

5.3.3 幼稚工业保护理论的政策主张

1. 保护的对象

李斯特认为，国家综合生产力的根本点在于工业成长，因此，保护关税的主要对象应当是新兴的（即幼稚的）、面临国外强有力竞争的并具有发展前途的工业。在李斯特看来，一个国家工业生产力发展了，农业自会随之发展。当然，只有那些刚从农业阶段跃进的国家，距离工业成熟期尚远，这时的农业才需要保护。他指出，着重农业的国家，人民精神萎靡，一切习惯与方法必然偏于守旧，缺乏文化福利和自由；而着重工商业的国家则全然不同，人民充满自信，具有自由的精神。从这一点看，也应该保护和提高国内工业生产力。

2. 保护的目的

李斯特认为，保护关税政策的根本目的就是通过国家干预，保护和促进国内生产力的发展，最终仍然是进行国际贸易。

3. 保护的手段

李斯特认为，保护本国工业的发展，有众多的手段可供选择，但保护关税制度是建立和保护国内工业的主要手段，不过应根据具体情况灵活地加以运用。一般来说，在从自由竞争过渡到保护阶段初期，绝不可把税率定得太高，因为税率过高会中断与他国的经济联系，如妨碍资金、技术和企业家精神的引进，这必然对国家不利。正确的做法是从国内工业起步开始逐步提高关税，并且应当随着国内或从国外吸引来的资本、技术和企业家精神的增长而提高。在从禁止政策变到温和的保护制度阶段的过程中，采取的措施则恰恰相反，应当由高税率逐渐降低而过渡到低税率。总之，一国的保护税率应当有两个转折点，即由低到高，再由高到低。税率的升降程度，是不能从理论上来决定的，而要根据比较落后的国家在它对比较先进的国家所处的关系中的特殊情况以及相对情况来决定。

4. 保护的程度

区别不同对象给予不同程度的保护。李斯特认为，对那些有关国计民生的重要部门，保护程度要高一些。比如，建立和经营时需要大量资本、大规模机械设备、高水平技术知识和丰富经验，以及人数众多的、生产最主要的生活必需品的工业部门，就应该特别保护。对那些次要的工业部门，保护程度要相对低一些。

5. 保护的时间

李斯特认为，保护必须有一个时限，而不应该是永远的。保护的时间不宜过长，最多为 30 年。在此期限内，若受到保护的工业还发展不起来，表明其不适宜成为保护对象，就不再予以保护，换言之，保护贸易不是保护落后的低效率。

6. 保护的最终归向

保护关税并不是永久性的政策，它随着国内工业国际竞争力的逐渐提高而逐步降低，乃至取消。李斯特原则上承认自由贸易的合理性，他承认国内自由贸易的必要性，否认国际范围内自由贸易的现实可能性，即在国家间经济实力与地位极不均衡的条件下，贸易自由化不仅使落后国失去长期的经济利益——国家财富的生产力，而且动摇了长期的政治利益——国家的政治自主性和国防安全，基于此种认识，李斯特重视关税保护的适度性和暂时性。他认为，禁止性与长期性关税会完全排除外国生产者的竞争，但助长了国内生产者不思进取、缺乏创新的惰性，如被保护的工业生产出来的产品，其价格低于进口同类产品，且在其能与国外商品竞争时，应当及时取消关税保护，当国家的物质与精神力量相当强盛时，应实行自由贸易政策。

5.3.4 对幼稚工业保护理论的评价

1. 贡献

(1) 幼稚工业保护理论的许多观点是有价值的，对经济不发达国家制定对外贸易政策具有较大的借鉴意义。例如，李斯特的关于“财富的生产力比之财富本身，不晓得要重要多少倍”的思想是深刻的，具有较强的理论说服力；他的关于处于不同经济发展阶段的国家应实行不同的对外贸易政策的观点是科学的，为经济落后国家实行保护贸易政策提供了理论依据；他的关于以保护贸易为过渡时期和仅以有发展前途的幼稚工业为保护对象，其保护不仅是有限度的，也不是无限期的主张是积极且正确的，说明了他对国际分工和自由贸易的利益也予以承认；他对保护贸易政策的得失的分析是实事求是的，揭示了建立本国高度发达的工业是提高生产力水平的关键。

(2) 幼稚工业保护理论具有理论上的合理性。自由贸易的倡导者约翰·穆勒尚且将幼稚工业保护论作为保护“唯一成立的理由”。幼稚工业保护论在现实中有广泛的影响力，世界贸易组织也以该理论为依据，列有幼稚工业保护条款，允许一国为了建立新工业或者为了保护刚刚建立、尚不具备竞争力的工业采取进口限制措施，对于被确认的幼稚工业，可以采取提高关税、实行进口许可证、征收临时进口附加税的方法加以保护。

2. 缺陷

（1）李斯特以经济部门作为划分经济发展阶段的基础，这实际上是把社会历史的发展归结为国民经济部门的变迁，而撇开了生产关系这一根本原因，因此是错误的。

（2）李斯特把他的生产力理论与古典学派的国际价值理论对立起来，片面强调国家干预对经济发展的决定性作用，这也是错误的。

（3）该理论在实践中成效不大。发展中国家都很注重对幼稚工业的保护，但多数都未达到预期效果，反而付出惨痛代价。例如，我国保护了多个像汽车这样的产业，结果却使得国内企业安于现状，国产汽车的价格远远高于国际市场汽车的价格。

（4）具体操作中存在的困难主要体现在两个方面：一方面是保护对象的选择。正确选择保护对象是保护幼稚产业政策成败的关键，为此，许多经济学家提出了各种选择保护对象的标准和方法，如成本差距标准将需要保护的产业定位于具有成本下降趋势，且国内与国际的差距越来越小的产业；要素动态禀赋标准则提出若一国对某种产业的保护，使该国的要素禀赋发生有利于该产业发展或获得比较利益的变化，则该产业是有前途的。另一方面是保护手段的选择。保护幼稚产业的传统手段主要是采用征收进口关税，但很多经济学家认为，既然保护的目的是增加国内生产，而不是减少国内消费，最佳的策略应是采取生产补贴而不是关税的手段来鼓励国内生产。由于采用关税手段政府可以得到关税收入，而采取生产补贴政府既失去关税收入，又要增加财政支出，因而发展中国家更多地倾向于采用限制进口的手段来保护本国工业。

5.4　超保护贸易理论

随着生产力的发展，在两次世界大战期间，资本主义经济由自由竞争进入垄断时代，国际经济秩序产生了巨大变化，1929—1933 年，资本主义世界爆发了空前严重的经济危机，市场问题进一步尖锐化。上述变化使得诞生于资本主义自由竞争时期的保护贸易理论不再适用，超保护贸易理论在这种情况下诞生。

5.4.1　超保护贸易理论的历史背景

20 世纪初至第二次世界大战开始以前，资本主义经济发生了重大变化，其对外贸易政策也由此而产生了新的改变，旧有的保护贸易主义被抛弃，产生了以进一步夺取国外市场，进行对外经济扩张，保护垄断企业或组织获取超额利润为目的的“超保护贸易主义”。这一时期，超保护贸易主义在美、英两国得到集中体现。

美国自 19 世纪实施的强有力的保护贸易政策，使其工业迅速发展，到第一次世界大战期间，成为世界最大的工业国家，逐渐取代了老牌资本主义强国英国在世界经济中的地位。但是，美国在第一次世界大战结束以后，未放松其传统的保护贸易政策，反而强化其保护措施。英国由于战争和经济地位的下降，也逐渐背离原来实施的自由贸易政策。1921 年，英国实行了《保护工业法》。1931 年，由于严重经济危机的影响，英国对外贸易产生了大量入超，黄金储备锐减，被迫宣布停止金本位货币制度。1931 年 11 月，英国制定了《非常关税法》，并于 1932 年 4 月制定了《一般关税法》。至此，其广泛的保护体系完成，英国最终放弃了自由贸易，转而实行超保护贸易主义。

5.4.2 超保护贸易理论的特点

与传统的保护贸易比较，超保护贸易主义具有以下特点。

1. 保护对象扩大

超保护贸易政策的对象由幼稚工业扩大到其他垄断工业，而不管其是高度发展还是处于衰落地位。超保护贸易主义主要是保护大垄断资产阶级的利益。

2. 保护目的扭曲

超保护贸易不再培养本国工业参与自由竞争的能力，而是巩固和加强其对国内外市场的垄断。

3. 保护主动性提高

传统保护贸易是防御性的，以限制进口为主，超保护贸易主义则是在垄断的基础上推行经济的对外扩张。

4. 保护措施多样化

保护措施不仅有关税和贸易协定，还有其他各种各样的奖出限入措施，实行“按倾销价格输出”的制度。

5.4.3 超保护贸易理论的主要内容

超保护贸易理论是由凯恩斯及其追随者马克卢普、哈罗德共同创立的。

约翰·梅纳德·凯恩斯是英国资产阶级经济学家，凯恩斯主义的创始人和现代宏观经济学的奠基人，一生著作很多，其中最有名的是其在 1936 年出版的《就业、利息和货币通论》(*The General Theory of Employment*, *Interest and Money*)，这堪称他的代表作。

马克卢普是出生于奥地利的美国经济学家，美国普林斯顿大学教授，凯恩斯的主要追随者之一。其代表作是《国际贸易与国民收入乘数》，于 1943 年出版。

哈罗德是英国著名经济学家，牛津大学教授，凯恩斯的主要追随者之一。《国际经济学》和《动态经济学导论》是其代表作，分别于 1933 年和 1948 年出版。

虽然凯恩斯没有一本全面系统地论述国际贸易的专著，但是他和他的追随者们有关国际贸易的论点却对各国制定对外贸易政策产生了深刻的影响。凯恩斯主义的国际贸易理论主要有两方面内容：一是对外贸易乘数论，二是关于进出口量对国内经济的影响。

1. 凯恩斯主义对自由贸易理论的态度及批评

凯恩斯早期赞同自由贸易。他表示：“若保护主义者认为保护更上一层楼以医治失业，则保护主义之谬谈，可以说是到了最荒唐最赤裸的地位。”但到了 20 世纪 30 年代，由于资本主义经济危机的爆发，凯恩斯改变了立场，转而推崇重商主义。

凯恩斯主义认为传统的资产阶级外贸理论不适用于现代资本主义社会，对古典学派的贸易理论提出了批评与修正。首先，古典学派的贸易理论基础，即充分就业在经济危机时期已不存在。其次，凯恩斯主义认为，自由贸易理论只用国际收支自动调节来说明贸易顺、逆差最终均衡的过程，而忽略了贸易顺差和逆差对国民收入的作用及对就业影响的分析，对顺差和逆差无关紧要的观点也是不正确的。

因此，凯恩斯主义者赞成贸易顺差，反对贸易逆差。认为贸易顺差可以提高国内的有效需求、缓和危机和增加就业。他们极力提倡国家干预对外贸易活动，使用各种保护措施，以扩大出口，减少进口，实现顺差。

2. 对外贸易乘数论（Foreign Trade Multiplier）

古典学派的贸易理论是建立在国内充分就业这个前提下的。他们认为，国与国之间的贸易应当是进出口平衡，以出口抵偿进口，即使由于一时的原因或人为的力量使贸易出现顺差，这也会由于贵金属的移动和由此产生的物价变动得到调整，进出口仍归于平衡。他们认为不要为贸易出现逆差而担忧，也不要为贸易出现顺差而高兴。故主张自由贸易政策，反对人为的干预。

凯恩斯及其追随者认为，古典学派的自由贸易理论过时了。首先，20 世纪 30 年代，大量失业存在，自由贸易理论充分就业的前提已不存在。其次，凯恩斯及其追随者认为，古典学派的自由贸易理论虽然以“国际收支自动调节说”说明贸易顺、逆差最终均衡的过程，但忽略了其在调节过程中对一国国民收入和就业所产生的影响。他们认为，应当仔细分析贸易顺差与逆差对国民收入和就业作用；贸易顺差能增加国民收入、扩大就业，而贸易逆差会减少国民收入、加重失业。凯恩斯指出，总投资包括国内投资和国外投资。国内投资额由“资本边际效率”和“利息率”决定，国外投资量由贸易顺差大小决定。贸易顺差可为一国带来黄金，扩大支付手段，降低利息率，刺激投资，有利于缓和国内危机和扩大就业。因此，他们赞成贸易顺差，反对贸易逆差。

对外贸易乘数论是凯恩斯投资乘数论在对外贸易方面的运用。为了证明增加新投资对就业和国民收入的好处，凯恩斯在《就业、利息和货币通论》中提出了投资乘数论。凯恩斯把反映投资扩大和国民收入增加之间的依存关系称为乘数或倍数理论。他认为，在消费倾向不变的情况下，增加一定量的投资会带来国民收入和就业量的成倍增加。这是由于各经济部门是相互联系的，某一部门投资的增加，不仅会使本部门的收入增加，而且会在国民经济各部门中引起连锁反应，从而使其他部门的投资与收入增加，最终使国民收入成倍增长。例如，投资于生产资料的生产，会引起从事生产资料生产的人们的收入增加；而收入的增加又会引起他们对消费品需求的增加，进而又会引起从事消费品生产的人们的收入增加……如此推演下去，结果由此增加的国民收入总量会等于原增加投资量的若干倍。凯恩斯认为，增加的倍数取决于“边际消费倾向”。如果“边际消费倾向”为 0，也就是说，人们将增加的收入全部用于储蓄，而一点也不消费，那么，国民收入就不会增加。如果“边际消费倾向”为 1，即人们把增加的收入全部用于消费，一点也不储蓄，那么，国民收入增加的倍数将为 1+1+1+1……到无穷大。如果“边际消费倾向”的范围是 0~1，人们将增加的收入的 1/2 或 1/3 或 1/4 用于消费，则国民收入增加的倍数将处于 0 和∞之间（0<倍数<∞）。

在投资乘数论的基础上，凯恩斯的追随者马克卢普和哈罗德等人引申出了对外贸易乘数论。他们认为，一国的出口和国内投资一样，有增加国民收入的作用；一国的进口，则与国内储蓄一样，有减少国民收入的作用。当货物和服务出口时，从国外得到的货币收入会使出口产业部门的收入增加，消费也增加。它必然引起其他产业部门生产的增加，就业增加，收入增加。如此反复下去，国民收入的增加量将为出口增加量的若干倍。当货物和服务进口时，必然向国外支付货币，于是收入减少，消费也随之下降，与储蓄一样，成为国民收入中的漏洞。他们得出的结论是：只有当贸易为出超或顺差时，对外贸易才能增加一国的就业，提高国民收入，此时，国民收入的增加量将为贸易顺差的若干倍。这就是对外贸易乘数论的含义。所谓对外贸易乘数，就是指净出口量与其所引起的国民收入变动量之间的比率。

如何计算对外贸易顺差对国内就业和收入影响的倍数呢？凯恩斯的追随者们提出许多公式，仅举一式说明。

设 ΔY 代表国民收入的增加额，ΔI 代表投资的增加额，ΔX 代表出口的增加额，ΔM 代表进口的增加额，K 代表乘数。

则计算对外贸易顺差对国民收入的影响倍数公式为：

$$\Delta Y = [\Delta I + (\Delta X - \Delta M)] \times K$$

在 ΔI 与 K 一定时，贸易顺差越大，ΔY 越大；反之，贸易逆差时，则 ΔY 要缩小。因此，一国越是扩大出口，减少进口，贸易顺差越大，对本国经济发展的作用越大。由此，凯恩斯及其追随者的对外贸易乘数论为超保护贸易政策提供了理论依据。

3. 关于进出口量对国内经济的影响

凯恩斯主义者认为，进口与储蓄、政府税收一样，在国民收入流量模型中属于漏出，漏出对国民收入是一种收缩性力量，即进口的增加将使国民收入减少。而出口与投资、政府支出一样，在国民收入流量模型中属于注入，注入的变动引起国民收入的同方向变动，即出口的增加将提高国民收入水平，出口的减少将降低国民收入水平。

在论述进出口贸易差额对国内经济（国民收入及就业）的影响时，凯恩斯认为，总投资由国内投资和国外投资构成。国内投资额的大小取决于资本边际效率和利息率。国外投资额的大小取决于贸易顺差的大小。贸易顺差可以为一国带来黄金，也可以扩大支付手段，压低利息率，从而扩大投资。在国内投资不变的情况下，有利于缓和危机，扩大就业，增加国民收入。而贸易逆差会造成黄金外流，物价下降，经济萧条，失业增加。正因为如此，凯恩斯主义者极力主张国家干预对外贸易活动，运用各种保护措施来扩大出口量，减少进口量，从而实现贸易顺差。

5.4.4 对超保护贸易理论的评价

1. 积极作用

从理论上看，凯恩斯主义的国际贸易理论在一定程度上揭示了对外贸易与国民经济发展之间的内在规律性，具有一定的科学性。国民经济是一个完整的庞大系统，各个子系统之间存在密切的相互联系。投资、储蓄、进口和出口的任何变动都会对其他部门产生影响，并把这种变动所产生的影响传递到其他部门。乘数论就是反映这种相互联系的内在规律之一。只要条件具备，成熟的经济机制作用就会直接或间接影响经济增长。

从方法论上看，把经济学的分析从微观扩展到宏观是一种进步。传统的贸易理论侧重于要素分析、价格分析和利益分析等，因此属于微观经济分析。凯恩斯及其后来者应用乘数理论，注意将贸易流量与国民收入流量结合起来，分析出口额的增加对国民收入的倍数起促进作用，从而将贸易问题纳入宏观分析的范围，这在贸易理论上是一种突破。

从实践上看，出口贸易的增加对国民收入的提高是非常重要的。例如，日本“贸易立国”政策的成功便证实了这一点。因此，重视对外贸易乘数论的研究是有现实意义的。

2. 局限性和不足之处

（1）不应夸大乘数的作用。因为乘数要起作用，社会再生产过程的各个环节必须运转顺畅，但实际情况却是经常处于不平衡状态。同时，新增投资部分不可能全部转化为收入，收入也不可能全部用来吸收就业，因而，投资乘数的作用往往是有限的。

（2）如果在国内已经或接近实现充分就业的情况下，出口的继续增加将会造成需求过度，从而推动生产要素价格上涨。生产要素价格上涨不仅会削弱本国商品的国际竞争力，而且可能迫使政府采取反通货膨胀政策。所以，在这种情况下出口继续增加实际上并不会推动国民收入的连续增长。

（3）乘数作用还要受出口商品的供给和需求弹性的影响，因此，乘数论在工业化国家适用性较强，而在农业比例大的国家则适用性较弱。

（4）对外贸易乘数论把贸易顺差视为国内投资一样是对国民经济体系的一种“注入”，能对国民收入产生乘数效应。其实，贸易顺差与国内投资是不同的，投资增加会形成新的生产能力，使供给增加，而贸易顺差增加实际上是出口相对增加，它本身并不能形成生产能力。投资增加和贸易顺差增加对国民收入增加的乘数作用并不等同。

（5）对外贸易乘数论是资本主义世界生产过剩的产物，它将名誉保护的范围进一步扩大，将贸易盈余作为解决本国失业和促进经济增长的外部手段。如果各国都以此理论指导其贸易行为，必将导致贸易规模的缩小和贸易利益的损失，这不利于世界经济一体化的发展和国际分工的进一步深化。

5.5 “中心—外围”理论

无论是保护关税说、幼稚工业保护理论还是超保护贸易理论，都是在发达资本主义国家发展历史进程中诞生的，都有其特定的历史特点和适用的局限性。第二次世界大战后，广大亚、非、拉发展中国家独立，面临在发达国家占据主导地位的世界经济中发展国民经济的历史问题，故以发展国家为分析对象的贸易保护理论应运而生，其中主要代表是“中心—外围”理论。

5.5.1 “中心—外围”理论的历史背景

20世纪50年代，拉丁美洲和非洲的殖民地、半殖民地国家纷纷取得了政治上的独立，同时致力于发展民族经济。然而，这些国家民族经济的发展受到了旧的国际经济秩序，尤其是旧的国际分工体系的严重阻碍。1950年，阿根廷经济学家劳尔·普雷维什根据他的工作实践和对发展中国家经济发展问题的深入研究，站在发展中国家的立场上，提出了“中心—外围”理论。

1. 国际经济体系二分论

普雷维什将世界经济体系分为中心国家和外围国家来考察国际经济交换。

普雷维什认为，发达工业国构成国际经济体系的中心，大量发展中国家和外围国家组成国际经济体系的外围。中心国家和外围国家在经济交换和利益分配上是不平等的；中心国家是技术的创新者和传播者，外围国家则是技术的模仿者和接受者；中心国家主要生产和向世界出口制成品，外围国家则主要从事初级产品生产和向中心国家出口；中心国家在整个国际经济体系中居于主导地位，外围国家则处于依附地位并受中心国控制和剥削。在这种国际经济贸易关系下，中心国家享有大部分国际贸易的利益，而外围国家则很少甚至享受不到这种利益。因此，外围国家要摆脱对中心国家的依附，唯一的出路是实行工业化。普雷维什的理论为早期的进口替代发展战略奠定了理论基础。

2. 外围国家贸易条件不断恶化

普雷维什认为，发达国家推行的自由贸易，是建立在比较优势基础上的，发展中国家虽然能够通过国际贸易获得外汇收入，但在根本上不利于发展中国家。普雷维什考察了英国（1876—1938 年）进出口产品的平均价格指数，分别代表初级产品和工业制成品的世界价格，进而计算出各年两者之比。结果表明，大部分年份的价格比率都是递减的。普雷维什得出结论：初级产品的贸易条件存在长期恶化的趋势，中心国家和外围国家在国际分工和国家贸易上所得的利益是不平等的。

5.5.2 “中心—外围”理论的主要内容

普雷维什认为，造成外围国家贸易条件恶化的主要原因有以下几点。

1. 技术进步利益分配不均

中心国家往往主导和垄断了科技创新，而这些技术直接用于中心国家的工业发展，使得中心国家优先获得技术进步的好处。外围国家由于自身工业技术基础等条件的限制而不可能在短期内研发成功，由于中心国家对技术转让的限制而几乎享受不到世界科技进步带来的便利，只能长期向中心国家提供初级产品换取制成品。

由于技术进步对初级产品、制成品供求影响不同，中心国家应用新技术使制成品原料消耗下降会导致外围国产初级产品供给过剩，从而被迫降低产品价格。

此外，中心国家垄断了工业品生产，使其价格具有刚性，而外围国家的收入增长低于劳动生产率提高的幅度，而且初级产品垄断性较弱，价格上涨缓慢，而在价格下降时又比工业品下降得更快。所以，外围国家的初级产品贸易条件必然恶化。

2. 中心国家工业制成品需求收入弹性较高，外围国家初级产品需求收入弹性较低

根据恩格尔定律，收入水平提高，制成品需求强度上升，对制成品需求上升，对初级产品需求下降。一般而言，工业制成品需求的收入弹性比初级产品需求的收入弹性大。在经济繁荣期，由于各国消费者和生产者收入的增加，对工业品的需求会有较大的增加，因而工业品的价格就会有较大幅度的上涨。相反，随着收入的增加，对初级产品的需求增加较小，因而对初级产品价格不会有很大的刺激作用，使初级产品价格上涨很小，甚至下降。所以，以出口初级产品为主的外围国家的贸易条件存在长期恶化的趋势。

3. 贸易周期运动对中心与外围国家的影响不同

普雷维什认为，在贸易繁荣阶段工业品和初级产品的价格都会上涨，但在贸易衰退阶段初级产品价格下跌的程度要比工业品更加严重，因此，贸易周期的反复出现不断扩大了初级产品与工业品之间的价格差距。此外，在贸易繁荣阶段，由于企业家之间的竞争和工

会的压力，工业中心的工资上涨，部分利润用来支付工资的增加，到危机期间由于工会力量的强大，上涨的工资并不会因为利润的减少而下调，而外围国家的工资在繁荣时期虽也会适当上涨，但当贸易衰退阶段来临时，由于初级产品部门工人缺乏工会的组织，没有谈判工资金额的能力，再加之存在大量剩余劳动力的竞争，所以其工资水平被压低。

普雷维什针对以上情况提出，外围国家应当反对旧的国际分工模式，打破旧的国际经济秩序，实现外围国家工业化，提高人民生活水平，分享技术进步利益。同时，发展中国家应集中更多资源扩大现代工业，利用较少资源扩大初级产品的生产出口。

此外，基于上述对国际经济体系的中心和外围的划分和对旧的分工体系和贸易格局下外围国家贸易条件长期恶化的分析，普雷维什认为应该采取保护贸易政策，进而通过贸易保护加速工业现代化资本积累。在工业化初期，扩大初级产品出口规模，增加外汇收入，以及进口工业发展必需的资本产品。同时建立、发展国内替代工业，扶持国内工业发展，并建立国内出口导向工业，大量出口国内工业产成品，改善贸易条件，最大限度获取国际贸易利益。因此，外围国家工业化需利用贸易保护政策保护本国工业市场，使用关税、外汇管制、进口配额，实现工业品进口替代、出口扩张的目标。

5.5.3　对“中心—外围”理论的评价

1. 积极意义

（1）从发展中国家利益出发，对国际贸易理论进行探讨，拓展了国际贸易理论。

（2）为发展中国家反对国际经济旧关系和国际经济旧秩序提供了理论武器。

（3）对发展中国家经济发展战略（进口替代和出口导向发展战略）的建议，对发展中国家早期的工业化具有直接的指导和借鉴意义。

（4）代表了发展中国家的利益，对发展中国家贸易条件恶化的分析揭示了不平等贸易的本质。

2. 局限性

（1）普雷维什的“中心—外围”理论得出的结论导致了“进口替代”发展战略的产生。

（2）对发达国家与发展中国家的经济矛盾批评不彻底，同时对传统贸易理论仍然有依赖，如简单地将工会的作用、资本主义工业化模式套用于发展中国家，而未考虑其是否适用。

5.5.4　“中心—外围”理论的新发展

自20世纪60年代开始，“中心—外围”理论得到了广泛的发展，主要有依附论和贸易条件全面恶化论等。依附论的主要代表人物有贡德·弗兰克、萨米尔·阿明等。他们认为，发展中国家被迫接受世界生产的专业化分工，主要为满足发达国家的需要而生产，从而使发展中国家“依附”于发达国家。因为这种不平等的依附关系使发达国家获得发展优势，而发展中国家则长期陷入不发达状态。

20世纪80年代，发展经济学家汉斯·辛格注意到发展中国家出口商品中工业制成品比例不断扩大的事实，对发展中国家贸易条件恶化问题作了进一步研究。他认为，发展中国家贸易条件的恶化除了发生在发展中国家初级产品对发达国家制成品的贸易中外，还出现了两个新的趋向：一是发展中国家初级产品贸易条件的恶化比率高于发达国家初级产品贸易条件的恶化比率。二是发展中国家制成品贸易条件的恶化甚于发达国家制成品贸易条件的恶化。由此，辛格得出结论：发展中国家以出口劳动密集型制成品代替出口初级产品，实行出口导向发展战略，其结果只能是转换了贸易条件恶化的内容，而不能从根本上解决发展中国家贸易条件长期恶化的问题。

由此可见，贸易条件从长期来看对落后国家是在不断恶化的，随着世界科技水平的不断发展，发展中国家与发达国家之间以及发展中国家相互间的贸易，主要存在以初级农矿产品与劳动密集型产品的交换，劳动密集型产品与资本密集型产品的交换，资本密集型产品与知识密集型产品相交换三种技术层次。各个国家根据自己的科技发展水平，分别处于侧重于出口初级农矿产品、劳动密集型产品、资本密集型产品、知识密集型产品的分工上，体现了不同的生产力水平，每一个较高技术层次的国家相对于更高技术层次的国家存在着贸易条件的恶化趋势，但相对于较低技术层次的国家，又存在着贸易条件的优化趋势。只有技术水平越高，一国才越有可能占领市场先机，也才能拥有更多的有利贸易条件，使贸易条件优化的收益大于贸易条件恶化的损失，最终改善自己的贸易环境，实现经济的腾飞。否则，便会在国际贸易中处于不利地位。根据一国的技术发展水平，体现的不同的生产力状况，在国际贸易中所处的不同地位以及由此造成的不同发展后果，人们把各国划分为最不发达国家、不发达国家、中等发达国家、发达国家。由此可见，最终决定一国在世界体系中的地位的是一国科技发展的水平。国际贸易的竞争实际上是科技实力的竞争，只有不断提升本国的产业结构，增强科技实力，才能真正改善自己的贸易条件。

5.6 战略性贸易政策理论

5.6.1 战略性贸易政策理论的历史背景

第二次世界大战后，西欧各国和日本等国处于战后重建和经济恢复时期，当时的美国鼓吹“贸易自由化”。直到20世纪70年代中期，世界产业结构和贸易格局发生了重大变化，一些发展中国家和地区利用发达国家进行产业结构调整的有利时机，积极引进外资，促进本国民族工业发展。为了解决面临的经济困难，对抗工业发达国家所设置的贸易壁垒及其在高技术贸易与服务贸易方面的强大竞争优势，促进本国经济的发展，发展中国家也不得不采取相应的贸易保护措施。这些因素最终促成了新贸易保护主义思潮的形成。

同时，由于石油输出国限产提价，导致世界产业结构和贸易格局出现重大变化，各国之间在工业品市场上的竞争越来越剧烈。在这种形势下，一些经济学家力图从新的角度探寻政府干预对外贸易的理论依据，提出了战略性贸易政策理论。

5.6.2 战略性贸易政策理论的主要内容

战略性贸易政策理论（Strategic Trade Policy Theory）是20世纪80年代初期由加拿大经济学家詹姆斯·布兰德和美国经济学家巴巴拉·斯潘塞首次提出来的。后来，经过贾格迪什·巴格瓦蒂、埃尔赫南·赫尔普曼和克鲁格曼等人的进一步研究，现已形成比较完善的理论体系。

一、战略性贸易政策的含义

所谓战略性贸易政策，是指一国政府通过生产补贴、出口补贴、关税等措施，扶持本国特定产业的成长，鼓励其产品出口，增强其在国际市场上的竞争能力，从而谋取规模经济之类的额外收益，并借机劫掠他国的市场份额和分享他国企业的垄断利润，使专业化分工朝着有利于自己的方向转化的政策。简单地说，战略性贸易政策就是通过政府政策干预把市场竞争构造成市场博弈。

二、战略性贸易政策理论的主要论点

1. 政府干预是实现规模经济的最优途径

在非完全竞争及规模经济的条件下，国际贸易中垄断利润普遍存在，而一个企业的垄断实力越强，获得的垄断利润就越多。国家干预可以将国外企业的利润转移到国内企业。为此，对于各贸易国来说，如何扩大本国产品在国际市场上的份额，并进而通过扩大生产规模降低生产成本，就成为取得市场竞争优势的关键。后起国家的企业靠企业自身去积累和成长，在强手如林、技术突飞猛进的今天，要成为国际市场上的真正挑战者，显然困难。而借助政府力量作为“第一推动力”，选择有发展前景的产业在一定时期内给予扶助，使其尽快扩大规模，获得规模经济效益、降低成本便是最直接、最有效、最迅速的途径。

2. 外部经济效应方面的战略性政策干预

这方面的贸易政策往往要和产业政策相配合才能达到预期效果，具体包括信贷优惠、国内税收优惠或补贴、对国内企业进口中间品的关税优惠、对国外竞争产品进口征收关税等措施。若某一产业发展的社会效益高于其个体效益，即具有外部经济效应，则通过政府扶持能使该产业不断获取动态递增的规模效益，并在国际竞争中获胜，结果企业所得的利润会大幅超过政府所支付的补贴。而且，该产业的发展还能通过技术创新的溢出推动其他产业的发展。

3. 政府干预是“以进口保护促进出口”模型实施的基础

“以进口保护促进出口”是克鲁格曼在1984年提出来的重要理论。该理论有两个假设前提：一是市场由寡头垄断，并可有效分割；二是存在规模经济效应。当本国企业处于追随者地位，生产规模远没有达到规模经济的要求，边际生产成本很高时，本国政府通过贸易保护，全部或局部地封闭本国市场，阻止国外产品进入国内市场。随着国内市场需求的逐渐扩大，这类产业的规模经济收益便会出现，生产成本得以降低。同时，国外竞争对手由于市场份额的缩小而达不到规模经济，边际成本上升。此消彼长，国内企业就可能占有国外市场更大的份额。而销售额的扩大又进一步降低了边际生产成本，提高了企业的国际竞争力。

4. 政府干预作用是比较优势形成的关键因素

将政府干预作用作为国际贸易理论的一个重要因素，毋庸置疑是战略性贸易政策理论的一大进步，而比较优势依然是国际贸易的基础。一方面，技术已成为现代企业和国家获得相对比较优势的关键。而技术的提升不管是来自引进还是研发，都与法律、投资激励等形成的经济环境密切相关，都需要政府的支持，即取决于政府的干预情况。另一方面，在经济全球化过程中，资源禀赋的内涵发生了变化，相对于“自然资源”而言，“创造型资源”（如信息、知识资本、创新、制度、技术等）的作用越来越重要。企业和国家越来越依靠于这类资源来获得比较优势，因此政府干预也被内生为区位因素，成为直接影响这种“创造型资源”比较优势形成的关键变量之一。

5. 利润转移

传统贸易理论主张自由贸易政策，通过国际分工和专业化生产来进行国际贸易，使参与国双方的福利水平都提高，实现“双赢”。但是，战略性贸易政策理论却提出了利润转移的论点，即把垄断利润从国外公司转移给国内，从而在牺牲国外福利的情况下增加本国福利。利润转移理论的基本前提是国际竞争都具有寡头竞争的性质。

战略性贸易政策理论揭示了利润转移理论的三种类型。

（1）关税的利润转移效应。布兰德和斯宾瑟提出的“新幼稚产业保护”模型中，假设一家国外寡头垄断企业独家向国内市场提供某种商品，正在享受垄断利润，且存在潜在进入的情况，则征收关税便能抽取国外寡头厂商的垄断利润。因为国外寡头厂商会吸收部分关税来决定“目标价格”，以阻止潜在进入；否则，国内企业的进入将不可避免。特殊情形下，外国公司甚至会将关税全部吸收，国内既不会发生扭曲，又可以获得全部租金。税收收入就是转移了该厂商的垄断利润。该模型突破了传统最优关税理论关于只有大国才有可能通过关税来改善其贸易条件的限制，认为即使是贸易小国也同样可以通过征收关税来改善国民福利。

（2）“以进口保护促进出口”手段的利润转移效应。该观点来自20世纪80年代逐步成形的“新幼稚产业保护论”，认为一个有战略意义的行业在受保护的国内市场中能迅速成长而达到规模经济的要求，从而相对于国外厂商具有规模竞争优势，使其能够增加在国内市场和没有保护的国外市场的份额，并且把利润从国外厂商转移到本国厂商，从而使本国福利增加。

（3）出口补贴的利润转移效应。布兰德和斯宾瑟于1985年提出的古诺双寡头国际竞争模型，认为向在第三国市场上同国外竞争者进行古诺双寡头博弈的国内厂商提供补贴，可以帮助国内厂商扩大国际市场份额，增加国内福利。古诺双寡头博弈的特征是：均衡产量水平由两个厂商反应曲线的交叉点决定。通过补贴降低国内厂商的边际成本，使厂商有更高的反应曲线，获得更大的国际市场份额。总之，出口补贴降低了非完全竞争产业的垄断扭曲程度，使本国和消费国的总收益大于另一生产国的损失。

5.6.3 战略性贸易政策的扶持对象

战略性贸易政策只对具有市场垄断和规模经济效益的产业有效，因此，在现实经济中，其扶持对象也基本局限于高新技术产业。高新技术产业通常具有如下特点和优势。

1. 外溢效应

在供给方面，高科技产业通过产品和人员的流动可将先进科技传播到整个社会，从而使整个社会都能从某一个或某几个高科技产业的发展中获益；在需求方面，高科技产业的发展将带动产业界对科技人才及研究成果的需要，进而带动对教育的投资。而教育所带来的技术和劳动素质的提高是一国贸易条件改善的基本决定因素之一。高科技产业的这种外溢效应是政府实施战略性贸易政策的一个主要原因。企业在追求利润最大化的目标中，往往不考虑产业的外溢效应，即使其预见到高科技产业的外溢效应，也可能由于考虑风险而不进行实际投资。因此，政府要实施战略性贸易政策来扶持高科技产业的发展。

2. 规模经济

高科技产业的平均成本往往具有随生产规模的扩大而下降的特点，即经济学上的“规模经济效应”。

3. 易于形成“自然垄断”

高科技产业的这一优势是由该产业的“规模经济”特点决定的。规模经济意味着企业的利润会随生产规模的扩大而增加，先进入该产业从事生产经营的企业会获得较高的利润，而且比后进入者更有成本竞争优势，因而在自由竞争的市场上，先进入者很容易垄断市场。如果将先进入者的定义由个别厂商推广为国家，一国率先在某一高科技产业投资，在各国都实行自由贸易政策的情况下，该国就容易形成自然垄断。在这种情况下，如果后进入国不对该产业实施保护和补贴措施，它将很难获得发展的机会。这也是高科技产业需要政府实行战略性贸易政策保护的主要原因之一。

5.6.4 战略性贸易政策的实施条件

战略性贸易政策在实施中必须满足一系列严格的条件。

1. 不完全竞争与规模经济

不完全竞争与规模经济是战略性贸易政策实施的前提条件，它是战略性贸易政策在实践中加以应用的前提和基础。这种不完全竞争的市场结构要求行业具有较高的市场集中度，较大的市场规模，较高的行业进入壁垒，较旺盛的国内需求等。只有在这种情况下，政府才能产生单边干预的动机。

2. 对所扶持产业的要求

斯潘塞认为，战略性贸易政策扶持的产业应具有以下特点：产业或潜在产业所获得的额外收益必须超过补贴的总成本；本国产业必须面临着国外厂商的激烈竞争或潜在竞争；对本国产业的补贴要能迫使国外竞争对手削减计划生产能力和产出；目标产业的国内企业的集中程度要比国外竞争对手，或至少与竞争对手的集中程度相同；国内的扶持政策不应引起要素价格上升得过高；本国产业相对国外竞争者有相对大的成本优势，增加生产会带来相当大的规模经济或外溢效应；具有研究开发补贴和扶持效果的产业，即国内新技术向国外竞争厂商的外溢量少，或政府干预政策有助于把我国技术转移给本国厂商；研究开发投入和资本投入比例高的产业，政府的补贴和扶持政策能够有效增强本国厂商的国际竞争力，或提高国外厂商进入该行业的壁垒。但是上述条件只是对战略性产业的特点给出了宽泛的规定，在实践中的操作性比较有限。

3. 政府掌握充分的信息

政府在制定政策对特定行业进行干预的过程中，应掌握大量的有关厂商及厂商竞争的信息，并能够对所掌握的充分信息进行有效的处理和判断。如果信息不充足，政府对产业的情况不能做出准确的判断，就盲目地采取保护措施，可能达不到预期的效果。此外，还要求政府要有独立决策的能力，不受特殊利益集团的控制和影响；政府的政策干预必须是有效的，政府必须有足够的能力和资源来使目标得以实现；受保护的产业或厂商应积极响应政府政策，只有在规定的保护期限内不断进取，提高自身的竞争能力，不能产生对政府政策的过度依赖，即要求企业不存在道德风险问题和为寻求政府补贴而产生的非生产性寻租行为。

4. 对方国家的干预政策

本国推行的战略性贸易政策能否成功地实现政策目标，还取决于本国政府对特定行业的干预是否会引起贸易伙伴国的报复。还要注意的是，对方国家政府是否也产生了干预的动机，并采取了同样的干预政策，如果双方同时采用战略性贸易政策将会导致囚徒困境局面的出现，这时贸易双方的福利都会下降。

5. 市场经济体制

在实践中，战略性贸易政策的实施必须在市场经济体制下进行。只有市场经济体制才能使价格机制真正引导厂商的行为与决策，才能使价格成为资源有效配置的信号接下来，政府采取的各项干预性措施才能有效地发挥作用。

政府还必须注意，在战略性贸易政策实施中，避免在出口补贴的筹集、选择特定行业予以支持等方面给本国国内带来不利的收入再分配效应。

虽然战略性贸易政策的实施需要具备非常严格的条件，也有不少学者对其实用性和可操作性提出质疑，但是不可否认，该理论为政府在国际贸易领域进行干预提供了新的理由，无论是在理论上还是在政策实践上都有其积极意义和贡献。比如，在现实中，欧盟各国的确对空中客车提供了大量补贴，补贴方式包括向空中客车集团及其子公司提高开发基金、资本投入、低息贷款、担保借款、开发及生产成本补贴、保障汇率和经营损失补贴等。例如 A300 就是欧洲空中客车集团在法、德、英、荷兰和西班牙等各国政府支持下研制出来的双引擎宽体客机。在空中客车的发展过程中，英、法、德等国政府所提供的直接补贴达 260 亿美元，使空中客车迅速发展成为能与波音公司抗衡的世界第二大民航机制造商。此外，日本对钢铁产业的支持、美国对农业的支持和印度对软件业的支持等都表明，战略性贸易政策可以帮助一国建立起战略性产业，并提高其国际竞争力。因此可以说，战略性贸易政策为一国的贸易政策和产业政策的制定提供了一种新的思路，当然，这种政策是否适用于我国还有待进一步研究。

5.6.5 对战略性贸易政策理论的简要评价

1. 主要贡献

（1）战略性贸易政策理论是国际贸易新理论在国际贸易政策领域的反映和体现。与正统的自由贸易政策理论不同，该理论精巧地论证了在现实经济与自由贸易理论前提相背离的情况下，政府干预对外贸易的必要性，并强化了政府干预的理论依据。它对发达国家和发展中国家的贸易与产业政策都产生了较大的影响，美国克林顿政府的对外贸易政策就是战略性贸易政策，许多发展中国家的贸易保护也从该理论中得到了一定启示。

（2）战略性贸易政策理论广泛借鉴和运用了产业组织理论与博弈论的分析方法和研究成果，特别是对博弈论的运用，应该说是国际贸易理论研究方法上的突破。

2. 主要缺陷

（1）战略性贸易政策理论未就政府的干预给出任何总的通用的解决方法，其成立也依赖于一系列严格的限制条件。如战略性贸易政策的实施除了必须具备不完全竞争和规模经济这两个必要条件外，还要求政府拥有齐全可靠的信息，对实行干预可能带来的预期收益胸中有数；接受补贴的企业必须与政府行动保持一致，且能在一个相对较长的时期内保持住自身的垄断地位；产品市场需求旺盛，被保护的目标市场不会诱使新厂商加入，以保证企业的规模经济效益不断提高；别国政府不会采取针锋相对的报复措施。一旦这些条件得不到满足，战略性贸易政策的实施就无法取得理想的效果，甚至无效。

（2）战略性贸易政策常会因为贸易报复而导致两败俱伤。而即使该政策充分有效，它也只是使一方得益，而使另一方受损，其结果也只是全球福利分配的再调整，而不是世界总福利水平的绝对增加。

（3）战略性贸易政策理论背弃了自由贸易传统，采取富于想象力和进攻性的保护措施，劫掠他人市场份额与经济利益。这往往使它成为贸易保护主义者加以曲解和滥用的口实，继而使国际贸易环境恶化。因此，许多严肃的经济学家，包括国际贸易新理论学派的一些学者都指出，对这一政策必须深刻理解和正确把握，切不可片面夸大或曲解其功效，以防贸易保护主义泛滥。

相关思政元素：和平、发展、合作、共赢

相关案例：

共同做大亚太发展蛋糕

发展是亚太地区永恒的主题

“当前，全球发展事业面临严峻挑战，发展鸿沟加剧。我多次讲，大家一起发展才是真发展。我们要全面落实联合国2030年可持续发展议程，推动发展问题重回国际议程中心位置，深化发展战略对接，共同解决全球发展赤字。”习近平主席在亚太经合组织第三十次领导人非正式会议上的重要讲话，为打造亚太发展的下一个“黄金三十年”擘画蓝图。中国扎实推进中国式现代化建设，以自身行动更好为亚太发展赋能，携手各方共同做大亚太发展蛋糕。

“双赢和多赢的共同发展”

30年前，亚太经合组织（APEC）领导人非正式会议机制在美国西雅图扬帆起航，助力亚太成为世界经济增长中心、全球发展稳定之锚。30年后，习近平主席在美国西海岸重温APEC机制初心，再次为亚太合作指明方向、擘画蓝图。

2021年9月，习近平主席提出全球发展倡议，呼吁关注发展中国家发展需求，保障他们的发展空间，实现更加强劲、绿色、健康的全球发展。两年多来，中国持续发挥负责任大国作用，推动加强全球减贫、粮食安全、发展筹资等领域合作，落实联合国2030年可持续发展议程，为亚太经济复苏和可持续发展注入更强劲、更持久的动力。

2022年，中国—太平洋岛国减贫与发展合作中心正式启用，通过技术合作助力太平洋岛国加快减贫脱贫。在巴布亚新几内亚，中国专家开展菌草、旱稻技术等援助项目，从适应性研究到生产加工再到市场营销，提供“一条龙”支持。目前，菌草和旱稻技术已推广到巴新9个省17个地区，累计举办技术培训班34期，培训学员2921人次，推广农户超过2万户，4.5万多民众受益，为巴新增加就业、农民增收、环境保护、应对气候变化和实现可持续发展开辟一条新路径。

随着中国电商企业积极拓展海外市场，海外消费者拥有了更多更优的购物体验。学习中国电商“致富经”，几年间，约1500家墨西哥小微企业走上电商之路。墨西哥瓜纳华托州科蒙福特市石臼手工艺人托马斯·德安达埃尔南德斯说：“我们的产品销售一度很困难。‘触网’转型后，产品知名度大大提升，现在，我们的石臼卖到了世界各地。”

联合国秘书长古特雷斯日前感谢中方在安理会主持召开以“共同发展促进持久和平”为主题的公开辩论会，强调发展是通往希望的道路。他表示：“如果没有不让任何人掉队的包容性和可持续发展，就无法确保真正的和平。”

“坚持普惠共享是中华民族的大智慧。国际合作不是你输我赢的零和博弈，而应是双赢和多赢的共同发展。”《哈萨克斯坦实业报》总编辑科尔茹姆巴耶夫说。

“一个繁荣的中国使亚太受益”

一年多前召开的中国共产党二十大，开启了以中国式现代化全面推进强国建设、民族复兴伟业的新征程。新征程上的中国，将给亚太、给世界带来什么？习近平主席强调，中国式现代化的出发点和落脚点是让14亿多中国人民过上更加美好的生活。对世界来说，这意味着更加广阔的市场和前所未有的合作机遇，也将为世界现代化注入强大动力。

统计数据显示，随着一系列促进经济恢复发展的政策措施不断显效，今年前三季度，中国国内生产总值增速达到5.2%，为实现全年5%左右的预期目标奠定了坚实基础。

泰国正大管理学院中国—东盟研究中心主任汤之敏表示：“在全球经济面临下行压力时，中国经济仍展现出巨大韧性和潜力，今年中国对全球经济增长的贡献率将达到1/3。从共建‘一带一路’倡议到中国国际进口博览会，都说明中国对外开放的大门越开越大。中国坚定不移与世界共享机遇，也为世界经济发展注入了更多信心和动力。”

马来西亚新亚洲战略研究中心理事长许庆琦表示，中国多年来一直是世界经济增长的“火车头”，这很大程度上归功于其庞大的消费市场、高效的制造业生态系统，以及在全球供应链中的关键地位。中国在发展中秉持互利共赢理念，为整个亚太地区带来积极的溢出效应。“未来，世界将继续受益于中国经济的增长。一个繁荣的中国使亚太受益，繁荣的亚太也有益于中国。”

在卢旺达经济和政治事务专家鲁萨·巴吉里夏看来，中国不仅自身取得巨大发展成就，还助力推动其他国家实现各自的现代化，这为同样渴望和平发展的国家带来了希望。中国为推动建设亚太地区美好未来发挥着关键作用，“期待中国与更多志同道合的国家和地区密切合作，为世界注入更多稳定性和正能量”。

“各国可以以自己的方式实现繁荣发展”

亚太合作的非凡历程带给我们许多深刻启示。习近平主席指出，我们要坚持开放的区域主义，坚定不移推进亚太自由贸易区进程，尊重经济规律，发挥各自比较优势，促进各国经济联动融通，加强相关区域经贸协定和发展战略对接，打造合作共赢的开放型亚太经济。

不久前举行的第三届“一带一路”国际合作高峰论坛迎来八方宾朋，盛况空前。151个国家和41个国际组织的代表来华参会，注册总人数超过1万人；形成458项成果，中国金融机构成立7 800亿元人民币的“一带一路”项目融资窗口，中外企业达成972亿美元的商业合作协议，再次体现出共建“一带一路”的巨大感召力和全球影响力。

第六届进博会上，来自154个国家、地区和国际组织的来宾齐聚上海，企业参展数量再创历史新高。短短6天，按年计意向成交创历届新高，金额达到784.1亿美元。

俄罗斯出口中心总经理韦罗妮卡·尼基申娜认为，在贸易保护主义抬头的大背景下，中国通过举办“一带一路”国际合作高峰论坛、进博会等，与世界共享中国市场，以开放促进互利共赢，体现了中国开放包容、普惠平衡、互利共赢的国际合作理念与立场。

泰国前国会主席颇钦·蓬拉军说：“中国以中国式现代化实现自身新的发展，也为世界各国发展创造新的机遇。世界上并不存在统一的、普世的发展模式，中国式现代化的全球意义在于它证明了各国可以以自己的方式实现繁荣发展。”

亚太繁荣发展的历程表明，唯有合作才能发展，不合作是最大的风险。只要各方同心协力，地区和世界的发展就会更有希望和活力。深化亚太合作、促进地区和世界经济高质量增长，中国不断为建设开放、活力、强韧、和平的亚太共同体注入新动能，推动世界共享发展成果。(记者颜欢)

来源：人民日报“共同做大亚太发展蛋糕”，2023年11月24日。

拓展案例

世界贸易组织协议限制与战略性贸易政策措施的发展趋势

案例简介：

2002年3月，美国政府借口国外产品的进口增长损害了国内产业，提出为期3年的钢铁产品保障措施，对国外进口的10类钢铁产品征收8%~30%的额外关税。针对这一不合理做法，包括中国在内的一些国家在世界贸易组织争端解决机制框架下对美国提出了磋商要求，在磋商未果的情况下，进入了争端解决机制的程序。

2003年7月11日，世界贸易组织争端解决机构专家小组作出裁决，美国为保护其钢铁业而对来自有关国家的钢铁产品征收附加税的决定没有确凿和充分的理由。世界贸易组织争端解决机构的裁决一经公布，美国立即表示将继续上诉。美国贸易代表的发言人表示，特殊保障措施并不违背世贸组织规则，许多国家都已经这样做了；对进口产品征收特别关税的决策已经见效，美国国内产业正在掀起规模空前的合并与结构调整以增强竞争力，这并不与美国对国际贸易所承担的责任相背离；美国征收的特别关税每年递减20%，第一次减税已经完成。这就意味着美国虽然败诉，但是其他国家依旧没有办法获得向美国出口钢材的正当权利，只有当上诉机构最终裁定美国的做法违反了世界贸易组织相关协议和规定，才有可能迫使美国放弃这些不合理的做法。

案例分析：

从以上情况来看，世界贸易组织的贸易救济措施正在成为实施战略性贸易政策的新手段。世界贸易组织在限制传统的战略性贸易政策措施的同时，却为新的战略性贸易政策措施创造了环境。世界贸易组织所允许的贸易救济措施被滥用，其影响是多方面的。

1. 战略性贸易政策实施国的国内产业将受到保护。第一，受到保护的产业可以得到更多的利润，得到扶持的产业有可能最终形成国际竞争优势；第二，受到保护的产业在此国可能已经是夕阳产业，该国没有办法提供条件使这个产业重新获得竞争优势，这样，这种保护就是没有效率的；第三，长时间的保护本身就有可能使受到保护的产业不思进取，从而导致整个产业的竞争力下降，只能靠政府的保护维持。

2. 战略性贸易政策实施国的出口将受到负面影响。出口数量的减少、市场份额的失去将使这些国家从贸易中获得的利益减少；伴随着贸易条件的恶化，这些出口国企业利润中的一部分变成了进口国的收入。

启示：

我国应该采取相应的措施来应对这些措施的滥用。

1. 实施对应的战略性贸易政策措施。在传统的战略性贸易政策中，如果对方国家也采取同样的措施，则战略性贸易政策的实施国无法得到好处。因此，我国可以采取同样的方法来限制对方国家对我国的出口，以抵消其效果。

2. 将战略性贸易政策措施与产业政策结合起来，通过一定的贸易保护产业结构，促进我国工业化的早日实现。

3. 加强对反倾销和保障措施等的应诉和其他相关工作。世界贸易组织所允许的这些贸易救济措施虽然有被滥用的空间，但是它们毕竟是被限定在一定规则下的，只要我国加强应诉等相关工作，就能够减少损失。

4. 提升出口产品的质量，改变“以低价赢得市场”的策略。

5. 建立和完善相应的预警机制。

本章小结

1. 自由贸易理论与保护贸易理论的关系：自由贸易理论与保护贸易理论既对立又统一。

2. 保护关税说是指汉密尔顿提出的美国应在对外贸易上实行关税保护，并提出一系列政策主张，使美国工业得以受到有效保护而顺利发展的相关论点。

3. 李斯特的幼稚工业保护理论认为工业生产刚刚兴起，应实行保护贸易，避免外国先进工业品的竞争，保护幼稚工业，从而促进本国工业的发展。

4. 超保护贸易理论是指凯恩斯学派以进一步夺取外国市场，进行对外经济扩张，保护垄断组织获取高额利润为目的的保护理论。

5. “中心—外围”理论针对发展中国家经济发展问题提出，发展中国家虽然能够通过国际贸易获得外汇收入，但国际贸易在根本上不利于发展中国家，应该采取保护贸易政策，进而通过贸易保护加速工业现代化资本积累。

6. 战略性贸易政策理论强调政府干预是实现规模经济的最优途径，是“以进口保护促进出口”实施的基础。

本章习题

5.1 名词解释

幼稚产业　战略性贸易政策

5.2　简答题

(1) 保护贸易理论与自由贸易理论有何关系?

(2) 简述李斯特幼稚工业保护理论的观点，并对其做出评价。

(3) 对外贸易乘数论的局限性和不足之处表现在哪些方面?

(4) 战略性贸易政策理论的主要论点是什么?

(5) 如何评价战略性贸易政策?

本章实践

中国机械工业联合会副秘书长指出：装备制造业存在总体素质不高、国际竞争力不强，产业结构不合理、国有企业改革滞后、自主创新能力薄弱以及市场环境有待改善等问题，使外资对我国的高端装备市场形成强力积压，本土企业的份额明显缩小。鉴于此，2006年6月，《国务院关于加快振兴装备制造业的若干意见》正式颁布，明确对16个关键领域的重大技术装备项目给予重点支持，如提出国家在年度投资安排中设立专项资金，加大对重大技术装备企业的资金支持力度，以解决中国装备制造业的债务负担、推动企业重组和自主创新。2007年1月，财政部、国家发展改革委员会、海关总署、国家税务总局四部门联合发布了《关于落实国务院关于加快振兴装备制造业的若干意见有关进口税收政策的通知》规定，停止执行相应整机和成套设备的进口免税政策，实施进口零部件、原材料先征后退政策；企业所退税款一般作为国家投资处理，转作国家资本金，主要用于企业新产品的研制生产，以及自主创新能力建设。其中，上市公司所退税款按定向增发新股转作国家资本金。

试运用国际贸易相关理论对此进行分析。

第 6 章 国际贸易政策

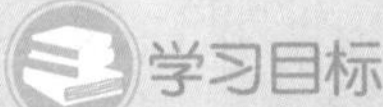

学习目标

- 理解自由贸易政策和保护贸易政策的含义。
- 熟悉中国现阶段执行的外贸政策。
- 掌握进口替代、出口导向、出口替代战略等基本概念。
- 掌握超保护贸易政策和新贸易保护主义的特点。

教学要求

教师综合运用理论分析、案例分析等多种教学方法，帮助学生了解掌握国际贸易政策的基本类型及含义；熟悉中国现阶段的外贸政策；掌握关于外贸战略的几个基本概念及新贸易保护主义的主要特点。

导入案例

保护主义抬头阻碍国际贸易增长

英国经济政策研究中心发布的《全球贸易预警报告》显示，随着世界经济增长显著放缓，全球范围内的贸易保护主义倾向变得日益严重。而作为全球第一大经济体的美国，从 2008 年到 2016 年，对其他国家采取了 600 多项贸易保护措施，仅 2015 年就采取了 90 项，位居各国之首。美国由此也被该报告认定为限制自由贸易的头号国家。

“在全球出口总量达到峰值后，从 2015 年 1 月开始，世界贸易额已经连续 15 个月进入增长停滞阶段。这一现象是自 1989 年以来首次出现。”《全球贸易预警》报告显示，除去全球经济增长衰退之外，保护主义抬头是国际贸易增长停滞的更深层次原因。

该报告指出，2015 年，全球采取的贸易保护措施的数量比 2014 年增长了 50%，是自由贸易措施的 3 倍。

该报告专门强调，美国是最经常采取贸易保护措施的国家。在美国，大约每 4 天就会有 1 项新贸易保护措施出台。美国虽然大多数时候倡导自由贸易，但每当经济不振时，就会祭出贸易保护主义大旗。从 2008 年 11 月至 2016 年 5 月，美国采取的贸易保护措施就达到了636项。这些贸易保护措施包括提高进口关税、制定反倾销条款以及国家扶持本土企业等。

贸易保护措施是短视行为，不仅会阻碍经济复苏，还会进一步加剧危机。

6.1 国际贸易政策概述

国际贸易政策（International Trade Policy）是各国在一定时期内对进口贸易和出口贸易所实行的政策，是运用国际贸易理论指导国际贸易实践的杠杆和中介。

6.1.1 国际贸易政策的目的、内容与类型

1. 国际贸易政策的目的

各国制定国际贸易政策的目的在于维护国家经济安全，促进经济发展。具体表现在：①保护本国的市场；②扩大本国产品和服务的出口市场；③促进本国产业结构的改善；④积累资本或资金；⑤维护本国对外的政治关系。

2. 国际贸易政策的内容

国际贸易政策由以下三部分内容构成。

（1）国际贸易总政策包括货物与服务进口总政策和出口总政策。它是从整个国民经济出发，在一个较长时期内实行的政策。

（2）进出口货物与服务贸易政策。它是根据国际贸易总政策和经济结构、国内市场状况而分别制定的政策，一国的商品进出口政策通常与该国的产业发展政策有关。

（3）国别与地区国际贸易政策。它是一国根据有关国际经济格局，以及政治社会关系等，对不同的地区或国家制定的不同的政策。

当然，在现实生活中，上述三个方面是相互交织在一起的，如商品的进出口政策总是离不开国际贸易总政策的指导，而外贸总政策又不是纯粹抽象的东西，应通过具体的商品进出口政策来体现。

3. 国际贸易政策的类型

国际贸易自产生以来，对应着两种基本贸易理论流派，大致存在两种类型的国际贸易政策：自由贸易政策和保护贸易政策。

1）自由贸易政策（Free Trade Policy）

自由贸易政策是指国家取消对进出口贸易的限制和障碍，取消对本国进出口商品的各种特权和优惠，使商品自由地进出口，在国内外市场上自由竞争。

2）保护贸易政策（Protective Trade Policy）

保护贸易政策是指国家广泛利用各种限制进口和控制经营领域与范围的措施，保护本国产品和服务在本国市场上免受外国产品和服务的竞争，并对本国的出口产品和服务贸易给予优待和补贴，以鼓励其出口。保护贸易政策的基本特征就是“限入奖出”。

6.1.2 国际贸易政策的制定与执行

一、制定对外贸易政策时应考虑的因素

国际贸易政策从单个国家或地区的角度看就是对外贸易政策。对外贸易政策属于上层建筑，是为经济基础服务的。它反映了经济发展与当权阶级的利益与要求。追求本国、本民族经济利益和政治利益的最大化，是一国或地区制定对外贸易政策的基本出发点。一般来说，一个国家或地区在制定对外贸易政策时要考虑下列因素。

1. 本国的经济发展水平和产品竞争能力

一般来说，经济发展水平较高、产品竞争能力较强的国家往往实行自由贸易政策，而经济发展水平较低、产品竞争能力较弱的国家则常常实行保护贸易政策。因此，在当今世界上，发达国家多倡导贸易自由化，发展中国家则推崇贸易保护主义。

2. 本国的经济结构和比较优势

传统产业（如农业、手工业）占主导地位，现代工业尚未成长起来的国家，为保护传统产业和促进“幼稚产业”的成长，往往实行保护贸易政策；经济结构已高度现代化的国家则推行自由贸易政策。

3. 本国的经济状况

如一国国内经济出现严重萧条和失业，对外贸易逆差，国际收支赤字，劳动生产率和商品竞争力下降，其对外贸易政策就会出现保护主义色彩；反之，其对外贸易政策就会增加自由贸易成分。

4. 本国各种利益集团力量的对比

一国在制定对外贸易政策时，往往要考虑某种利益集团的要求。由于实行不同的对外贸易政策对不同的利益集团会产生不同的利益影响，这就不可避免地造成各种利益集团在外贸政策上的冲突。一般说来，那些同进口产品竞争的行业和与之有生产联系的各种力量是贸易保护主义的推崇者；相反，以出口产品生产部门为中心参与许多国际经济活动的各种经济力量，则是自由贸易的倡导者。这两股力量都力图影响对外贸易政策的制定和实行，以维护和扩大自己的利益。

5. 政府领导人的经济贸易思想

各国对外贸易政策的制定与修改是由国家立法机关进行的。最高立法机关在制定和修改对外贸易政策及有关规章制度前，要征询各个经济集团的意见。如发达资本主义国家一般要征询大垄断集团的意见。各垄断集团经常通过各种机构，如企业主联合会、商会的领导人协调、商定共同立场，向政府提出各种建议，直至派人参与制定或修改有关对外贸易政策的法律草案。

最高立法机关所颁布的各项对外贸易政策，既包括一国较长时期内对外贸易政策的总方针和基本原则，又规定某些重要措施以及给予行政机构的特定权限。例如，美国国会往往授予美国总统在一定范围内制定某些对外贸易法令、进行对外贸易谈判、签订贸易协定、增减关税和确定数量限额等的权力。

6. 本国与他国的政治、外交关系

一般说来，一国往往对那些政治、外交关系友好，经济上不会构成威胁的国家开放国

内市场，扩大商品和技术的出口。而对那些政治或经济上的敌对国家则采取保护贸易政策。

需要指出的是，一国实行自由贸易政策，并不意味着完全的自由。发达资本主义国家在标榜自由贸易的同时，总是或明或暗地对某些产业实行保护。事实上，自由贸易口号历来是作为一种进攻的武器，即要求别国能够实行自由贸易，而且只有在双方都同意开放市场之后，自由贸易政策才会付诸实施。此外，一国实行保护贸易政策也并不是完全封闭，不与别国开展贸易，而是对某些商品的保护程度高一些，对某些商品的保护程度则低一些甚至很开放，在保护国内生产者的同时，也要维持同世界市场的某种联系。更有一些国家实际上实行保护贸易，而口头上却宣称自由贸易。因此，绝对的自由贸易政策和完全的保护贸易政策是不存在的。无论是自由贸易政策，还是保护贸易政策，都是相对而言的。

总之，一国实行什么样的对外贸易政策，取决于本国的具体情况和国际环境，但这并不否认有某些共同的原则和规则。总而言之，既要积极参与国际贸易分工，又要把获取贸易分工利益的代价降低到最低限度，可以说这是各国制定对外贸易政策的出发点。还要指出的是，虽然各国采取的对外贸易政策措施大都是从本国利益出发的，但在各国经济相互依赖、相互联系日益加深的今天，一味采取“以邻为壑”的政策，也是很难行得通的。如果每个国家都只从自己的利益出发来制定和实施贸易政策，那么国际贸易就会陷入无序和混乱状态，各国贸易分工的基础将会受到破坏。一种对他国绝对不利的贸易政策很难长期地起到有利于本国的结果，因为这个国家的对外贸易政策必然会招致其贸易伙伴的报复。由此看来，一国对外贸易政策的制定固然是从本国或本民族的利益出发的，但也要考虑到他国的利益，这样才能使互利性的贸易长远发展。实践证明，各国制定对外贸易政策的“天平”总是倾向于本国利益，因此，要真正体现互惠互利，就必须有贸易政策的国际协调，以使贸易遵循某些共同的“竞赛规则”。贸易政策的国际协调要求把各国的对外贸易政策当作国际贸易总体政策的不同组成部分，要考虑各方利益。可见，一国的对外贸易政策不能不考虑其他国家的利益，也不能不考虑某些国际规则，这是对外贸易政策的又一大特点。

二、国际贸易政策的执行方式

各国的国际贸易政策通过以下方式执行。

（1）通过海关对进出口贸易进行管理。海关是国家行政机关，是设置在对外开放口岸的进出口监督管理机关。它的主要职能是对进出境货物和物品、运输工具进行实际监督管理，稽征关税和代征法定的其他税费；查禁走私，一切进出境货物和物品、运输工具，除国家法律有特别规定的以外，都要向海关申报，接受海关检查。

（2）广泛设立各种机构，负责促进出口和管理进口。例如美国商务部、美国贸易代表办公室、美国国际贸易委员会等。

（3）参加国际机构与组织，协调国际贸易关系。国家政府出面参与各种国际贸易、关税等国际机构与组织，从而进行国际贸易、关税方面的协调与谈判。

6.2 自由贸易政策的演变

从历史上看，自由贸易政策盛行的时期主要有两个阶段：第一个阶段是19世纪中叶至第一次世界大战前的资本主义自由竞争时期，英国带头实行自由贸易政策；第二个阶段为20世纪50年代到70年代初期，出现了全球范围的贸易自由化。

6.2.1 资本主义自由竞争时期：自由贸易政策

在资本主义自由竞争时期，资本主义生产方式占据统治地位，自由贸易政策是这一时期国际贸易政策的基调。自由贸易的政策主张是从18世纪末开始形成的，19世纪70年代达到高峰。

但由于各国资本主义发展的不平衡，西方国家在这一时期的对外贸易政策也不相同。最早完成工业革命的英国和航海业发达的荷兰是全面实行自由贸易政策的国家。

英国自18世纪中叶开始进入产业革命，到19世纪初，“世界工厂”的地位已经确立。一方面，其产品成本低、质量好、不怕国外产品的竞争。另一方面，英国的工业迫切需要国外市场，需要从国外进口大量廉价的原料和粮食。在这种状况下，英国工业资产阶级迫切要求废除保护贸易政策，实行自由竞争和自由贸易政策。但是，自由贸易政策并不是自然而然地取代保护贸易政策的，而是经过了长时间的激烈斗争。

从19世纪20年代开始，英国工业资产阶级以伦敦和曼彻斯特为中心开展了一场大规模的自由贸易运动，运动的中心内容是废除代表地主、贵族阶级利益的限制粮食进口、维持国内粮食高价的谷物法。经过长达近30年的斗争，工业资产阶级最终战胜了地主、贵族阶级，使自由贸易政策得到广泛推行。其主要表现如下。

1. 废除了谷物法

谷物法是英国在谷物充足和低价时期，为了保护本国农业生产者的利益而控制谷物贸易的议会法规。该法于1663年开始实施，主要是运用关税措施限制或禁止谷物的进口。它是英国推行重商主义的保护贸易政策的重要立法，它的实施引起了其他粮食输出国对英国工业品的关税报复。谷物法代表英国封建地主阶级的利益，受到英国工业资产阶级的强烈反对。1838年，英国棉纺织业资产阶级组成“反谷物法同盟”（Anti-Corn Law League），对农产品贸易保护进行无情地抨击。1844—1846年，爱尔兰发生大面积饥荒，使英国限制谷物自由输入变得不可容忍，国会于1846年通过废除谷物法的议案，并于1849年生效。马克思称“英国谷物法的废止是19世纪自由贸易所取得的最伟大的胜利。”

2. 废除了航海法

航海法是英国限制国外航运业竞争和垄断殖民地航运业的法律。该法规定，凡亚洲、非洲、美洲产品必须由英国船舶装运进口。从1824年开始逐步废除，到1854年，英国的沿海贸易和对殖民地贸易全部开放给其他国家。至此，重商主义时期制定的航海法全部废除。

3. 取消了特权公司

1831年和1834年，英国先后取消了东印度公司对印度和中国贸易的垄断权，对印度和中国的贸易向所有英国人开放。

4. 逐渐降低了关税税率，减少了纳税商品数目，简化税法

经过几百年的重商主义的实践，到19世纪初，英国有关关税的法令达1 000个以上。1825年，英国开始简化税法，废止旧税率，建立新税率。进口纳税的商品数目从1841年的1 163种减少到1853年的466种，之后又不断简化，至1862年，进口纳税的商品数目为44种，至1882年，进口纳税的商品数目为20种。所征收的关税全部是财政关税，税率大幅降低。禁止出口的法令完全废除。

5. 改变对殖民地的贸易政策

18世纪，殖民地的商品输入英国享受特惠关税待遇。自1849年航海法废除后，殖民地可以向任何国家输出商品，也可以从任何国家输入商品。通过关税法的改革，废止了对殖民地商品的特惠税率。同时，准许殖民地与外国签订贸易协定，建立直接的贸易关系，英国不再干涉殖民地与他国的贸易。

6. 与外国签订体现自由贸易精神的贸易条约

1860年，英国与法国签订了第一个体现自由贸易精神的贸易条约，即《科布登—谢瓦利埃条约》。该条约规定，英国对法国的葡萄酒和烧酒的进口税予以减低，并承诺不限制煤炭的出口；法国则保证从英国进口的制成品征收不超过30%的从价税。该条约中还列有最惠国待遇条款。19世纪60年代，英国与外国缔结了8个类似的条约。

英国实行自由贸易政策达60年之久。自由贸易政策对当时英国经济和对外贸易的发展产生了巨大的促进作用，使英国经济跃居世界首位。1870年，英国的工业生产总值占世界工业生产总值的32%；煤、铁产量和棉花消费量各占世界总量的一半左右；对外贸易额占世界贸易总额的近1/4，几乎相当于法、德、美三国的总和；拥有的商船吨位居世界第一，约为荷、美、法、德、俄五国的总和。伦敦成为国际金融中心。

在英国的带动下，19世纪中叶欧美的一些资本主义国家降低了关税率，开展了自由贸易运动，荷兰和比利时也相继实行了自由贸易政策。

6.2.2 20世纪50年代至70年代初期：贸易自由化

第二次世界大战爆发后，世界经济陷入混乱，国际分工与国际贸易都处于停顿状态。第二次世界大战结束后，随着资本主义各国经济的迅速恢复和发展，而20世纪50—70年代初期，出现了全球范围的贸易自由化（Trade Liberalization）。

一、贸易自由化的表现

1. 关税大幅降低

关贸总协定成员方之间大幅地降低了关税。1947—1979年，共进行了七轮多边贸易谈判，使缔约方的平均进口税率从50%降到5%；欧洲经济共同体对内取消关税，对外通过谈判达成关税减让协议，使关税大幅降低。例如，共同体原六国之间工农业产品的自由流通于1969年完成，后加入的国家也已按计划完成，实现了成员方之间全部互免关税；从1973年开始，欧共体与欧洲自由贸易联盟之间逐步降低工业品关税，到1977年实行工业品互免关税，从而建立起一个包括17国的占世界贸易总额40%的工业品自由贸易区；1975年，欧共体同非洲、加勒比海和太平洋地区的46个发展中国家签订了《洛美协定》，

规定共同体对来自这些国家的全部工业品和96%的农产品给予免税进口的待遇。此外，欧共体还与地中海、阿拉伯、东南亚一些国家签订了优惠贸易协定，规定对某些商品实行关税减让；从1971年开始，20多个发达国家对170多个发展中国家实施制成品和半制成品的普惠制优惠关税待遇。

2. 非关税壁垒逐渐减少

发达国家对许多商品进口实行严格的进口限额、进口许可证和外汇管制等非关税壁垒措施。随着经济的恢复和发展，这些国家在不同程度上放宽了进口数量限制，到20世纪60年代初，西方主要国家间进口自由化率已达90%以上。由于国际收支状况得到了改善，到20世纪50年代，各国还在不同程度上放宽或取消了对外汇的管制，实行货币自由兑换政策。

二、贸易自由化的特点

贸易自由化是在新的国际政治、经济背景下进行的。它和资本主义自由竞争时期英国等少数国家倡导的自由贸易不同。资本主义自由竞争时期的自由贸易反映了英国工业资产阶级资本自由扩张的利益与要求，代表了资本主义上升阶段工业资产阶级的利益和要求。而贸易自由化是在国家垄断资本主义日益加强的条件下发展起来的，主要反映了垄断资本的利益，是世界经济和生产力发展的内在要求。它在一定程度上同保护贸易政策相结合，是一种有选择的贸易自由化，因此呈现出以下特点。

1. 发达国家之间的贸易自由化程度超过它们对发展中国家和社会主义国家的贸易自由化程度

发达国家根据关贸总协定等国际多边协议的规定，较大幅度地降低了彼此之间的关税并放宽了相互之间的数量限制。但对发展中国家的一些产品特别是劳动密集型产品仍征收较高的关税，并实行其他的进口限制；对社会主义国家则征收更高的关税并实行更严格的非关税壁垒进口限制。

2. 区域性经济集团内部的贸易自由化程度超过集团对外的贸易自由化程度

欧洲经济共同体内部取消关税和数量限制，实行商品完全自由流通，对外则有选择地有限度地实行部分的贸易自由化。

3. 不同商品的贸易自由化程度不同

工业制成品的贸易自由化程度超过农产品的贸易自由化程度；在工业制成品中，机器设备的贸易自由化程度超过工业消费品的贸易自由化程度，特别是所谓“敏感性”的劳动密集型产品，如纺织品、服装、鞋类、皮革制品和罐头食品均受到较多的进口限制。

三、贸易自由化的主要原因

贸易自由化的主要原因有以下几点。

(1) 美国在第二次世界大战后发展成为世界头号经济强国，为了对外经济扩张，美国积极主张削减关税、取消数量限制，成为贸易自由化的积极倡导者和推行者。

(2) 关税及贸易总协定的签订有力地推动了贸易自由化。关税及贸易总协定以自由贸易为己任，通过多边贸易谈判的进行和贸易规则的实施，不仅大幅度地削减了关税，而且在一定程度上限制了非关税壁垒的使用。

(3) 经济一体化组织的出现加快了贸易自由化的进程。各种区域性的自由贸易区、关税同盟、共同市场均以促进商品自由流通、扩大自由贸易为宗旨。

(4) 跨国公司的大量出现和迅速发展促进了资本在国际的流动，加强了生产的国际化，客观上要求资本、商品和劳动力等在世界范围内的自由流动。

(5) 国际分工的广泛和深入发展，分工形式的多样化，使商品交换的范围扩大，在一定程度上促进了贸易自由化的发展。

(6) 西欧和日本经济的迅速恢复与发展，发展中国家为了发展民族经济，扩大资金积累，使它们也愿意通过减少贸易壁垒来扩大出口。

6.2.3 20世纪90年代以来：贸易自由化向纵深发展

20世纪90年代以来，贸易自由化进一步向纵深发展的主要表现如下。

1. 世界贸易组织建立后继续推动贸易自由化

从1986年到1993年，举行了8年的乌拉圭回合多边贸易谈判，终于达成了建立世界贸易组织等众多协定和协议。1995年世贸组织取代关贸总协定，成为多边贸易体制的组织和法律基础。目前，世界贸易组织的成员国数量已经达到162个。比1995年的113个增加了49个。还有一些国家和地区正在进行加入世贸组织的谈判，这势必使世贸组织的多边贸易体制和贸易自由化更趋全球化。

世贸组织建立后，继续坚持和扩展关贸总协定的基本原则，根据有关协定和协议在国际货物贸易、服务贸易和投资领域等进一步推进贸易自由化向纵深发展。在货物贸易方面，通过大幅度降低关税和取消非关税壁垒等措施，推动货物贸易自由化的进程，促进国际货物贸易的发展。在服务贸易方面，除了管辖与推动服务贸易总协定的实施外，还相继达成4个重要协议，即《自然人流动服务协议》《基础电信协议》《信息技术产品协议》《金融服务协议》，扩大了服务贸易自由化的领域；在投资方面，监督和推进了成员方实施与贸易有关的投资协议，推进了投资自由化的进程，扩大了对外投资的领域和数量。根据争端解决规则和程序协议，加速解决成员国的争端案件。1995年至2002年3月，世贸组织受理了240起案件；根据有关协定和协议（特别是对发展中成员的特殊和差别待遇条款），在一定程度上维护了发展中成员的利益，促进发展中成员经济贸易的发展。不仅如此，从1995年到2005年，在世界贸易组织的主持下，举行了6次部长级会议，这些会议的成果多有不同，有得有失，但总体上看，世贸组织按照其基本原则和规则，继续反对新贸易保护主义的倾向，维护和推动贸易自由化的发展。2001年11月9—13日，世界贸易组织第四次部长级会议通过了启动新一轮的“多哈发展回合”的多边贸易谈判，在谈判进程中，成员间的分歧和矛盾重重，2003年9月，世界贸易组织第五次部长级会议上，各成员方在农业问题上无法达成共识，令多哈回合谈判陷入僵局。2004年8月3日，世界贸易组织总理事会议达成《多哈回合框架协议》，为全面达成协议跨出一步。协议包括5部分：农产品贸易、非农产品市场准入、发展、服务贸易及贸易便利化。协议明确规定美国及欧盟逐步取消农产品出口补贴及降低进口关税，回应发展中国家的诉求。2005年12月13日开幕的世界贸易组织第六次部长级会议，各国期望就多哈回合贸易谈判收窄分歧，并希望可于2006年完成整个回合的谈判。但由于各成员间尤其在农业议题上的巨大分歧，2006年7月27日，世界贸易组织总理事会正式批准中止多哈回合贸易谈判。为期5天的世界经济论坛年会于 2008 年 1 月 27 日在瑞士达沃斯闭幕，达沃斯年会上草拟了两阶段削减关税的“瑞士公式”，目的是希望促成新一轮的多哈回合谈判取得成功。2015 年 12 月 15—19 日，世界贸易组织第十届部长级会议在肯尼亚内罗毕举行，会议在通过《内罗毕部长宣言》及 9 项部长决定，并承诺继续推动多哈议题后结束，但就是否坚持多哈发展议程，各方立场存在严重分歧，多哈回合谈判的前景充满不确定性。

2. 地区经济一体化推动贸易自由化

20 世纪 80 年代中期以后，地区经济一体化出现了新的高潮，地区经济一体化的形成、范围、广度、深度，成员参与状况均发生较大变化。从此，地区经济一体化的贸易自由化向纵深发展。

3. 发展中国家和转型国家也推行和实施贸易自由化措施

20 世纪 80 年代到 90 年代初，关贸总协定 72 个发展中成员的缔约方中有 58 个实施了贸易自由化改革，巴基斯坦等国家在 90 年代实行了较为自由化的经济改革。原实行计划经济的国家相继转向市场经济体制，改革和完善贸易体制，主动对外开放，并已参加或正在申请加入世贸组织和参与地区经济一体化的活动，加快贸易自由化的步伐。

总之，20 世纪 90 年代以来，全球性贸易自由化向纵深发展，在一定程度上遏制了贸易保护主义的蔓延。但是，由于各国和地区经济发展不平衡和市场竞争的尖锐化，一些成员仍在不同程度地实施各种进口限制措施，贸易保护主义有所抬头。因此，世界贸易组织在维护和继续推行贸易自由化方面任重道远。

6.3 保护贸易政策的演变

从历史上看，保护贸易政策盛行的时期主要有四个阶段：第一个阶段是 16—18 世纪资本主义生产方式准备时期，西欧国家普遍实行强制性贸易保护政策；第二个阶段是 19 世纪 70 年代末以后的资本主义自由竞争时期，美国和德国等西欧国家实行保护贸易政策；第三个阶段是第一次世界大战和第二次世界大战之间的垄断资本主义时期，帝国主义国家实行超保护贸易政策；第四个阶段是 20 世纪 70 年代中期以后，国际贸易中出现了新贸易保护主义。

6.3.1 资本主义生产方式准备时期：重商主义的保护贸易政策

16—18 世纪是资本主义生产方式准备时期，也是西欧各国开始走向世界市场的时期。在这一时期，为了促进资本的原始积累，西欧各国在重商主义的影响下，实行强制性的贸易保护政策。重商主义最早出现于意大利，后来在西班牙、葡萄牙和荷兰实行，最后英国、法国和德国也先后实行，其中以英国实行得最彻底。

6.3.2 资本主义自由竞争时期：一般性的保护贸易政策

19 世纪 70 年代以后，美国和西欧的一些国家如德国纷纷从自由贸易转向保护贸易。其主要原因在于这些国家的工业发展水平不高，经济实力和商品竞争能力都无法与英国抗衡，需要采取强有力的政策措施（主要是保护关税措施）来保护本国新兴的产业，即幼稚产业，以免遭英国商品的竞争，因此逐步实施了一系列限制进口和鼓励出口的保护性措施，并取得了良好的效果，使美国和德国等的工业得以避免遭遇外国的竞争而顺利发展。

6.3.3　垄断资本主义时期：超保护贸易政策

第一次与第二次世界大战之间，资本主义处于垄断阶段，垄断代替了自由竞争，成为一切社会经济生活的基础。此时，西方各国普遍完成了产业革命，工业得到迅速发展，市场问题趋于尖锐，各国争夺市场的斗争加剧。尤其是1929—1933年的世界性经济危机，使市场问题进一步尖锐化。资本主义各国的垄断资产阶级为了垄断国内市场和争夺国际市场，纷纷实行超保护贸易政策。超保护贸易政策是指帝国主义国家采用关税和非关税等一系列措施，阻止外国商品进口，鼓励本国商品出口，以保护国内已高度发展的或已出现衰落的垄断工业，巩固和加强其在国内外市场上的垄断，保护大垄断资产阶级利益的一种进攻性的对外贸易政策。

6.3.4　20世纪70年代中期以后：新贸易保护主义

进入20世纪70年代，西方经济不景气，特别是美国的经济地位相对衰落，于是在国际贸易中出现了新贸易保护主义的概念。到20世纪80年代下半期，新贸易保护主义思潮几乎席卷全球。与传统的贸易保护主义相比，新贸易保护主义在性质上有所不同。传统的贸易保护主义是经济较落后国家为了发展民族经济、实现工业化目标，通过实施对某些幼稚产业的保护而实行的一种措施。这种对某些部门和行业保护的最后趋势是走上自由贸易之路。而新贸易保护主义是经济发达国家为保住昔日的经济优势地位，通过广泛实行保护措施来维持垄断政治经济利益的一种需要。由于新贸易保护主义是20世纪80年代以后发达资本主义国家普遍实行的一种对外贸易政策，对国际贸易的影响也就更加深刻了。

一、新贸易保护主义的特点

1. 被保护的商品范围不断扩大

保护对象从商品向投资、服务、技术知识和环保等方面展开。从传统商品（如钢铁、纺织品）、农产品扩大到高级工业品（如汽车、飞机、数控机床、计算机等）、服务贸易和知识产权。

2. 保护措施日益多样化

保护措施包括加强了征收反补贴税和反倾销税的活动，并按照有效保护税率设置阶梯关税。非关税壁垒措施不断增加，从20世纪70年代初的800多种增加到70年代末的1 000多种。在“有秩序的销售安排”和“有组织的自由贸易”的口号下，绕过关贸总协定的原则，搞“灰色区域措施”。所谓“有秩序的销售安排”，就是由进口国与出口国就有关商品做出在数量上有控制地进行销售的安排。通常是由进口国与出口国进行会谈，达成双边的“自动”限额协议，即出口国“自愿”限制其商品在一定时期内对进口国的出口量。实际上，所谓有秩序的销售，是出口国迫于进口国的政治、经济压力，而不得不接受的数量限制。例如，1977年美国与日本谈判“有秩序地销售安排”，要求日本减少彩色电视机、收音机、电炉、铁路设备等产品对美国的出口，规定日本到1980年每年对美国出口彩色电视机 175 万台，比 1976 年减少 40%。所谓“有组织的自由贸易”，即管理贸易（在下面介绍）。所谓“灰色区域措施”，即在关贸总协定规定范围之外，不受总协定法律规则管辖与监督的保护性贸易限制措施，如“自动”出口限制和“有秩序地销售安排”等。

3. 从贸易保护制度转向更系统化的管理贸易制度

所谓管理贸易，就是以协调为中心，以政府干预为主导，以磋商为手段，对本国进出口贸易和全球贸易关系进行干预、协调和管理的一种贸易制度。它是一种介于自由贸易和保护贸易之间的贸易制度，有人称之为“不完全的自由贸易”。其基本特点是：①通过贸易立法使贸易保护主义合法化。一些发达国家管理对外贸易的法律已由单行的法律发展成为以外贸法为中心、与其他方面的国内法相配套的法律体系。例如，美国 1974 年贸易法案中的“301 条款”授权美国总统给对美国出口实施不公平待遇的国家进行报复，如实行配额或提高关税。美国在 1988 年通过的综合贸易及竞争力法案中的“超级 301 条款”要求政府对在实行“自由公平贸易”方面做得不好的国家进行谈判或报复，“特别 301 条款”要求政府对保护美国知识产权做得不够好的国家进行谈判或报复。②贸易保护主义措施不断充实和调整，成为对外贸易体制中的重要组成部分。

4. 各国“奖出限入”措施的重点从限制进口转向鼓励出口

因为限制进口容易遭到对方的谴责和报复，故各国纷纷从经济、法律、组织等方面采取措施推动出口的扩大。如在经济方面，实行出口补贴、出口信贷、出口信贷国家担保制、商品倾销、外汇倾销、建立出口加工区等；在法律方面，用立法为扩大出口提供支持，以法律为武器强迫国外开放市场。例如，美国 1989 年就对日本动用“超级 301 条款”，强迫日本在 1 年内向美国开放计算机、卫星、森林产品等市场；在组织方面，建立商业情报网络，设立有权威的综合协调机构，为扩大商品出口服务。此外，各国都重视精神奖励，如法国设立“奥斯卡”出口奖，而美国、日本等也有类似的奖励。

5. 贸易保护从国家贸易壁垒转向区域贸易壁垒

随着世界经济一体化的发展，贸易保护主义也由一国的贸易保护演变为区域贸易保护。在相关区域内，国家之间仍实行自由贸易，而对区域范围外的国家则实行共同的关税壁垒。例如，欧共体（现欧盟）不仅通过关税同盟与共同的农业政策对外筑起贸易壁垒，还将这种区域保护范围扩大至与本国有联系的国家。

二、新贸易保护主义出现与不断加强的原因

1. “滞胀”迫使主要工业国家放弃自由贸易转向保护贸易

20 世纪 70 年代初以来，主要工业国家受两次石油危机（1973—1974 年，1979—1980 年）的影响，经济增长速度、劳动生产率增长速度和对外贸易增长速度下降，通货膨胀率和失业率升高。“滞胀”迫使这些国家放弃自由贸易转向保护贸易。

2. 美国、西欧和日本三者间的贸易摩擦增多

美国、西欧和日本经济力量对比的消长，打破了第二次世界大战后初期美国在国际贸易中的垄断地位，出现了三足鼎立的局面，三者间的贸易摩擦增多。从 1971 年开始，美

国结束了自1893年以来商品贸易顺差的历史，开始出现逆差，而且以后逆差不断增大。美国在世界制成品市场和国内市场上不但面临日本、西欧等国家和地区的激烈竞争，而且面临新兴工业化国家和地区的竞争。

3. 国际货币关系失调带来了巨大的贸易保护压力

首先，浮动汇率迫使贸易商购买期货和进行套期保值来规避汇率风险，既增加了交易成本，又引起价格、投资效益和竞争地位的变化。其次，汇率的大幅波动使各国为减少汇率波动对国内经济的影响而对贸易实行保护。

4. 世界经济区域集团化趋势日益加强

区域集团化趋势的加强对外贸政策产生两方面的影响：一方面，区域集团内部取消贸易壁垒，实现自由贸易；另一方面，对外高筑贸易壁垒，限制区域集团外国家和地区的商品进入。对此，区域集团以外的国家为保护自身利益，都做出积极反应，或加强单边管理和双边协调管理，或组建新的区域集团相抗衡。贸易政策的保护色彩自然也就越来越浓郁。

5. 国内利益集团的贸易保护压力加大

当某些商品的进口对本国国内市场或有关行业造成较大的损害或潜在的威胁时，有关利益集团便对政府施加压力，要求政府采取措施保护它们的利益，而政府则从维护社会稳定和保护国内经济的目的出发，往往会同意其要求。例如，美国贸易保护主义的最大压力来自纺织工业部门，而法国对农产品市场的保护主要是迫于农民的压力。

6. 贸易政策的相互影响和连锁反应

由于生产国际化和资本国际化的日益发展，各国的外贸依存度不断提高，经济的相互依赖性也日益增强，贸易政策的相互影响和连锁反应也越来越大，并且越来越敏感。一国的贸易保护措施往往会招致其他国家的仿效或报复，从而使贸易保护蔓延与传播。从某种意义上说，新贸易保护主义是由美国传播开来的。

7. 政治上或外交上的需要

一些国家为了达到某种政治或外交目的，经常以贸易制裁、贸易禁运等方式来胁迫另一些国家。

总之，从20世纪70年代开始，贸易保护主义重新抬头和蔓延，这是战后资本主义经济发展从迅速增长走向“滞胀”，经济相互依赖加深，以及国际竞争日益激烈的结果。

随堂练习

请同学们回顾第5章中保护贸易理论的相关内容，分析保护贸易政策演变的不同阶段，保护贸易政策的理论依据各是什么？

6.4 中国对外贸易政策

6.4.1 中国对外贸易政策发展

自中华人民共和国成立以来，为了促进经济复苏和发展，特别是工业化建设的顺利实施，根据不同时期国民经济发展的现状和要求不断调整贸易政策。

一、国家统制下的封闭型保护贸易政策（中华人民共和国成立初期—1978 年）

1948 年 3 月，中共七届二中全会确定“对内节制资本和对外统制贸易”的基本方针政策。1949 年 9 月，《中国人民政治协商会议共同纲领》规定：我国实行对外贸易统制，并采用贸易保护政策。封闭型经济和统制经济是这一时期保护贸易政策的主要历史背景。

中华人民共和国成立初期，为了抵御美国等资本主义国家对我国的封锁和禁运政策，防止资本主义对我国经济的冲击，保护民族幼稚工业，以及避免国际收支逆差和对外举债，我国实行了坚定内向型的进口替代战略。即通过限制某些重要工业品的进口，来扶植和保护本国相关工业部门的发展，从而达到用国内生产的工业品替代进口产品，减少本国对国外市场的依赖，促进民族工业发展的目的。这一战略的实施，使我国建立起了完整的民族工业体系和以劳动密集型制成品为主的比较优势，但也付出了高昂的代价，如结构失衡、科技落后、低效率和沉重的财政负担。为了推动这种封闭型发展战略模式的实现，国家在外贸政策上必然实行高关税政策，并实行严格的进口数量限制、外汇管制等措施限制进口，以实施保护。

这一时期，国家实行统制贸易，外贸统一由国营专业外贸公司经营，外贸公司的经营活动受多方面的限制和约束，特别是受到行政管理机构的包揽和干预；实行高度集中的计划管理，全国外贸年度计划支配着全部的外贸活动，且计划是指令性的，不能随意变动；实行高度集中的外贸财务体制，由外贸部统一核算并由财政部统收统支、统负盈亏。与此同时，在贸易政策上也实行了高度集中的、以行政手段为主的、强制性的措施。

二、国家统一领导和有限开放条件下的保护贸易政策（1978—1992 年）

在这一时期，从贸易政策的基本特征看，仍然是保护贸易政策。但经济开始从封闭走向开放，国家对外贸的管理方式也发生了一定的改变。

1978 年 12 月，在改革开放政策的指引下，我国在对外贸易领域进行了一系列的改革，如下放外贸经营权，开展工贸结合的试点，简化外贸计划内容，实行外贸承包经营责任制，实行外汇留成制和出口退税政策，实行汇率双轨制，取消对企业出口的财政补贴。在外贸管理方式上，国家通过制定计划、审批制度、关税和非关税措施以及鼓励出口的财政税收和信贷政策，把外贸置于国家的统一领导之下。随着经济的开放、外资的进入，国家制定了一系列吸引外资的政策与法规。1988 年，沿海地区外向型经济发展战略的实施，使我国经贸发展战略模式由进口替代战略开始转向进口替代与出口替代或出口导向相结合的发展模式。

所谓进口替代战略，就是一国采取高关税、进口数量限制和外汇管制等措施，严格限制某些重要的工业品进口，扶植和保护本国有关工业部门发展的战略。其目的在于用国内生产的工业品代替进口产品，以减少本国对外国产品的依赖，减少外汇支出，平衡国际收支，促进民族工业的发展。它也是一些拉美国家和亚洲（主要是东亚）国家为实现工业化而实施的经济发展战略。

所谓出口导向就是将经济发展的重点放在出口贸易上，通过出口的增长推动整个国民经济的增长。出口导向战略又分为初级产品出口战略和出口替代战略。

初级产品出口战略即出口食品和原料，进口工业制成品，它是初级外向战略。提出这种战略的经济学家认为，发展中国家应从政治独立后人口大多数仍在农村和农矿产品生产在国民经济中仍占极其重要地位的实际出发，通过发展初级产品出口来积累工业化资金，同时在此基础上发展农矿产品出口加工工业，促进国民经济的发展。

出口替代战略就是一国采取各种鼓励或保护措施，来促进出口工业的发展，用工业制成品、半制成品的出口代替过去的初级产品的出口，以增加外汇收入，并带动工业体系的建立和经济的持续增长的战略。

但这一时期，国家对外贸的管理形式及其政策是与经济体制的状况相适应的，外贸发展原则确定为“统一计划，统一政策，联合对外”。这一时期的对外开放尚属有限开放，主要表现在以下三方面：一是东部沿海地区实行对外开放，而广大的中西部地区仍基本处于封闭状态。二是整个国家经贸发展战略模式仍然是具有内向型特征的进口替代，而东部沿海地区实行的出口替代战略的基本点，仍是从多创汇、节约使用外汇角度出发。因为以制成品出口替代传统初级产品出口可多创汇，而以国产消费品替代进口消费品又可以节省外汇。三是在国际贸易中保护主义日趋严重、市场竞争日益激烈的情况下，我国在减少了计划管理进出口商品范围的同时，重新恢复了对部分进出口商品的许可证制度和配额管理。

总体来看，这一时期我国外贸政策仍是处于国家统一领导和经营下、主要靠高关税和非关税壁垒限制进口的贸易保护政策，且政策不统一，扩大了东西部区域间的利益冲突，形成了国内非关税屏障。另外，这一时期的外资政策以税收优惠为主，易造成各地招商引资的过度竞争和对投资环境的忽视，政策的不完善也给民族工业带来了一定程度的冲击。

三、国家管理下的开放型的过渡时期贸易政策（1992—2001年）

这一时期，我国以新一轮改革和开放来推动外贸体制向社会主义市场经济体制和国际贸易规范方向转变。1992年10月，中共十四大确立了对外开放的目标，即形成多层次、多渠道、全方位开放的格局。并且明确提出继续深化外贸体制改革，尽快建立适应社会主义市场经济发展的、符合国际贸易规范的新型外贸体制。

根据20世纪90年代面临的国内外环境和改革开放阶段的要求，我国在1994年5月提出了“大经贸战略”构想，即实行以进出口贸易为基础，商品、资金、技术、劳务合作交流相互渗透、协调发展，对外贸易、生产、科技、金融等部门共同参与的经贸发展战略。其基本点在于扩大全方位、多渠道和多领域的开放，加快各项业务与部门机构的融合和密切合作，尽快将对外贸易功能转变到促进产业结构调整、技术进步和提高效益方面。

自20世纪90年代以来，我国为了加快外贸体制改革，解决外贸工业中出现的重量不重质、低价竞销、不计成本和不讲效益等问题，开始在对外贸易行业落实中央提出的两个根本性转变，即传统的外贸体制转变为符合社会主义市场经济体制和国际惯例的新体制，外贸增长方式从粗放型增长向集约型增长转变。从企业制度改革入手，通过建立产权明晰、自主经营、自负盈亏、科学管理的现代企业制度来促进经营方式的转变。此外，还提出"以质取胜""科技兴贸"的战略，力争使我国由贸易大国向贸易强国迈进。

总的来看，这一时期是我国力争加入世贸组织并最终取得胜利的关键时期，贸易政策也发生了重要的变化。主要体现在以下六个方面：①多次大幅自主降低关税和减少非关税壁垒，实行更加自由而开放的贸易政策；②建立起一整套外贸宏观调控体系，充分利用多种市场化的政策工具对外贸实施管理；③实行全方位协调发展的国别地区政策，同世界各国和区域发展经贸关系；④通过信贷重点支持和提高出口退税率等政策措施，促进机电产品及高技术产品的出口；⑤采用放宽投资领域和控股限制等措施，鼓励外商投资于农业、基础设施和中西部地区；⑥根据世贸组织基本原则调整贸易政策，使之更规范、统一和公正。可以说，我国为加入世贸组织以及为履行"入世"承诺所作的努力，使我国经济和贸易政策与手段加速向国际规范靠拢。

四、世界贸易组织规则下公平与保护并存的对外贸易政策（2001 年至今）

2001 年 12 月 11 日，中国正式加入世界贸易组织，成为其第 143 个成员。正式成为世贸组织成员后，为了适应国际形势，更好地执行世贸组织的规则要求，中国的对外贸易政策进行了一系列改革，确立了世界贸易组织规则下公平与保护并存的对外贸易政策。

世界贸易组织规则下公平与保护并存的对外贸易政策既注重公平，又注重保护，这是因为我国加入世界贸易组织后需要在享受优惠的情况下履行责任，以保证世界各国在贸易过程中的公平性；同时，由于我国国内尚存在一些幼稚产业，在国际贸易中不具备充分的市场竞争力，我国在制定对外贸易政策的过程中又必须对这些产业进行保护。其主要内容如下。

1. 中国对外贸易政策的目标是促进经济均衡发展

贸易政策的选择与经济结构的演进在感性层次上具有历史一致性。因此，这一时期为了适应中国经济结构的变化，对外贸易政策目标已经成为构建有利于我国经济均衡全面发展的产业结构，实现国内产业的优化升级，促进我国对外贸易的蓬勃发展，以推动中国经济在内外适度均衡的基础之上又好又快的发展。

2. 中国对外贸易政策的实施方式是实行国内产业结构优化

为了尽快达到经济均衡发展的政策目标，适应中国经济结构的调整，中国在对外贸易过程中必须加快产业结构优化升级。

这一时期经济结构调整已经成为经济发展战略的核心内容，贸易政策的调整势在必行。随着经济全球化和贸易与投资一体化的不断推进，我国实行了全面融入国际经济循环的外贸政策。这种外贸政策放宽外资进入的产业领域，大幅降低关税和非关税壁垒，鼓励跨国公司进入中国市场，鼓励国内外企业在国内市场和国际市场上公平竞争，借以提高产业和企业的国际竞争力。尽管国家竞争战略在某种程度上不属于贸易政策的范畴，但在对外经济领域中，国家竞争战略仍然在贸易与投资政策的制定和实施过程中得以集中体现。

6.4.2 中国对外贸易政策的特征

一、中国贸易政策的性质

从中国贸易政策的历史发展过程可看出，它属于选择型贸易政策，或者说是一种不断发展变化的贸易政策。当然，对任何一个国家来说，贸易政策都不是一成不变的，其是随着世界经济与国际关系的变化、本国在国际分工体系中的地位变化，以及本国产品国际竞争能力的变化等不断调整的。此处所谓的选择型贸易政策是相对于稳定而完善的成熟型贸易政策而言的。

与成熟型贸易政策相比较，选择型贸易政策一般具有以下特点。

(1) 动态性。即贸易政策处于不断调整之中，而且有时这种调整是根本性的调整，从而形成不同经济发展阶段贸易政策差别很大的情况。

(2) 不确定性。贸易政策受内外因素的影响很大，而且这种影响在很大程度上来源于经济体制变革等本质性因素。

(3) 不规范性。贸易政策主要是依据本国的情况而制定的，明显带有本国的特色，与国际规范相差较大。

(4) 不完善性。即在贸易政策体系、调节工具、调节方式与手段的构建、相互配合与效率等方面尚存在很多不足，还有待进一步发展完善。

(5) 目标明确。从改革开放的发展情况来看，我国的贸易政策紧密地配合改革开放的步伐，政策制定与调整的依据就是更好地符合社会主义市场经济体制的需要，向国际规范靠拢，与国际经济接轨。

二、中国贸易政策的特点

中国的外贸政策是沿着由封闭走向开放，由保护贸易走向自由贸易，由适应计划经济要求到符合市场经济要求，由强调民族特色到符合国际规范这条主线发展的。中国加入世界贸易组织之后的贸易政策也将沿着这条主线向更加开放而规范化的方向发展。

归结起来，中国贸易政策的特点主要表现在以下几方面。

(1) 制定政策的立足点由片面强调独立自主、自力更生，转变为在自力更生的基础上，积极利用国内外多种资源、多个市场、多种形式和多条渠道发展经济。

1995 年，党的十四届五中全会进一步明确了扩大对外开放和坚持自力更生的关系，强调独立自主不是闭关自守，自力更生不是盲目排外，讲独立自主、自力更生，绝不是闭关锁国、关起门来搞建设。在这一基本观点指导下，制定贸易政策时，一方面，要坚持自主地决定和处理本国事务，不受别国势力的控制与干涉，坚持依靠自己的力量和根据本国的具体情况确定本国经贸发展道路；另一方面，则要积极地扩大对外贸易交流，大力利用外资和引进先进技术，制定符合国际规范、有利于融入世界经济发展主潮流的经贸发展政策。

(2) 外贸政策的目的由获取更多的外汇收入转向取得更大的经济效益，由保护国内落后产业到促进产业结构的优化与升级。

在过去特殊的历史背景下，我国外贸政策目标主要放在规模与速度的增长和追求贸易顺差与外汇储备方面。20 世纪 90 年代中期，我国提出实现两个根本转变，国家贸易政策目标开始从追求出口创汇额转到以实现经济效益为主。为此，国家制定了一系列鼓励高新技术产品出口，提高出口产品的质量、效益等政策措施。在进口方面，按照进出平衡、协调发展的方针，在扩大进口总量的同时，将重点放在进口结构的调整，即重点安排先进技术和关键设备的进口，以加强基础工业设施的建设、企业技术改造和电子信息等先导产业的发展，促进产业结构的升级。

(3) 外贸政策调节手段由单一的行政手段和行政干预转向更多地运用多种经济杠杆和法律手段实行宏观调控。

改革开放前和改革初期，我国外贸政策的颁布与实施，主要是靠行政渠道层层下达，外贸管理部门根据我国的内外方针政策，对外贸企业和进出口经营活动实施直接的行政干预。随着以市场经济为取向、以符合国际规范为原则的经济体制改革的深入开展，我国外贸政策的实施手段也发生了重大转变。首先表现在更多地运用经济手段来调节外贸。例如，通过降低关税、调整关税结构和出口退税政策，来调节进出口规模和实施有效保护；通过进出口信贷、对外担保和风险信用等信贷手段，来调整进出口商品的规模、优化结构；通过汇率并轨、实行有管理的市场汇率制和稳定的人民币汇率政策，促进外贸领域的公平竞争和稳定增长；通过部分取消出口价格补贴和不合理收费，以及从内外分别作价的价格割断政策转变为主要按国际市场价格水平作价，从而使企业在真实的价格信号的指导下，组织生产与开展贸易活动，提高生产效率和外贸经济效益。

除运用经济手段外，我国在贸易政策的制度化和法制化方面也取得了一定成果。1982年，将对外开放政策写入我国宪法，成为基本国策。1994 年颁布实施的《中华人民共和国对外贸易法》作为我国调整外贸的根本性立法，将维护自由贸易等内容写入法规。此外，在诸多的具体对外贸易立法中，也充分展现了国家政策的倾向性。

(4) 进口贸易政策由实行防范性的、直接行政干预的多重贸易限制措施，转向按国际贸易规范大幅度降低贸易壁垒和实施经济调节。

我国在很长时期内都实行严格的保护关税政策并采用了一系列非关税措施。20 世纪 90 年代以来，我国关税政策进行了多次重大调整，大幅降低关税，使关税总水平达到发展中国家的关税平均水平。同时，我国还调整关税结构，按加工层次实行关税升级的政策，改变我国原有税则中原料进口关税过高，半制成品与原料关税差距太大的问题，以实现由高关税保护过渡到有效保护，增强了产品的国际竞争力。

同时，我国逐渐减少对进口数量的直接或间接控制，放宽了进口用汇的限制，实行银行结售汇制。1996 年 12 月，国家实行了人民币在经常项目下的可自由兑换政策，这意味着我国开始取消对企业商品进口、劳务支付等经常性国际交易支付和转移的所有限制，为外贸的发展创造了宽松的政策环境。

(5) 出口贸易政策由主要扩大初级产品和轻纺等劳动密集型产品出口转向鼓励与扶植精加工机电产品和高新技术产品出口，以实现产品结构的优化。

在改革开放前，我国出口产品中的大部分是农副产品、工矿产品、棉纺原料等初级产品。国民经济“六五”计划期间（1981—1985 年），我国提出重点发展矿产品和农副土特产品、劳动密集型的轻纺工业品和工艺品、机电产品及有色金属、稀有金属加工品的出口。“七五”计划期间（1986—1990 年）又提出出口商品结构实现两个转变，即逐步由主要出口初级产品向主要出口制成品转变，由主要出口粗加工制成品向主要出口精加工制成品转变。同时，减少一些大宗原料性产品和工矿产品的出口，相应采取政策措施，支持和鼓励制成品和深加工品的出口。到 1990 年，基本实现了第一个转变。“八五”期间（1991—1995 年）我国提出实现第二个转变，努力增加附加值高的机电产品、轻纺产品和高技术产品的出口，并提出“以质取胜”的出口战略方针。“九五”期间和“十五”期间提出继续扩大大宗传统产品和劳动密集型工业制成品出口，不断提高其技术含量和附加值，增加高新技术产品和高附加值产品出口。“十一五”期间提出以自有品牌、自主知识产权和自主营销为重点，引导企业增强综合竞争力。支持自主性高技术产品、机电产品和高附加值劳动密集型产品出口。“十二五”期间提出保持现有出口竞争优势，加快培育以技术、品牌、质量、服务为核心竞争力的新优势。提升劳动密集型出口产品质量和档次，扩大机电产品和高新技术产品出口，严格控制高耗能、高污染、资源性产品的出口。

（6）对外贸易国别地区关系的基本政策由局限于少数社会主义国家的经贸关系，到面向所有的国家，实行全方位协调发展的政策。

中华人民共和国成立初期，我国外贸国别地区政策的重点是发展与苏联、东欧等社会主义国家的经贸关系；同时，也与亚、非、拉国家开展经贸合作。20世纪60—70年代，中国与日本、美国等国家外交关系取得突破性进展；同时，也发展了对日本等资本主义国家的贸易关系。20世纪80年代以后，我国开始实行改革开放的基本政策，外贸国别（地区）政策做出了重大调整，即实行全方位协调发展的国别（地区）政策。

从上述贸易政策发展的特点可以看出，我国贸易政策调整对改革开放和经贸发展起到了重要作用。但不可否认的是，我国现行贸易政策还存在很多不统一、不规范和不完善之处。例如，各级政府采取行政手段干预企业经营的情况仍然存在；政策的法制化尚待加强；不合理的关税优惠和减免政策造成名义关税和实际关税差距较大的现象仍然存在；国内外市场价格机制还没有完全接轨；对民营中资企业的歧视性、限制性和不公平性仍然存在；在出口退税政策、外汇管理、知识产权保护等方面尚存不完善之处，从而造成管理上的漏洞和失控；国内政策、法律法规不统一，地方保护主义造成国内各省、市、自治区之间的贸易壁垒；内外资企业税负不同的差别待遇仍然存在等，还有待进一步调整和完善。

相关思政元素：坚定信心

相关案例：

新华社评论员：捍卫多边主义的正义力量不可战胜——坚定必胜信心，应对风险挑战

当前，国际形势变幻莫测，单边主义和保护主义严重冲击国际经济秩序，世界经济面临的风险和不确定性明显上升，全球发展处于重要关口。把握世界经济的大方向，对存在的问题找根源、把准脉、开好方，坚持多边主义、实现共同发展的重要性更加凸显。正如联合国秘书长古特雷斯所说，今天的世界“比以往任何时候都更需要多边主义”。

无论国际风云如何变幻，中国作为世界第二大经济体和负责任大国，始终做世界和平的建设者、全球发展的贡献者、国际秩序的维护者。“疾风知劲草，烈火见真金。”面对单边主义、保护主义逆流涌动，中国坚定维护多边贸易体制，在联合国、世界贸易组织、二十国集团、亚太经合组织等多边框架内与各国深化合作，为全球发展不断注入正能量。多年来，150多个国家和国际组织同中国签署共建“一带一路”协议。共建“一带一路”丰富了国际经济合作理念和多边主义内涵，见证着中国促进世界经济增长、实现共同发展的务实行动。“中国已经成为捍卫多边主义、国际规则和自由贸易的重要力量”，在第二十三届圣彼得堡国际经济论坛上，中国贡献得到各方高度评价。

德不孤，必有邻。倡导和践行多边主义，不仅是中国的坚定选择，也是世界绝大多数国家的共同选择。以联合国为中心的多边国际体系协力应对全球性问题和挑战；欧盟、东盟、非盟、阿盟、拉共体等为维护地区和平与发展积极努力；不久前举行的上合组织峰会，成员国就维护和加强世界贸易组织地位和作用形成共同立场……实践一再证明，在各国利益深度融合、休戚与共的今天，和平发展是时代潮流，多边主义是人间正道，构建人类命运共同体是大势所趋。

值得警惕的是，一段时间以来，美国一些人在单边主义、保护主义的歧路上越滑越远——动辄极限施压，频繁退群毁约，打压别人不择手段，为了一己之私肆意践踏国际贸易规则、破坏全球治理体系。

得道多助，失道寡助。美国一些人的所作所为，不仅没有带来预期的“再次伟大”，反而丢了道义、失了人心。“没有任何国家的发展可以孤立于全球体系外”“坚定地与中国站在一起”“共同抵制单边霸凌行径”……从非洲大陆到西欧国家，从亚洲到美洲，越来越多的国外政党、政要和国际知名人士纷纷反对单边主义，普遍赞赏中国在应对挑战中的责任担当。这就是维护公平正义的国际共识，就是捍卫多边主义的人心所向。

今天，世界经济处于关键时刻，我们只有作出正确选择，才会赢得光明的未来。和平发展的时代潮流不可阻挡，捍卫多边主义的正义力量不可战胜。我们只有团结在多边主义的旗帜下，完善全球治理，推动国际秩序朝着更加公正合理的方向发展，才能共同创造更加繁荣、美好的未来。

来源：新华社，2019 年 6 月 29 日

拓展案例

中国与欧盟达成纺织品贸易协议

案例简介：

2005 年 6 月 10 日 23 时 59 分，欧盟对华纺织品贸易 15 天“特保预备期”到来前的最后一分钟，长谈了 10 个小时的中国商务部与欧盟贸易委员曼德尔森共同宣布：双方已就纺织品贸易达成了“最后一分钟协议”。中欧通过磋商避免了一场可能发生的纺织品贸易战。中国将在 2007 年年底之前，保证出口到欧洲的纺织品增长平稳过渡；欧盟承诺到 2008 年不再限制中国纺织品进口，而在 2007 年年底之前，只对 10 种中国纺织品设置进口增长率限制。

案例分析：

加入世界贸易组织后，我国遭遇的限制不但没有减少，而且有愈演愈烈之势。为什么一向主张自由贸易的发达国家，率先树起了保护大旗，违反自由贸易的规则呢？

事实上，所谓的自由贸易从来就不可能有不设限制的自由。任何一个国家都是以保护各自的利益为第一要务的，当一国的产品对该国的产业和就业形成威胁时，那么这种限制就会随之而来。

我国的纺织品屡遭限制，是因为我国产品具有欧美发达国家不可比拟的成本优势和价格优势，使得欧美的纺织企业在与我国企业竞争时很难获利。这也表现在诸如家具、打火机、儿童玩具等其他产品上。所以，尽管违反世界贸易组织的有关规定和贸易自由的精神，这些发达国家也要对我国产品进行限制。

因此，我们就看到这样的事实：贸易自由化实际上是有着双重标准的，即对自己的优势产业主张自由贸易，让大家都打开大门，而当自己的劣势产业遇到来自他国的挑战时则强调贸易保护，关上大门。企业在参与国际竞争中，不仅要在进入市场时主动出击，更要在受到阻击时采取有效的措施来保护自己。

启示：

中欧达成纺织品贸易协议有几大意义。第一，成功避免了贸易战，保持了与欧盟的战略合作关系；第二，纺织品贸易仅是中欧贸易的很小部分，而欧盟目前是中国的最大贸易伙伴，解决了纺织品贸易争端，对于中欧在其他领域的贸易合作更为有利；第三，中欧贸易摩擦的消除对于美国是一个刺激，也是一个启示，这将促使美国尽快解决与中国的纺织品贸易摩擦问题。

本章小结

1. 国际贸易政策是各国在一定时期内对进口贸易和出口贸易所实行的政策，是运用国际贸易理论指导国际贸易实践的杠杆和中介。国际贸易自产生以来，对应着两种基本贸易理论流派，大致存在两种类型的国际贸易政策：自由贸易政策和保护贸易政策。

2. 制定对外贸易政策时应考虑的因素包括本国的经济发展水平和商品竞争能力；本国的经济结构和比较优势；本国的经济状况；本国各种利益集团力量的对比；政府领导人的经济贸易思想；本国与他国的政治、外交关系等因素。

3. 从历史上看，自由贸易政策盛行的时期主要有两个阶段：第一个阶段是19世纪中叶至第一次世界大战前的资本主义自由竞争时期，英国带头实行自由贸易政策；第二个阶段为20世纪50至70年代初期，出现了全球范围的贸易自由化。自20世纪90年代以来，贸易自由化继续向纵深发展。

4. 从历史上看，保护贸易政策盛行的时期主要有四个阶段：第一个阶段是16—18世纪资本主义生产方式准备时期，西欧国家普遍实行强制性贸易保护政策；第二个阶段是19世纪70年代末以后的资本主义自由竞争时期，美国和德国等西欧国家实行保护贸易政策；第三个阶段是第一次世界大战和第二次世界大战之间的垄断资本主义时期，帝国主义国家实行超保护贸易政策；第四个阶段是20世纪70年代中期以后，国际贸易中出现了新贸易保护主义。

5. 中国的对外贸易政策经过了国家统制下的封闭型的保护贸易政策，国家统一领导和有限开放条件下的保护贸易政策，国家管理下的开放型的过渡时期贸易政策，世界贸易组织规则下公平与保护并存的对外贸易政策。

本章习题

6.1　名词解释

国际贸易政策　自由贸易政策　保护贸易政策　超保护贸易政策　管理贸易　进口替代战略　出口替代战略　出口导向战略

6.2 思考题

(1) 各国制定对外贸易政策的目的是什么?

(2) 一国制定对外贸易政策主要考虑哪些因素?

(3) 与传统的保护贸易政策相比,超保护贸易政策具有哪些特点?

(4) 第二次世界大战后的贸易自由化具有哪些特点?

(5) 新贸易保护主义的主要特点是什么?

(6) 改革开放以后中国的国际贸易政策有什么特点?

本章实践

特保案效应发酵——美欲向中国钢管征90%双反税

当美国总统奥巴马作出对中国轮胎征收保障性税的决定之后,美国的钢铁业似乎受到“鼓励”,也来“凑热闹”。2009年9月17日,美国最大的钢铁公司美钢联(U. S. Steel Corp.)向美国商务部提交了一份申请,要求对从中国进口的一些钢管产品征收最高60%的反倾销关税和最高30%的反补贴关税。这些钢管产品主要是用于化工、石油、炼油厂及相关业务。美国是中国钢管产品的主要销售市场,中国的钢管产品约占其市场份额的1/3。截至2009年9月21日,美国钢铁公司已经向美国商务部提交申请,要求对从中国进口的某些钢管产品征收最高90%的反倾销和反补贴关税。若征收上述关税,中国的钢管基本上无法出口到美国。

据报道,美国工会暗示,很可能在多个行业发起抵制“中国制造”的活动,相关人员正在关注造纸、玻璃、水泥、钢材等多个中国产品占领的行业。而中国也在谋求维护自己的利益。日前,已启动对美国进口部分汽车、肉鸡产品进行“反倾销、反补贴”的立案调查程序。国家发改委宏观经济研究院副院长陈东琪也表示,美国大豆商在获得政府大量补贴后正在向中国倾销大豆。相关资料显示,2009年前8个月,中国共进口大豆2 990万吨,其中大约40%来自美国。

试用国际贸易相关知识对此加以分析。

第7章 关税措施

学习目标

- 掌握关税的含义、特点及作用。
- 熟悉关税的种类。
- 了解关税的征收方法、依据及程序。
- 理解关税水平和保护程度。
- 掌握大国和小国关税的局部均衡分析。

教学要求

教师采用启发式、研讨式等多种教学方法，帮助学生理解和掌握关税措施的含义、特点及主要种类；了解关税的经济效应；掌握关税的征收方法及关税水平和保护程度。

导入案例

2015年7月进口关税降低

根据2015年4月28日，国务院常务会议决定，为完善消费品进出口政策，丰富国内消费者购物选择，对国内消费者需求大的部分日用消费品要开展降低进口关税试点。为此，经国务院关税税则委员会研究提出并报国务院批准，自2015年6月1日起，我国降低部分服装、鞋靴、护肤品、纸尿裤等日用消费品的进口关税税率，平均降幅超过50%。

在本次调整中，西装、毛皮服装等的进口关税将由14%~23%降低到7%~10%，短靴、运动鞋等的进口关税由22%~24%降低到12%，纸尿裤的进口关税由7.5%降低到2%，护肤品的进口关税由5%降低到2%。加上此前几年为促进消费和改善民生已经实施低关税的产品。至此，我国已经降低了服装、鞋靴、护肤品、婴儿食品和用品、厨房炊具、餐具、眼镜片等多类日用消费品的进口关税。

为了更好地理解以上信息，应该首先了解关税的含义及种类。

尽管自由贸易能提高效率并增进福利，但在因进口竞争而面临收入下降以及失业命运的企业和工人当中，自由贸易政策却遇到了巨大阻力。因此，各国并未坚持自由贸易准则，政策制定者运用不同的措施来限制商品和服务的自由流动，主要表现为“奖出限入”。从“限入”来看，这些措施分为关税壁垒和非关税壁垒，“奖出”即采用鼓励出口的政策措施。此外，还对某些重要资源和战略物资实施出口管制、限制或禁止出口。本章将开始介绍干预自由贸易条件下资源配置的各种政策工具，即国际贸易政策措施。

7.1　关税的含义与作用

7.1.1　关税的含义及特点

1. 关税的含义

关税（Customs Duties）是进出口商品经过一国的关境时，由政府所设置的由海关向其进出口商所征收的一种税。关境（Customs Frontier）又称税境，是一个国家征收关税和执行海关各项法令和规章的区域。

关税是通过海关征收的。海关（Customs House）是设在关境上的国家行政管理机构。它是贯彻执行本国有关进出口政策、法令和规章的重要工具。其任务是根据国家有关法律和规定对进出关境的货物、金银、货币、行李、邮件、运输工具等进行监督查验；对应税物品依照本国税法税征收关税，缉查走私；对不符合本国进出口规定的物品不予放行、罚款直至没收或销毁。

早在欧洲古希腊雅典时代就出现了关税。到资本主义社会，关税制度普遍建立，并一直延续到现在。

2. 关税的特点

关税是一种间接税，是构成国家财政收入的重要组成部分。与其他国内税一样，关税具有强制性、无偿性和固定性等特点。强制性是指海关凭借国家权力依法征收，纳税人必须无条件地履行纳税义务。无偿性是指征收关税后，其税款成为国家财政收入，无须给予纳税人任何补偿。固定性是指国家通过有关法律事先规定征税对象和税率，海关和纳税人均不得随意变动和减免。但关税又有别于其他国内税，主要表现在四个方面：第一，关税的税收主体即关税的纳税人是进出口商，税收的客体即课税的对象是进出口货物。第二，关税具有涉外性，是对外贸易政策的重要手段，可以起到调节一国进出口贸易的作用。第三，关税属于间接税。关税主要是对进出口商品征税，其税负可以由进出口商垫付，然后把它作为成本的一部分加入货价，货物出售后可收回这笔垫款。因此，关税负担最后转嫁给买方或消费者。第四，关税可以起到保持进口贸易平衡的作用。

7.1.2　关税的作用

关税具有积极和消极双重作用，具体如下。

一、积极作用

1. 增加国家的财政收入

关税是国家财政收入的一个重要组成部分，关税的纳税人即税收主体是本国进出口商，但最终是由国内外的消费者负担，它属于间接税的一种。进出口货物则是税收客体，即被依法征税的标的物。

2. 保护本国的生产和市场

通过对进出口商品征收关税，提高进口商品的价格，削弱进口商品与本国同类产品的竞争能力，以保护本国的生产和市场免受国外竞争者的损害。同时，进口商品价格提高以后，国内同类商品的市场价格同样会提高，从而可以调动国内厂商生产同类商品的积极性。对出口商品征收关税，可以抑制其出口，使国内市场得到充分供应，防止国内紧缺物资外流，保护国内资源。

3. 调节国内生产、物价、市场供求和财政、外汇收支

利用税率的高低或减免影响企业的利润，国家有意识地引导各类商品的生产，改善产业结构；利用税率的高低或减免调节某些商品的进出口数量，调节国内物价，保证国内市场供求平衡；通过提高进口关税税率和征收进口附加税，减少进口数量和外汇支出；保持国际收支平衡。

4. 维护国家的对外关系

关税一直与国际关系有密切联系。由于关税的高低会影响到对方国家对外贸易的规律和生产的发展，涉及对方国家的经济利益。因此，一方面，可以把关税作为对外经济斗争的武器；另一方面，可以把关税作为争取友好贸易往来，改善或密切关系的手段。例如，在对外贸易谈判中，关税可以作为迫使对方做出某些让步的手段；在经济贸易集团中，互免关税便成为各成员经济联盟之间的纽带。

二、消极作用

1. 加重消费者的负担

由于征收的进口或出口税最后都要加到商品的售价之中，必然会增加消费者的开支，加重消费者的负担。

2. 保护过度会造成保护落后

关税虽有保护本国生产的作用，但如果税率过高，保护过度，就会使有关企业养成依赖性，不思进取，长期处于落后地位，不能参与竞争。

3. 容易恶化贸易伙伴间的友好关系

如关税保护不当，很容易引起贸易伙伴间的矛盾，导致对方采取相应的报复措施，不利于改善双方的贸易关系。

4. 影响本国出口贸易的发展

如关税保护过分还会影响本国出口贸易的发展。因为各国都讲求贸易平衡，有进有出，进出结合，任何一方都不能企求只出不进，否则他方也采用高关税限制国外商品进口，这样一来，都想多出不进或少进，结果谁也出不去，反而阻碍了各自的出口。

此外，还有些商品由于征税过高致使国内外差价过大，遂成为走私对象。

7.2 关税的种类

关税的种类很多，按照标准不同，可以进行以下分类。

7.2.1 按照征收的对象或商品的流向分类

按照征收的对象或商品的流向，关税可分为进口税、出口税和过境税。

1. 进口税

进口税（Import Duties）是进口国家的海关在国外商品输入时，对本国进口商所征收的关税。进口税是关税当中最主要的一种税，一般是在国外商品直接进入关境或国境时征收，或者在国外商品从自由港、自由贸易区或海关保税仓库等提出运往国内市场销售，在办理海关手续时征收，因此又被称为一般进口税。

进口税主要可分为最惠国税和普通税两种。最惠国税适用于从与该国签订有最惠国待遇条款的贸易协定的国家或地区所进口的商品。普通税适用于从与该国没有签订这种贸易协定的国家或地区所进口的商品。最惠国税率比普通税率低，两种税率的差额往往很大。第二次世界大战后，大多数国家加入了关贸总协定——世贸组织（GATT—WTO）或者签订了双边贸易条约或协定，相互给予最惠国待遇，实行最惠国税率，因此这种关税通常被称为正常关税。

一些国家通过征收高额进口税的办法来提高进口商品的价格，削弱其竞争能力，从而达到限制或阻碍其进口的目的。通常所说的关税壁垒（Tariff Barriers）指的就是高额进口税。

世界各国对不同的进口商品制定不同的税率。税率的高低取决于本国的经济利益。一般来说，发达国家的进口税率往往随商品加工程度的提高而提高。工业制成品税率最高，半制成品次之，初级产品最低，甚至免税。这是为了保证其原料来源和提高实际保护程度；发展中国家为保护和发展民族经济，对国内尚不能生产的机器设备和生活必需品实行较低的税率或免税政策，对国内已能大量生产的商品和奢侈品制定较高的税率。

2. 出口税

出口税（Export Duties）是出口国家的海关在本国商品输出时，对本国出口商所征收的关税。目前大多数国家对绝大部分出口商品都不征收出口税，因为征收出口税势必会提高本国出口商品在国外市场上的销售价格，降低其竞争能力，不利于扩大出口。第二次世界大战后，只有少数国家主要是发展中国家征收出口税。其目的有四：一是增加财政收入。以增加财政收入为目的而征收的出口税，税率一般都不高，为1%~5%。通常被征收出口税的商品，在国际市场上具有独占或支配的地位；二是保护国内生产和保障本国市场供应。一种情况是对某些出口的原料征收，以保证对国内相关产业的供给。例如，瑞典和挪威为保护其纸浆和造纸工业而对木材出口征税。另一种情况是为保障本国人民所需要的粮食和食品的供应，（尤其是在农产品减产或遭受灾害之年），通过征收出口税的办法限制其出口；三是防止无法再生的资源枯竭而对其出口征税；四是为了保证其贸易利益，某些单一型经济国家为维护其为数不多的几种初级产品的国际市场价格而征收出口税。

3. 过境税

过境税（Transit Duties）又称通过税，是一国对通过其关境或国境而运往另一国的国外货物所征收的关税。

在资本主义生产方式准备时期，这种税制开始产生并普遍流行于欧洲各国。到19世纪后半期，各国相继废止了过境税。因为货物通过本国领土可以增加本国运输业的收入，而对国内生产和市场也并不会产生影响，所征税率很低，财政意义不大，所以一些国际公约和协定都规定了不准征收过境税。第二次世界大战以后，大多数国家在国外商品通过其领土时只收取少量的准许费、印花费、登记费和统计费等。

7.2.2　按照征税的目的分类

按照征税的目的，关税可分为财政关税和保护关税。

1. 财政关税

财政关税（Revenue Tariff）又称收入关税，是以增加国家的财政收入为主要目的而征收的关税。为了达到增加财政收入的目的，对进口商品征收财政关税时，必须具备以下三个条件：①征税的进口商品必须是国内不能生产或无替代品而从国外输入的商品；②征税的进口商品在国内必须有大量的消费；③关税税率要适中或较低，如税率过高，将阻碍进口，达不到增加财政收入的目的。

征收关税，最初的目的多是获取财政收入。随着资本主义的发展，财政关税的作用相对降低，由于其他税源增加，关税收入在国家财政收入中所占比例相对下降，更为主要的是由于市场竞争日趋激烈，各国纷纷采用征收高额进口税的办法，限制外国商品进口，以保护国内生产和市场，使保护关税的作用日益加强。

2. 保护关税

保护关税（Protective Tariff）是指以保护本国生产和市场为主要目的而征收的关税。保护关税的税率一般都较高，因为越高越能达到保护的目的。保护关税率有时高达100%以上，等于禁止进口，成了“禁止关税”（Prohibitive Duties）。

随着战后的贸易自由化，各国进口税的税率均大幅降低，因此，关税对本国生产和市场的保护作用已大为减弱。但关税仍然是各国实行贸易保护主义的重要措施之一。

7.2.3　按照差别待遇和特定的实施情况分类

按照差别待遇和特定的实施情况，关税可分为进口附加税、差价税和优惠性关税。

一、进口附加税

对进出口商品按规定的税率征收的关税称为正常关税（Normal Tariff），或称为正税。在正税以外，再额外加征的关税称为进口附加税（Import Surtaxes）。

进口附加税一般是临时性关税，只在一段时间内或发生特定的情况时征收。其目的主要有应付国际收支危机，维持进出口平衡，抵制外国商品倾销，对某个或某些国家歧视或报复等。因此，进口附加税又称为特别关税。

进口附加税是限制商品进口的重要手段。一般来说，对所有国外进口商品都征收进口附加税的情况较少，多数情况是针对个别国家和个别进口商品征收进口附加税。进口附加税主要有反补贴税、反倾销税、紧急关税、惩罚关税和报复关税五种。

1. 反补贴税

反补贴税（Counter-vailing Duty）又称抵消税或补偿税，是对直接或间接接受补贴的外国进口商品所征收的一种进口附加税。进口商品无论在生产、制造、加工、买卖或输出过程中的哪一环节接受了直接的或间接的补贴，也不论这种补贴是来自政府还是同业公会，都构成征收反补贴税的条件。反补贴税额是按补贴数额征收的，即补贴多少征收多少，以不超过补贴数额为原则。征收反补贴税的目的，在于提高进口商品的价格，抵消其所享受的补贴的作用，削弱其竞争能力，使其不能在进口国的国内市场上与进口国同类商品进行低价竞争，以保护国内生产和市场。

2. 反倾销税

反倾销税（Anti-dumping Duty）是对实行倾销的进口商品所征收的一种进口附加税。征收反倾销税的目的，在于抵制商品倾销，保护国内生产和市场。因此，反倾销税税额一般按倾销差额征收，由此抵消低价倾销商品价格与其正常价格之间的差额。

3. 紧急关税

紧急关税（Emergency Tariff）是为消除在短期内大量进口国外商品而对国内同类商品生产造成重大损害或产生重大威胁而征收的一种进口附加税。当短期内外国商品大量涌入时，正常关税已难起到有效保护作用，因此需借助税率较高的特别关税来限制进口，保护国内生产和市场。

4. 惩罚关税

惩罚关税（Penalty Tariff）是指出口国某商品违反了与进口国之间的协议，或者未按进口国海关规定办理进口手续时，对该进口商品征收的一种进口附加税。例如，1988 年，日本半导体元件出口商因违反了与美国达成的“自动”出口限制协定，被美国征收了高达100%的惩罚关税。又如，某进口商虚报成交价格，以低价假报进口手续，一经发现，进口国海关则应向该进口商征收特别关税作为罚款。

5. 报复关税

报复关税（Retaliatory Tariff）是一国为报复他国对本国商品、船舶、企业、投资或知识产权等方面歧视待遇，对从该国进口的商品所征收的进口附加税。当对方取消歧视待遇时，这种关税将随之取消。

由于进口附加税比正税所受国际社会的约束要少，使用灵活，常被一些国家当作限制进口和贸易斗争的武器。过去，我国在合理、适当运用进口附加税的手段方面显得十分不足。例如，因长期没有自己的反倾销和反补贴法规，不能利用反倾销税和反补贴税来抵制国外商品对我国的低价倾销，以保护国内同类产品的生产和市场。直到 1997 年 3 月 25 日，我国颁布了《中华人民共和国反倾销和反补贴条例》，这才使我国的反倾销、反补贴制度法制化、规范化。

二、差价税

差价税（Variable Levy）又称差额税，是当进口商品的价格低于本国生产的同类商品的国内价格时，为了削弱进口商品的竞争能力，保护国内生产和市场，按进口价格与国内价格之间的差额征收的关税。由于差价税的税额随着国内外价格差额的变动而变动，因此它是一种滑动关税（Sliding Duty）。对于征收差价税的商品，有的规定按价格差额征收，有的规定在征收正常关税以外另行征收，这种差价税实际上属于进口附加税。

差价税的典型表现是欧共体（现欧盟）对进口农畜产品采取的措施。欧盟为了保护其农畜产品免受非成员国的低价竞争，而对进口农产品征收差价税。欧盟征收差价税的办法比较复杂。例如，对谷物进口征收差价税分为三个步骤：首先，按谷物季节分别制定统一的指标价格（Target Price）。指标价格是以欧共体内部生产效率最低而价格最高的内地中心市场的价格为准而定的价格，一般比世界市场价格高。其次，确定入门价格（Threshold Price），即从指标价格中扣除把谷物从进口港运到内地中心市场所付一切开支后的余额。最后，确定差价税额，它由“入门价格”与进口价格的差额而定。

实行差价税后，进口农产品的价格被抬至欧盟内部的最高价格，从而丧失了价格竞争优势。欧盟借此有力地保护了其内部的农业生产和农畜产品市场。差价税实际上是欧盟实行共同农业政策的一项重要措施。

三、优惠性关税

1. 特惠税

特惠税（Preferential Duties）又称优惠税，是指对从某个国家或地区进口的全部或部分商品给予特别优惠的低关税或免税待遇。其他国家或地区不得根据最惠国待遇原则要求享受这种优惠待遇。特惠税有互惠的和非互惠的两种。

特惠税最早开始于宗主国与其殖民地及附属国之间的贸易。目前，实施特惠税的主要有给予参加《洛美协定》的非洲、加勒比和太平洋地区的70多个国家和地区的特惠关税。第一个《洛美协定》签订于1975年2月，按照《洛美协定》，欧盟成员国在免税、不限量的条件下，接受受惠国的全部工业品和99.5%的农产品，而不要求受惠国给予反向优惠，并放宽原产地限制。同时，欧共体还给予这些国家和地区由于一些产品跌价或减产而遭到损失时的补偿。《洛美协定》签署国间实行的这种优惠关税是世界上最优惠的一种关税：一是优惠范围广，除极少数农产品外，几乎所有工业产品和农产品都在优惠范围之内；二是一种非互惠单向优惠关税，欧共体不向这60多个国家提出对等要求；三是优惠幅度大，列入优惠的产品全部免税进口。《洛美协定》是欧共体与美国争夺市场的产物。

欧盟与非洲、加勒比、太平洋地区国家集团缔结并实施的《洛美协定》，因其特惠贸易安排独特性强、涉及国家多、历时时间长、影响面大，一直被广泛认为是战后发达国家与发展中国家区域经济合作的一种成功的模式，受惠的非洲、加勒比、太平洋地区国家从最初的46个增加到77个。但随着2000年6月欧盟与非洲、加勒比、太平洋地区国家集团签署并实施了《科托努协定》。至此，《洛美协定》宣告结束，其特惠贸易安排也将逐步被互惠的自由贸易体制所取代。这一重大事件已被称为欧盟与非洲、加勒比、太平洋地区国家关系“历史性转折点”，它标志着双方合作关系的“新时期的开始”。

2. 普惠税

按照普遍优惠制（Generalized System of Preferences，GSP）征收的优惠关税称为普惠税。

普遍优惠制简称“普惠制”。它是发展中国家在联合国贸易与发展会议上进行了长期斗争，于1968年3月联合国第二届贸发会议通过了建立普惠制决议之后取得的。在该决议中，发达国家承诺对从发展中国家或地区进口的商品，特别是制成品和半制成品，给予普遍的、非歧视的和非互惠的优惠关税待遇。所谓普遍的，是指发达国家应对发展中国家或地区出口的制成品和半制成品给予普遍的优惠待遇；所谓非歧视的，是指发达国家应对所有发展中国家或地区都不歧视，一律给予普惠制待遇；所谓非互惠的，是指发达国家应单方面给予发展中国家或地区关税优惠，而不要求发展中国家或地区提供反向优惠。

普惠制的目的是增加发展中国家或地区的外汇收入；促进发展中国家或地区的工业化；提高发展中国家或地区的经济增长率。

虽然贸发会议通过了建立普惠制决议，但将该决议付诸实施并非一帆风顺。由于执行一个统一的普惠制方案很难通过，发展中国家与发达国家进行了反复谈判，最后于1970年10月达成协议，决定每个发达国家各自制定自己的普惠制方案，期限为10年。欧共体于1971年7月1日第一个宣布实施普惠制方案，美国于1976年开始实施。到1999年，共有29个给惠国实施了15个普惠制方案。这29个国家分别是：欧盟15国（德国、法国、英国、意大利、比利时、荷兰、卢森堡、丹麦、爱尔兰、希腊、西班牙、葡萄牙、奥地利、芬兰、瑞典）、瑞士、挪威、波兰、俄罗斯、乌克兰、白俄罗斯、日本、加拿大、澳大利亚、新西兰，以及美国、保加利亚、匈牙利、捷克。其中前25个国家给惠国给予了中国普惠制待遇。普惠制实施的初期，发达国家仅对77国集团的发展中国家和最不发达国家给予普惠制待遇，后来逐年增加。

各给惠国为了保护自己的利益，都在其制定的普惠制方案中做了种种限制性的规定，概括起来有以下几个方面。

（1）对受惠商品范围的规定。各给惠国的方案都列有受惠商品清单或排除商品清单，只有列在受惠商品清单上的商品才可以享受普惠制待遇。一般说来，农产品中受惠商品较少，工业品中受惠商品较多，但部分“敏感性商品”，如纺织品、鞋类、石油制品及某些皮革制品等却被排除在外或受到限额的限制。所谓敏感性商品，是指国际市场上价格特别容易受到市场行情影响的商品。这类商品数量大、市场占有率高，其价格变动对市场行情变化的反应十分敏感，价格极不稳定。有些商品即使列入受惠商品范围，也要受到配额或预定限额的限制。

（2）对受惠国家或地区规定。普惠制原则上应对所有发展中国家或地区都无歧视、无例外地提供优惠待遇，但有的给惠国从自身的经济和政治利益出发，对受惠国家或地区进行限制。如美国公布的受惠国名单中，不包括某些发展中的社会主义国家、石油输出国组织的成员国。美国对受惠国有三条规定：第一，必须是发展中国家；第二，必须是国际货币基金组织的成员国；第三，必须是关贸总协定的成员国。我国从20世纪70年代末开始享受普惠制待遇。除美国外，给惠国中的资本主义国家都给我国普惠制待遇。

（3）对受惠商品减税幅度的规定。发达国家对进口商品征收关税一般采用下列三种税率：一是普通税率，也是最高税率，一般对从未建交国家进口的商品采用。普通税率一般比优惠税率高1~5倍。二是最惠国税率，亦称协定税率，是对签订有最惠国待遇条款的双边或多边贸易协定的国家实行的税率。原关贸总协定（现世界贸易组织）的成员方之间实行这种税率。三是普惠制税率，也称单向优惠税率，是发达国家对发展中国家采用的优惠税率，在最惠国税率的基础上实行减税或免税。受惠商品减税幅度的大小取决于最惠国税率和普惠制税率之间的差额。一般说来，对农产品的减税幅度小，对工业品的减税幅度大，甚至有的免税。

（4）对给惠国保护措施的规定。一是免责条款（Escape Clause），又称例外条款（Exception Clause），是指当受惠国某种产品的进口量增加到对给惠国同类产品或有某种竞争关系的产品的生产者造成或即将造成严重损害时，给惠国保留对该种产品完全取消或部分取消关税优惠待遇的权利。二是预定限额（Prior Limitation）。即预先规定在一定的时期内某项受惠产品的关税优惠进口限额，对超过限额的进口按规定征收最惠国税率。三是竞争需要标准（Competitive Need Criterion）。对来自某一受惠国的某种进口产品，如超过当年所规定的进口限额或一定的百分比，则取消下一年度该受惠国的该产品的关税优惠待遇。美国采用这种标准。四是毕业条款（Graduation Clause）。也就是说，当某一（或某些）受惠国家或地区的某项产品或其经济发展水平达到一定的高度，在世界市场上显示出较强的竞争力时，便取消该项产品或国家的普惠制待遇。毕业标准可分为“产品毕业”和“国家毕业”两种。例如，美国规定，一国人均 GNP 超过 8 500 美元或某项产品出口占美国进口的 50%即为毕业。

（5）对原产地的规定。原产地规定又称原产地规则（Rule of Origin），是衡量受惠国出口产品是否取得原产地证书、能否享受优惠的标准。其目的是确保发展中国家或地区的产品利用普惠制扩大出口，防止非受惠国的产品利用普惠制的优惠扰乱普惠制下的贸易秩序。它一般包括三个部分，即原产地标准、直接运输规则和原产地证书。原产地标准（Origin Criterion）是指只有全部用受惠国的原料或零部件生产或加工制造的产品，或者产品中使用的进口原料或零部件经过高度加工以后，发生了实质性的变化，才能享受普惠制待遇。判断是否发生了实质性变化有两个标准：一是加工标准。欧盟、瑞士、挪威和日本等采用这种标准。一般规定，进口原料或零部件在受惠国加工后，其税号发生了变化，就可以认为已经过高度加工，发生了实质性的变化。例如，进口棉花，纺成纱，织成布，又染上色，最后加工成服装出口，改变了产品原来的属性，使产品发生了实质性的变化，这样就可以享受关税优惠待遇。二是增值标准或称百分比标准。澳大利亚、新西兰、加拿大、美国等采用这种标准。它规定，只有进口原料或零部件的价值没有超过规定的出口产品出厂价格一定的百分比，或者本国原料或零部件的价值不低于规定的出口产品出厂价格一定的百分比，才可享受普惠制关税优惠待遇。例如，加拿大规定进口原料或零部件的价值不得超过出口产品出厂价的 40%；美国规定本国原料或零部件的价值不能低于出口产品出厂价格的 35%。直接运输规则是指受惠产品必须从受惠国直接运到进口给惠国。但由于地理或运输等原因确实不可能直接运输时，允许货物经由他国领土转运，条件是货物必须始终处于过境国海关的监管之下，并向进口给惠国海关提交过境提单和过境海关签发的过境证明书等，才能享受普惠制关税优惠待遇。制定这项规则的主要目的是避免在运输中可能进行的再加工或换包。原产地证书是指受惠国必须向给惠国提供由出口受惠国政府授权的签证机构签发的普惠制原产地证书“格式 A”（Form A），作为享受普惠制待遇的有效凭证。“格式 A”的全称是《普遍优惠制原产地证明书（申报与证明联合）格式 A》，它是受惠产品享受普惠税待遇的官方证明，是受惠产品获得受惠资格必不可少的重要证明文件。

7.3 关税的征收

7.3.1 关税的征收方法

1. 从量计征

从量计征是指以商品的计量单位，如重量、数量、容量、长度、面积和体积等为标准计征关税的方法。按这种方法征收的关税称为从量税。

从量税额=每单位从量税×商品数量

从量计征方法简便易行，但有两个缺点：一是从量计征的税额是固定的，不随商品价格的变动而变动。当商品价格下跌时，关税的保护作用加强；当商品价格上涨时，关税的保护作用减弱。二是从量计征对同一种商品，不分质量好坏、档次和价格高低，都按同样税率征收，造成优质高档高价的商品税负较轻，而劣质低档低价的商品税负较重，使纳税人税收负担不公平。另外，对某些物品如艺术品和贵重物品（古玩、字画、雕刻品、宝石等）不便使用。第二次世界大战以前，世界各国普遍采用从量计征关税的方法。战后，由于商品的种类、规格日益繁杂和通货膨胀、物价上涨等原因，各国纷纷采用从价计征关税的方法。

2. 从价计征

从价计征是指按照商品价格的一定百分比计征关税的方法。按这种方法征收的关税称为从价税。

从价税额=商品总值×从价税率

从价计征方法有如下几个优点：①税率明确，便于各国比较；②纳税人的税收负担较为公平，因为从价税额随商品档次与价格高低的变化而增减；③关税的保护作用不受商品价格变动的影响。商品价格上涨，从价税额也随之增加。

从价计征方法的缺点是：①商品价格下跌，税额相应减少，国家的财政收入也就减少。②按从价方法计征关税时，需要先确定进口商品的完税价格，其确定比较复杂。所谓完税价格，是指经海关审定的作为计征关税依据的商品价格，也称海关价格。它和税率一样都是决定税额的重要因素。

国际贸易中的货物价格多种多样，究竟以何种价格为准，这种价格应包括哪些费用，这些都要由海关做出规定。特别是为防止进出口商用假合同、假发票伪报价格、偷漏关税，对进出口商申报的价格应由海关根据本国关税法令进行审查、调整或估定，确定海关完税价格。

过去，世界各国对海关完税价格的审定或估定原则都有各自的规定，大体上可概括为以下三种：①以 CIF 价格作为征税价格标准；②以 FOB 作为征税价格标准；③以法定价格（或称官定价格）作为征税价格标准。

由于各国海关对完税价格规定的原则不一致，有些国家就可以利用海关对完税价格的审定或估定，高估完税价格，提高实际税率，阻止外国商品进口，垄断国内市场。这是涉及进出口国切身利益的问题，所以各国常为此发生争执。为了统一各国的海关估价方法，关贸总协定第七条做了具体规定："海关对进口商品的估价应以进口商品或相同商品的实际价格，而不得以国内产品价格或者以武断的或虚构的价格作为完税价格"。实际价格是指"在进口国立法确定的某一时间和地点，在正常贸易过程中于充分竞争的条件下，某一商品或相同商品出售或兜售的价格"。1950年，海关合作理事会成立时签订了《海关商品估价公约》，该公约规定，海关应以进口商品的"正常价格"作为估价依据。"正常价格"是指在买卖双方相互独立的公开市场上，任何买主都可能买到该种商品的正常价格，而不考虑实际成交的价格。以上两个规定，或是由于不够明确、完善或是由于过分抽象，执行不便，故未被广泛持久地采用。关贸总协定"东京回合"达成了关于实施协定第七条的协议，也称《海关估价守则》，已陆续被大多数国家或地区采用。该守则规定，海关应以"成交价格"作为审定或估定完税价格的依据。"成交价格"是指买卖双方在没有从属关系的公开市场上成交的已付或应付的价格。它实际上是以成交合同价格或发票价格为准，由各国关税法规定。同时也规定了两种成交价格中应包括的费用和不应包括的费用，海关审定时可以对发票价格做相应调整，使之符合规定。"乌拉圭回合"对该守则进行了修订，达成了新的《海关估价协议》。

由于从量计征和从价计征关税的方法都存在一定的缺点，因此关税的征收方法在从量计征和从价计征的基础上，又产生了复合计征和选择计征，以弥补二者的不足。目前单一使用从价方法计征关税的国家不多，主要有阿尔及利亚、埃及、巴西、墨西哥等发展中国家，我国也是其中一个。

3. 复合计征

复合计征是指对同一种进口商品同时采用从量和从价两种税率计征关税的方法。按这种方法征收的关税称为复合税或混合税。

复合税额=从量税额+从价税额

复合税具体运用时可分为两种情况。

(1) 以从量税为主加征从价税，即在对每单位进口商品征税的基础上，再按其价格加征一定比例的从价税。

(2) 以从价税为主加征从量税，即在按进口商品的价格征税的基础上，再按其数量单位加征一定数额的从量税。

复合税常用于本身较重的原材料或耗用原材料较多的工业制成品的进口计税。复合税的优点是，当物价上涨时，所征税额比单一从量税为多；物价下跌时，所征税额比单一从价税为高，从而增加了关税的保护程度。其缺点是手续繁杂，征收成本高，从量税与从价税的比例难以确定。

由于混合税结合使用了从量税和从价税，扬长避短，哪种方法更有力，就用哪种方法或以其为主征收关税，因此，无论进口商品价格高低，都可起到一定的保护作用。目前，世界上大多数国家都使用混合税，如美国、欧盟各国、加拿大、澳大利亚、日本，以及一些发展中国家，如印度、巴拿马等。

4. 选择计征

选择计征是指对同一种进口商品同时规定有从量和从价两种税率，但选择其中税额较高的一种计征，或在物价上涨时采用从价计征，物价下跌时采用从量计征关税的方法。按这种方法征收的关税称为选择税。一般情况下各国都选择其中税额高者征收。当为鼓励某种商品进口时，也可以选择其中税额低者征收。

7.3.2 关税的征收依据

海关税则（Customs Tariff）又称关税税则，是一国海关对进出口商品计征关税的规章和对进出口的征税与免税商品以及禁止进出口的商品加以系统分类的一览表。它是海关征税的法律依据，也是一国关税政策的具体体现，利用海关税则可以达到保护本国经济和实行差别待遇的目的。

海关税则一般包括两部分：一部分是海关课征关税的规章条例及说明；另一部分是关税税率表。

关税税率表主要包括税则号列、商品分类目录和税率三部分。

一、海关税则的分类

海关税则中的同一商品，可以一种税率征税，也可以两种或两种以上税率征税。按照税率表的栏数，可将海关税则分为单式税则和复式税则两类，依据制定税则的权限又可分为自主税则（或称国定税则）和协定税则。目前，在海关税则中复式税则占主导地位。

1. 单式税则

单式税则（Single Tariff）又称一栏税则，即一个税目下只定有一种税率，适用于来自任何国家的商品，没有差别待遇。在垄断前资本主义时期，各国都实行单式税则。到垄断资本主义时期，许多国家为促进对外贸易的发展，与其他国家签订贸易条约或协定，实行关税互惠，对外搞差别待遇，相继放弃单式税则改行复式税则。

2. 复式税则

复式税则（Complex Tariff）又称多栏税则，即一个税目下定有两种或两种以上的税率，对来自不同国家的商品适用不同的税率，实行差别待遇和歧视政策。现在绝大多数国家都实行这种税则，有两栏、三栏、四栏、五栏不等。我国目前实行两栏税则，美国、加拿大等国实行三栏税则，日本等国家实行四栏税则，欧盟等国实行五栏税则。

3. 自主税则

自主税则（Autonomous Tariff）又称国定税则，是一国自主、单独制定并有权单方面更改的税则。它又可分为自主单式税则和自主复式税则。

4. 协定税则

协定税则（Conventional Tariff）是一国与其他国家或地区通过贸易与关税谈判，以贸易条约或协定的方式确定的税则。协定税则的税率要比自主税则的税率低。协定税则不仅适用于该条约或协定的签字国的商品，而且某些协定税率也适用于享有最惠国待遇的国家的商品；协定税率一般适用于协定的商品（经过谈判达成协议减让关税的商品），对非协定的商品或不能享受最惠国待遇的国家的商品仍采用自主税率。这样形成的复式税则，叫作自主—协定税则。

二、海关税则的商品分类

商品分类目录将种类繁多的商品或按加工程度，或按自然属性、功能和用途等分为不同的类别。如按商品的加工程度划分可分为原料、半制成品、制成品等，按商品的性质划分可分为水产品、农产品、畜产品、矿产品、纺织品、机械等。也有的是按商品的性质分成大类，再按加工程度分成小类。随着经济的发展，各国海关税则的商品分类越来越细，这不仅是为了方便征税、统计的需要，更主要的是利用海关税则有针对性地限制某些商品的进口，从而更有效地进行贸易谈判，并将其作为实行贸易歧视的手段。

商品分类主要有以下几种体系。

1. 国际贸易标准分类

出于贸易统计和研究的需要，联合国经社理事会下设的统计委员会于 1950 年编制并公布了《国际贸易标准分类》。同年，联合国经社理事会予以通过，并建议各国采用。该分类先后于 1960 年和 1972 年进行了两次修订。1972 年的修订本把国际贸易商品分为 10 大类、63 章、223 组、786 个分组。2006 年，相关人员对《国际贸易标准分类》进行了第四次修订。

2. 海关合作理事会税则目录

为了解决各国在海关税则商品分类上的矛盾，欧洲关税同盟研究小组于 1950 年 12 月在比利时首都布鲁塞尔拟定了《成立海关合作理事会公约》，1952 年 11 月由成员国签字成立海关合作理事会，制定了《海关合作理事会税则目录》，因其在布鲁塞尔制定，故又称《布鲁塞尔税则目录》。该目录先后进行过多次系统修订。目前，除美国和加拿大外，已有近 200 个国家和地区采用此税则目录。我国于 1983 年 7 月加入海关合作理事会，于 1985 年 3 月公布的海关税则就是以 BTN 为基础编排的。

《布鲁塞尔税则目录》的商品分类原则是以商品的自然属性为主，结合加工程度、制造阶段和最终用途来划分的。它把全部贸易商品分为 21 类、99 章、1 015个税则号。其中 1~4 类为农畜产品，5~21 类为工业制成品。各类商品的税则号都用四位数字表示，中间用圆点隔开，前两位数字表示所属章次，后两位数字表示所属章下的税则号。例如，猪鬃属于第 5 章第 2 项，其税则号是 05. 02。

3. 商品名称与编码协调制度

两种商品分类目录在国际上并存，虽然制定了相互对照表，但仍给很多工作带来不便。为了更进一步协调和统一这两种国际贸易商品分类体系，1970 年，海关合作理事会现名“世界海关组织”决定成立协调制度委员会和由各国代表团组成的工作团来研究探讨是否可能建立一个同时能够满足海关税则、贸易统计、运输和生产等各方面需要的商品列名和编码的“协调制度”目录。60 个国家和 20 多个国际组织参加了这项工作。经过 10 多年的努力，终于完成制定了一套新型的、系统的、多用途的国际贸易商品分类体系，即《商品名称及编码协调制度》，并于 1988 年 1 月 1 日正式开始实施。

《商品名称及编码协调制度》的特点是：第一，完整。贸易主要品种全部分类列出，任何商品都能找到自己的位置。第二，科学。分类原则科学，基本上按商品的生产部类、自然属性、成分、用途、加工程度、制造阶段等进行划分。第三，通用。各国海关税则及贸易统计商品目录可以相互对应转换，用途广，并具有可比性。第四，准确。各项目范围清楚明了，不交叉重复。因此，自 1988 年实施以来，大多数国家，包括原来单独使用分类的加拿大、美国等都广泛运用《商品名称及编码协调制度》于贸易统计、进出口业务、商情调研、贸易管理、海关管理、关税征收、国际信息交流、运输及普惠制签证等领域。我国也于 1992 年 1 月 1 日起正式实施了以《商品名称及编码协调制度》为基础编制的新的《海关进出口税则》和《海关统计商品目录》。

《商品名称及编码协调制度》目录仍把国际贸易商品分为 21 类，但改为 97 章，项目则增至 1 241 个，项目下增设子目，总共 5 019 个税目。项目的编号仍采用四位数字，前两位为章的顺序号码，后两位数字为每章的项目位置。项目以下，第五位数字为一级子目（One-Dash Subheading)，表示在项目中的位置，第六位数字为二级子目（Two-Dash Subheading)，表示在子目中的位置。各缔约方可以在子目之下增设分目（Additional Subheading)。

4. 大类经济分类

由联合国统计局制定、联合国统计委员会审议通过、联合国秘书处出版颁布的大类经济分类，是国际贸易商品统计的一种商品分类体系。大类经济是为按照商品大的经济类别综合汇总国际贸易数据制定的，是按照国际贸易商品的主要最终用途，把《国际贸易标准分类》的基本项目编号重新组合排列编制而成。通过大类经济分类，可以把按《国际贸易标准分类》编制的贸易数据转换为《国民经济核算体系》框架下按最终用途划分的三个基本货物门类，即资本品、中间产品和消费品，以便把贸易统计和国民经济核算及工业统计等其他基本经济统计结合起来，用于对国别经济、区域经济或世界经济进行分析。大类经济分类采用三位数编码结构。第三次修订本把全部国际贸易商品分为 7 大类：食品和饮料、工业供应品、燃料和润滑油、资本货物（运输设备除外）及其零附件、运输设备及其零附件、其他消费品、未列名货品。其中，7 大类分为 19 个基本类；19 个基本类按最终用途汇总为资本品、中间产品和消费品三个门类。

国家统计局根据联合国《全部经济活动的国际标准产业部门分类》制定了国民经济行业分类与代码，将其作为全社会经济活动的分类标准，其分为 20 个门类、95 个大类、396 个中类、913 个小类。

三、关税税率

各国进口税率的制定是基于多方面因素的考虑，从有效保护和经济发展出发，对不同商品制定不同的税率。一般来说，进口税税率随着进口商品加工程度的提高而提高，即工业制成品税率最高，半制成品次之，原料等初级产品税率最低甚至免税，这称为免税升级(Tariff Escalate)。进口国同样对不同商品实行差别税率，对国内紧缺而又急需的生活必需品和机器设备予以低关税或免税，而对国内能大量生产的商品或奢侈品则征收高关税。同时，由于各国政治经济关系的需要，会对来自不同国家的同一种商品实行不同的税率。

各国海关借以对进出口货物课征关税的税率，称海关税率。进口关税税率通常分为普通税率、最惠国税率和普惠制税率三种。

（1）普通税率，也称一般税率，一般对未建交的国家或已建交但未签订贸易协定的国家采用。普通税率比优惠税率高 1~5 倍，少数商品甚至高 10 倍、20 倍，因此，是歧视性税率、最高税率。目前仅有个别国家对极少数（一般是非建交）国家的出口商品实行，大多数只是将其作为其他优惠税率减税的基础。因此，普通税率并不是被普遍实施的税率。

（2）最惠国税率，也称协定税率，一般对已建交并订有双边或多边贸易协定的国家采用。

（3）普惠制税率，又称特惠税率，或普惠税率，是发达国家向发展中国家单方面提供的优惠税率，在最惠国税率的基础上进行减免，因而是最低税率，是单向的、非互惠的。

7.3.3 关税的征收程序

关税的征收程序即通关手续，又称报关手续，是指出口商或进口商向海关申报出口或进口，接受海关的监督和检查，履行海关所规定的手续。通关手续通常包括申报、审核、查验、征税与放行四个基本环节。现以进口为例加以说明。

1. 货物的申报

货物的申报是指货物运抵进口国港口、车站或机场时，进口商应向海关提交有关单证和填写海关所发的表格。一般说来，有关单证主要有：进口报关单、提单、商业发票或海关发票、原产地证明书、进口许可证或进口配额证书、品质证书和卫生检验证书等。

2. 单证的审核

当进口商填写和提交有关单证后，海关按照有关法令和规定，审核有关单证。如发现有不符合有关法令和规定时，海关通知申报人及时更正或补充。

3. 货物的查验

通过对进口货物的查验，核实单货是否相符，防止非法进口。查验货物一般在码头、车站、机场的仓库、场院等海关监管场所内进行。

4. 货物的征税与放行

海关在审核单证、查验货物后，照章办理收缴税款等费用。

进口税款用本国货币缴纳，如用外币，应按本国当时汇率折算缴纳。货物到达时，如发现“缺失”了一部分，可扣除缺失部分的进口税。当办妥一切海关手续以后，海关即在提单上盖上海关放行章，进口货物即可通关放行。

通常进口商需在货物到达后于规定的时间内办理通关手续。对某些特定的商品，如水果、蔬菜、鲜鱼等易腐商品，如果进口商要求货到即刻从海关提出，可在货物到达前先办理通关手续，并预付一笔进口税，到日后再正式结算进口税。如果进口商品想延期提货，则可在办理存栈报关手续后将货物存入保税仓库，暂不缴纳进口税。在此期间，货物可再行出口，仍不必交纳进口税。但如打算运往国内市场销售，在提货前必须办理纳税报关手续。

货物到达后，进口商如在规定的时间内未办理通关手续，海关有权将货物存入候领货物仓库，一切责任和费用都由进口商承担。如果存仓货物在规定的期限内仍未办理通关手续，海关有权处理该批货物。

许多国家的通关手续往往十分繁杂。为了及时通关提货，进口商也可委托熟悉海关规章的报关行代为办理通关手续。

7.4 关税水平与保护程度

世界各主要国家出于保护国内生产和市场的目的，对各种商品规定了不同的进口关税税率，用以限制商品进口数量，同时也利用其作为争取互惠、扩大出口市场和换取对方让步的手段。因此，关税水平和保护程度的高低是国际间缔结贸易条约或协定时谈判的主要内容。

7.4.1 关税水平

要分析各国间关税水平的差异，可以从关税水平比较上进行。关税水平是一个国家进口税税率的平均值。

进口税税率的平均值，不宜使用那种把税则中各个税目的税率简单相加再除以税目数的简单平均法求得。因为各个税目所进口的商品数量不同，有的相差甚大；有的税目税率虽低，但进口数量极少；有些税目的商品则属免税进口商品。如果这些进口数量不同的税率和税率为零的税目都参与平均，显然这样求得的平均值不能如实反映关税水平。所以，一般是用加权平均法计算平均值，即以进口商品数量或金额为权数进行平均。具体有以下两种方法。

1. 全额加权平均法

用进口税总额与进口商品总额之比计算，用公式表示为

$$\text{关税水平}=\frac{\text{进口税总额}}{\text{进口商品总额}}\times 100\% \tag{1}$$

或

$$\text{关税水平}=\frac{\text{进口税总额}}{\text{纳税商品进口总额}}\times 100\% \tag{2}$$

式（2）是在进口商品总额中减去免税商品的进口额，这样计算出的平均值反映纳税商品的关税水平较式（1）更为合理。

2. 取样加权平均法

选取若干种有代表性的商品，用这些有代表性商品的进口税总额与这些有代表性商品的进口总额之比计算。用公式表示为

$$\text{关税水平}=\frac{\text{若干种代表性商品进口税总额}}{\text{若干种代表性商品进口总额}}\times 100\%$$

由于这种计算方法选取的是各国相同的若干种代表性商品，增强了各国关税水平的可比性。

举例：假设选取 A、B、C、D、E 五种代表性商品，某国的进口额和进口税税率如表 7-1 所列，求其关税水平。

表 7-1 某国进口额及进口税税率情况

项目	A	B	C	D	E
进口额/百万美元	20	40	60	100	180
税率/%	10	20	40	60	6

按加权平均法计算，则关税水平为

$$\frac{(20\times10\%)+(40\times20\%)+(60\times40\%)+(100\times60\%)+(180\times6\%)}{20+40+60+100+180}=\frac{104.8}{400}\times 100\%$$

$$=26.2\%$$

百分比越大，说明该国的关税水平越高；关税水平越高，说明关税的保护程度越强。

7.4.2 关税的保护程度

一般说来，关税水平的高低可以大体反映关税的保护程度。但两者又不能简单地划等号，因为影响保护程度的还有其他因素。第二次世界大战，西方经济学家对保护关税率进行了研究，提出了名义保护关税率和有效保护关税率的概念。

1. 名义保护关税率

世界银行给名义保护关税率下的定义是："一种商品的名义保护率是由于实行保护而引起的国内市场价格超过国际市场价格的部分与国际市场价格的百分比。"其用公式表示为

$$名义保护关税率=\frac{进口商品的国内市场价格-国际市场价格}{国际市场价格}\times 100\%$$

这一公式是一国制定保护关税税率的根据，因为关税的保护作用就是通过征税增加进口商品的到岸成本，提高其销售价格，抵消其价格竞争优势。制定某种商品保护关税税率的依据，应该是该种商品的国内市场价格和国际市场价格的差额与国际市场价格的百分比，通过对进口商品按税率征收关税后，消除商品的进口价格与国内价格之间的差额，即使进口商品价格不低于或高于国内同类商品的价格。因此，通常把一个国家的法定税率，即海关根据海关税则征收的关税税率，看作是名义保护关税率。在其他条件相同和不变的情况下，名义保护关税率越高，对本国同类产品的保护程度越强。

在各国征收关税的实践中，法定税率与根据商品国内外价格差额计算出的名义保护关税率往往存在差别，这是因为在制定法定税率时，除价格之外，还要考虑其他因素，如国内外货币汇率的对比、供求关系、国内税收和人们对进口商品的追求心理等，但这些是很难用数字计算的。

名义保护关税率并不能准确真实地反映对国内受保护商品的有效保护程度。

名义保护关税率考查的是关税对某种进口制成品价格的影响，是为了在征收关税之后使其价格与国内同类产品的价格处于同一水平，以达到削弱其竞争能力、保护国内生产的目的。这对保护完全用本国原材料生产的产品是适用的，但对用进口原材料或元器件生产的制成品则不完全适用。因为名义关税率并没有将国内生产同类制成品所用进口原材料的进口税率包括在考查范围之内。而原材料的进口关税率是影响本国产品竞争力的一个重要因素。因此，有必要研究有效保护关税率的问题。

2. 有效保护关税率

有效保护关税率不仅考查进口制成品的所征关税率对其价格的影响，而且考查本国同类制成品所用进口原材料的关税率对本国产品竞争力的影响。因为进口原材料的关税率会影响本国制成品的增加值。从商品价值的构成角度看，增加值是商品价格减去原材料费用后的余额，即新创造的价值。所谓保护国内生产，表面上看是保护、维持国内产品的价格，实际上是保护本国产品的增加值。本国产品价格为一定时，进口原材料关税率低，则产品的物质成本就低，产品的增加值就会相应扩大，竞争力也随之提高，同类外国产品进口税率的有效保护作用也就会增强。相反，进口原材料关税率高，则产品的物质成本就高，产品的增加值就会相应缩小，竞争力随之降低，同类外国产品进口税率的有效保护作

用也就会减弱。

影响有效保护关税率的因素除了进口原材料的税率以外，还有进口原材料价格在制成品价格中所占的比例。原材料价格及其在制成品价格中所占的比例是影响制成品增加值的决定性因素。

有效保护关税率是由征收关税而引起的国内加工增值同国外加工增值的差额与国外加工增值的百分比。这里所说的国外加工增值是指在自由贸易条件下商品的增加值，用公式表示为

$$有效保护关税率=\frac{国内加工增加值-国外加工增加值}{国外加工增加值}\times100\%$$

例如，假设在自由贸易条件下，从国外进口 1 千克棉纱的到岸价格为 20 元，其投入的原棉价格为 15 元，占成品棉纱价格的 75%，国外加工增值为 5 元。如果我国进口原棉在国内加工棉纱，原料投入系数同样是 75%，依据对原棉和棉纱进口征收关税情况而引起的有效保护率如下。

①假如我国对棉纱进口征收 10%的关税，对原棉进口免税，则国内的棉纱市价应为 $20+20\times10\%=22$（元）。其中原棉价仍为 15 元，则国内加工增加值为 $22-15=7$（元）。按公式计算，有效保护关税率为

$$\frac{7-5}{5}=\frac{2}{5}=40\%$$

②假如我国对棉纱进口征收 10%的关税，对原棉进口也征收 10%的关税，国内棉纱市价为 22 元，而其原料成本因对原棉征收 10%的关税则增为 $15+15\times10\%=16.5$（元），这时国内加工增加值变为 $22-16.5=5.5$（元）。按公式计算，有效保护关税率为

$$\frac{5.5-5}{5}=\frac{0.5}{5}=10\%$$

③假如在②的条件中，我国对原棉进口征税由 10%提高到 20%，其他条件不变，则原料成本为 $15+15\times20\%=18$（元），国内加工增值为 $22-18=4$（元）。按公式计算，有效保护关税率为

$$\frac{4-5}{5}=\frac{-1}{5}=-20\%$$

由此可知：①当制成品进口名义关税率高于原材料进口名义关税率时，有效保护关税率高于名义关税率；②当制成品进口名义关税率等于原材料进口名义关税率时，有效保护关税率等于名义保护关税率；③当制成品进口名义关税率低于原材料进口名义保护关税率时，有效保护关税率低于名义保护关税率。甚至出现负有效保护关税率，即不仅没有保护作用，反而还起了副作用。从中可以得出结论：对原材料进口征收的名义关税率相对于制成品进口的名义关税率越低，对国内生产的制成品的有效保护程度越强；反之，对原材料进口征收的名义关税率相对于制成品进口的名义关税越高，对国内生产的制成品的有效保护程度越弱；超过一定界限，还会出现副作用。因此，以出口工业制成品为主的工业发达国家对原材料等初级产品的进口征收低关税，甚至免税，对半制成品的进口征收较适中的关税，对制成品的进口征收较高关税。工业发达国家这种关税结构对发展中国家向其出口制成品无形地加强了限制作用。发达国家主要从发展中国家进口原材料等初级产品，发达国家在形式上对发展中国家出口的初级产品以优惠关税待遇，实际上是起了更有效地限制

发展中国家向其出口制成品的作用。

因此，考察一国对某商品的保护程度，不仅要考察该商品的关税税率，还要考察对其各种投入品的关税税率，即要考察整个关税结构。了解这一点后，有利于一国制定进口税率或进行关税谈判。

3. 关税结构

关税结构又称关税税率结构，即指一国关税税则中各类商品关税税率之间高低的相互关系。世界各国因其国内经济和进出口商品的差异，关税结构也各不相同。但一般都表现为：资本品税率较低，消费品税率较高；生活必需品税率较低，奢侈品税率较高；本国不能生产的商品税率较低，本国能生产的商品税率较高。其中一个突出的特征就是关税税率随产品加工程度的逐渐深化而不断提高。制成品的关税税率高于中间产品的关税税率，中间产品的关税税率高于初级产品的关税税率。这种关税结构现象称为关税升级。

用有效保护理论可以很好地解释关税升级现象。有效保护理论说明，原料和中间产品的进口税率与其制成品的进口税率相比越低，对有关加工制造业最终产品的有效保护率则越高。关税升级使一国可对制成品征收比其所用的中间投入品更高的关税，这样，对该制成品的关税有效保护率将大于该国税则中所列该制成品的名义保护率。以发达国家为例，在20世纪60年代，其平均名义保护关税率在第一、第二、第三、第四加工阶段分别为4.5%、7.9%、16.2%、22.2%，而有效保护关税率分别为4.6%、22.2%、28.7%、38.4%。由此可见，尽管发达国家的平均关税水平较低，但是，由于关税呈升级现象，关税的有效保护程度一般都高于名义保护程度，且对制成品的实际保护最强。在关税减让谈判中，发达国家对发展中国家初级产品提供的优惠远大于对制成品提供的优惠。这种逐步升级的关税结构对发展中国家极为不利，它吸引了发展中国家扩大原料出口，阻碍了其制成品、半制成品的出口，从而影响其工业化进程。

7.5 关税的效应和最佳关税

本书所讨论的关税效应是指关税的经济效应。所谓关税的经济效应，是指一国征收关税对国内价格、生产、消费、进口量（额）、财政收入、贸易条件和福利再分配等方面的影响。具体而言，关税的经济效应可从单个商品市场的角度来考察（局部均衡分析），也可从整个经济的角度来分析（一般均衡分析）。根据国际贸易政策实施国在该商品国际市场上的地位，其又可分为大国关税经济效应和小国关税经济效应。

7.5.1 关税的效应

一、“小国”关税效应分析

所谓“小国”，是指该国某商品的贸易额仅占世界贸易总额的很小部分，不足以影响世界市场价格，只能被动接受既定的世界市场价格。所以“小国”征收关税没有贸易条件效应，由此征收关税对其带来的是社会福利净损失，对此可用局部均衡和一般均衡方法加以分析。

对于“小国”而言，由于其只能被动接受世界市场价格，不具有贸易条件效应，可借助图 7-1 加以分析。

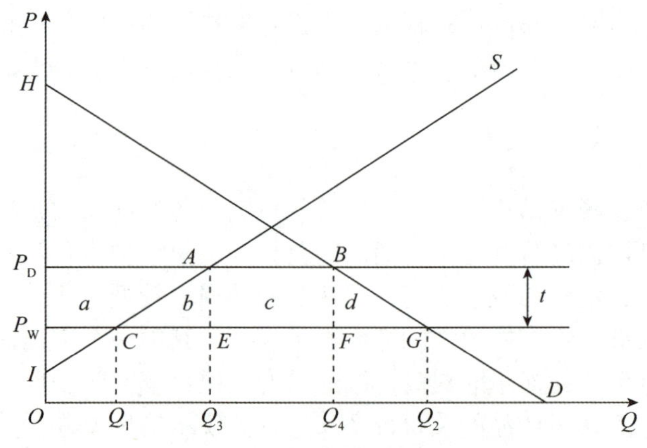

图 7-1　征收关税的小国模型

在图 7-1 中，横轴 *Q* 表示商品数量，纵轴 *P* 表示商品价格。*D* 为"小国"对某商品的需求曲线，*S* 为"小国"对该商品的供给曲线。根据图 7-1 所示，"小国"关税的局部均衡效应可归纳如下。

1. 价格效应

关税的价格效应是指征收关税对进口国国内市场价格的影响。通常，对进口商品征收关税会导致进口商品的价格上涨，从而引起国内进口替代产品价格的上涨。但整个国内市场价格的上涨幅度则取决于征税对市场价格的影响。征税使国内市场价格由 P_W 上升到 P_D。

2. 消费效应

关税的消费效应（Consumption Effect）是指征收关税对进口商品国内消费的影响。征税使国内市场价格上升，使消费者受损，剩余减少为（$a+b+c+d$）。

3. 生产效应

关税的生产或保护效应（Production or Protection Effect）是指征税对进口国进口替代商品生产的影响。征税使国内市场价格上升，生产者获利，剩余增加为 a。

4. 财政收入效应

关税的财政收入效应（Fiscal Revenue Effect）是指征收关税对国家财政收入的影响。征税使政府财政收入增加，等于进口量乘以税率，即 c。

5. 贸易效应

关税的贸易效应（Trade Effect）是指征收关税对进出口商品数量（金额）的影响。征收关税将使进口商品国内价格上升，削弱其竞争力，导致对该进口商品需求的下降，具体反映就是该商品进口量由 Q_1Q_2 下降至 Q_3Q_4。

6. 再分配效应

关税的再分配效应（Redistribution Effect）是指关税会造成收入在国内各利益集团间的重新分配。生产或保护效应所描述的生产者福利的增加，部分是从消费者支付的较高价格转移过来的，部分则是从该国丰富的生产要素（密集使用于生产可出口商品）处转移而来的。根据赫克歇尔—俄林要素禀赋理论和斯托尔帕—萨缪尔森定理，由于征收关税使进口品的相对价格上升，提高该种商品生产密集使用要素所有者的收入，从而导致该国稀缺生产要素的实际报酬提高，丰裕生产要素的实际报酬下降。如图7-1所示，征收关税使得该进口消费者福利降低为（$a+b+c+d$），其中以 a 和 c 以生产者剩余和政府财政收入的形式转移给生产者和政府。

7. 贸易条件效应

关税的贸易条件效应（Trade Term Effect）是指征税对进口国进出口相对价格的影响。由于“小国”仅仅是国际市场价格的接受者，其对进口品征收关税不能改变国际市场价格，关税不具有贸易条件效应。

8. 总福利效应

关税的总福利效应（Welfare Effect）是指从社会福利和国民经济整体考察关税的效应。贸易“小国”征收关税不具有贸易条件效应，故国家整体福利是净损失，损失额为（$a+b+c+d$）$-a-c=b+d$。其中，b 是由于国内低效率的生产扩张而导致的生产扭曲损失，d 是国内价格上升而导致的消费扭曲损失。

但需注意的是，征收关税所产生的各种效应的强弱，取决于应税商品的供给和需求价格弹性以及关税税率的高低。对于特定的关税水平，商品需求价格弹性越大，则消费效应就越大；供给价格弹性越大，则生产效应就越大。因此，一国对某种商品的供给和需求越富有弹性，则关税的贸易效应就越大，财政收入效应就越小。

二、“大国”关税效应分析

所谓“大国”，是指进口国对某种商品的进口所占的世界市场份额很大，可以影响甚至决定该产品的国际市场价格。在此情况下，该进口国提高关税可能导致进口量大幅下降，从而迫使出口国较大程度地把出口价格压低到世界市场价格水平之下，假设该国出口产品价格不变，则其贸易条件得到改善，其对国内经济效应的影响将趋于复杂化。征收关税的“大国”模型如图 7-2 所示。

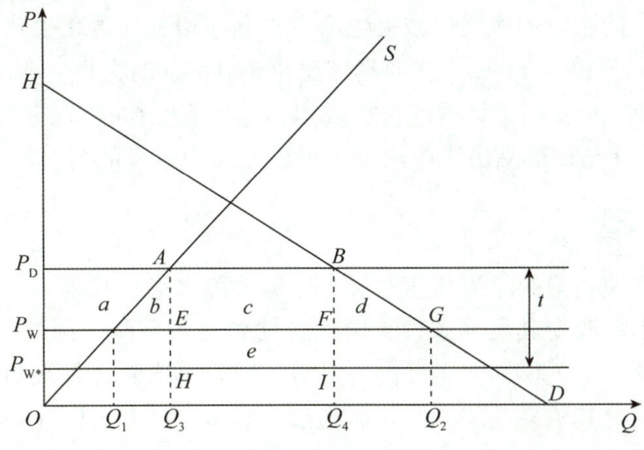

图 7-2　征收关税的“大国”模型

1. 价格效应

由于大国征收关税能使世界市场价格下降，关税由国内消费者和国外出口商共同分担，从而使得国内市场价格仅上涨 $P_W P_D$，小于关税水平 $P_{W*} P_D$，国外出口商承担 $P_{W*} P_W$。

2. 消费效应

征税使国内市场价格上涨，消费量由 Q_2 下降到 Q_4，使消费者剩余减少（$a+b+c+d$），消费者福利净损失。

3. 生产效应或保护效应

征税使国内市场价格上涨，致使国内生产量由 Q_1 上升到 Q_3，生产者剩余增加 a，生产者福利净增加。

4. 贸易效应

征收关税将使进口商品国内价格上升，削弱其竞争力，导致该商品进口量由 Q_1Q_2 下降至 Q_3Q_4。

5. 财政收入效应

政府征收关税，可增加财政收入；所增加的财政收入等于进口量 Q_3Q_4 乘以单位关税，即图中的 $c+e$。

6. 再分配效应

征收关税使得该进口消费者福利降低（$a+b+c+d$），其中 a 和 c 以生产者剩余和政府财政收入的形式转移给生产者和政府。

7. 贸易条件效应

贸易大国征收关税导致商品进口需求减少，进而导致商品进口价格下降。如果该国出口商品价格不变，则该国贸易条件得到改善。

8. 总福利效应

从福利效应角度而言，贸易大国征收关税，国民福利是净增加还是净损失，则要计算关税的净成本，即消费者福利净损失减去生产者福利净增加，再减去政府的关税收入 $[a+b+c+d-a-(c+e)=(b+d)-e]$，即具体比较 $b+d$ 和 e 的大小。e 是该国从关税中获得的贸易条件改善效应，$b+d$ 则是该国的保护成本，其中 b 是由于该国低效率生产扩张所引起的生产扭曲成本，d 是该产品由于国内市场价格上涨而带来的消费扭曲成本。

7.5.2 最佳关税

最佳关税是指能使一国的净福利达到最大化的关税水平，其税率为最佳关税率。由于贸易小国征收关税不能改变其贸易条件，而只会使贸易量下降，因而使其福利水平下降，所以小国的最佳关税为零关税，即实行自由贸易政策对小国而言是最为有利的。由于贸易大国征收关税能够改善其贸易条件，使其福利水平提高，只有大国存在最佳关税。最佳关税不会是禁止性关税，因为在禁止性关税下，进口国不能进口该产品，也就无从中获利可言。因此，进口关税高并不意味着收益高。最佳关税也不会是零关税，零关税也不能使进口国获得任何经济利益。因此，最佳关税应该在禁止性关税和零关税之间。所谓最佳关税，就是指在零关税与禁止性关税之间存在某一最佳点，在这一点因贸易条件改善而获得的额外收益恰好抵消了因征收关税而产生的生产扭曲和消费扭曲所带来的额外损失。

关税的负担是由国内消费者和国外出口商共同承担的，双方承担的多少取决于出口国产品的供给弹性和进口国对该产品的需求弹性。一般而言，如果征税商品的供给弹性较小，就意味着国外出口商要承担较多的关税负担；反之，则相反。从国际贸易角度看，某种商品的出口供给弹性取决于对将该商品出口到征税国市场的依赖程度。当该出口商品对进口国市场的依赖程度较大时，该出口商品对进口国的供给弹性就较小；反之，则结果相反。如果进口国对该商品的需求弹性较小，甚至无弹性，则进口国的消费者就要承担较多的甚至绝大部分关税负担。最佳关税政策就是在充分考虑出口供给弹性和进口需求弹性的基础上，确定适当的关税水平，因此，最佳关税又称为最适关税。

相关思政元素：高质量发展

相关案例：

关税调整助力钢铁行业高质量发展、低碳转型

为更好地保障钢铁资源供应，推动钢铁行业高质量发展，国务院关税税则委员会决定，自2021年5月1日起，调整部分钢铁产品关税。其中，对生铁、粗钢、再生钢铁原料、铬铁等产品实行零进口暂定税率；适当提高硅铁、铬铁、高纯生铁等产品的出口关税，调整后分别实行25%出口税率、20%出口暂定税率、15%出口暂定税率。财政部、税务总局还联合公告，自2021年5月1日起，取消部分钢铁产品出口退税。

这对于我国钢铁业健康发展来说，堪称及时雨。业界普遍认为，上述关税调整措施，有利于降低进口成本，扩大钢铁资源进口，缩减部分产品出口，支持国内压减粗钢产量，引导钢铁行业降低能源消耗总量，促进钢铁行业转型升级和高质量发展。

此次调整钢铁产品关税，已在行业人士意料之中。根据中钢协预测，2021年我国钢材需求将保持小幅增长。同时，鉴于我国钢铁产量巨大，着眼于实现碳达峰、碳中和阶段性目标，我国工业主管部门强调今年要压缩钢铁产量。如何确保我国钢铁市场供需平衡，引发各方关注。

钢铁行业是制造业31个门类中碳排放量最大行业，约占全国总排放量的15%。我国力争在2030年前“碳达峰”和2060年前“碳中和”的目标约束，是包括钢铁行业在内的碳排放主体绕不开的挑战，必须马上付诸行动。国家对部分钢铁产品进行关税调整，以实际行动向市场释放了“坚决压缩钢铁产量”的政策信号，将有力引导行业预期，推动钢铁业坚定不移走高质量、减量化发展之路。(记者 周雷)

来源：经济日报，2021年5月8日

拓展案例

中国陶瓷行业被“反倾销”的16年

案例简介：

2016年2月19日，应沙巴尔瓷砖及陶瓷有限公司的申请，巴基斯坦国家关税委员会发布公告，决定对自中国进口的瓷砖发起反倾销调查。不久，巴基斯坦对进口的中国墙砖和地砖反倾销应诉协调会在佛山举行，佛山市商务局呼吁企业积极应诉。

早于2006年2月，巴基斯坦就曾对进口的中国瓷砖进行反倾销调查。调查后初裁裁定，除中国五金设备进出口公司以外，对其他被抽中调查的中国瓷砖企业分别征收3.79%~21.02%的临时反倾销税，而未应诉的中国瓷砖企业的税率则为21.02%。2011年7月27日，巴基斯坦瓷砖生产商又一次要求政府立即对进口的中国产瓷砖征收反倾销税。据佛山市陶瓷行业协会副会长白梅透露："就在2015年8月，巴基斯坦最高法院终审裁决，撤销巴基斯坦关税委员会对华瓷砖反倾销的裁定。但谁知时隔半年，巴基斯坦又再开展对中国的反倾销调查。"

此次巴基斯坦对华瓷砖反倾销调查期为2014年10月1日至2015年9月30日。根据海关的统计，调查期内我国输出到巴基斯坦的瓷砖产品金额为1.16亿美元，其中佛山市有148家企业出口涉案瓷砖5 048万美元，占全国涉案金额的44%。

据陶卫网记者了解，自2001年，印度首先对进口的中国瓷砖进行反倾销立案调查以来，国内陶瓷行业先后遭遇了印度、菲律宾、韩国、巴基斯坦、欧盟、泰国、秘鲁、阿根廷、巴西、哥伦比亚、墨西哥等国家和地区的反倾销调查。数据显示，2015年，佛山市企业遭遇国际贸易摩擦调查7起，涉案金额2.99亿美元，涉案企业497家（次），其中受影响较大的案件均为瓷砖反倾销案件——墨西哥、哥伦比亚、印度瓷砖反倾销调查，涉案金额分别占全国的85.1%、61.7%、48.8%，涉案企业均是全国最多的。

启示：

1. 在对方提出反倾销立案调查时，积极组织企业应诉。应诉中，政府、商会、企业应形成一个分工明确、各司其职、相互配合、协调作战的有机整体。

2. 中国企业要想在反倾销诉讼中获胜，关键是要证明反倾销三个条件中的任何一个条件不存在，即第一，倾销不存在；第二，进口国的同类行业没有受到损害；第三，进口国同行业的损害与倾销没有因果关系。如果能证明倾销不存在，整个反倾销案也就不再成立。即使存在倾销，如能证明后两点，也可以以无损害结案而不征反倾销税。

3. 要求市场经济待遇。很大一部分中国企业遭遇反倾销是因为外国的同行援用"非市场经济"条款。因此，在中国完全改变"非市场经济"的地位之前，对于非国有企业和改制后的国有企业来说，争取自己的市场经济地位至关重要。一旦获得市场经济地位，许多倾销案也就自然不再成立。

4. 企业要规范自己的出口经营行为，加强行业自律，避免出现恶性竞争。

5. 要建立反倾销预警机制。

6. 对外贸易部门要转变职能，在政府交涉、争取市场经济地位和建章立制、创造外部环境等方面做好工作。

本章小结

1. 自由贸易能够使世界福利最大化，但大多数国家出于各种目的，总是要设置一些贸易壁垒。在国际贸易中，关税是各国普遍采用的重要贸易政策工具和措施。

2. 关税由进口税、出口税和过境税构成，是海关对日常进出口货物开征的最基本的税种。绝大多数国家主要是对进口商品征税，对某些出口商品为某种特定目的也征收一定比率的出口税。对过境贸易大多已不再征收过境税，只收取少量的签证费、印花费、登记费及统计费等行政管理费和服务费。

3. 进口附加税通常是一种特定的临时性措施，是限制商品进口的重要手段，在特定时期有较大的作用。进口附加税主要有反补贴税、反倾销税、紧急关税、惩罚关税和报复关税五种类型。

4. 从价税表现为贸易价格的百分比，从量税表示为每单位商品固定的税收额，这两种关税有时候结合成一种复合关税。目前大多数国家都采用复合税。

5. 海关税则是关税制度的重要内容，是各国征收关税的依据，是一个国家对外贸易政策和关税政策的具体体现，利用海关税则可以达到保护本国经济和实行差别待遇的目的。按照税率表的栏数，可将海关税则分为单式税则和复式税则两类。依据制定税则的权限又可分为自主税则（或称国定税则）和协定税则。

6. 各国从有效保护和发展经济的角度出发，对不同商品以及来自不同国家的同种商品实行不同的税率。一般说来，进口税税率可分为普通税率、最惠国税率和普惠制税率三种。关税水平是指一个国家的平均进口税率。

7. 世界各国由于经济和进出口商品的差异，关税结构各不相同。但一般表现为对原材料制定非常低的或零名义税率，税率随产品加工程度的逐渐深化而不断提高。这就造成使用进口原材料生产的最终产品的有效保护率比名义保护率大得多的情况出现。这种关税结构现象称为关税升级或阶梯式关税结构。

8. 关税可以达到保护国内工业的目的，并给政府带来可观的关税收入。

9. 与名义保护率是衡量一国对某一类商品的保护程度不同，有效保护率考虑了某一行业的生产结构及对其制成品和中间投入产品的保护程度等多个因素，更为合理地反映了一个行业的实际保护程度。

10. 对比分析大国和小国进出口关税效应可知，由于小国关税不具有贸易条件改善效应，社会福利存在净损失，故小国“最优”贸易政策应是自由贸易政策；而大国由于存在贸易条件改善效应，社会福利变化存在不确定性，故其贸易政策取向和决定应取决于各种具体情况。

本章习题

7.1 名词解释

关税　进口附加税　反倾销税　反补贴税　差价税　洛美协定　普遍优惠制　毕业条款　原产地规则　从量税　从价税　最佳关税　关税水平　关税结构　名义保护关税率　有效保护关税率　海关税则　单式税则　复式税则

7.2 简答题

（1）反补贴税与反倾销税有何异同？

（2）什么普惠制？普惠制方案一般包括哪些主要内容？

（3）从量和从价计征关税的方法各有何优缺点？

（4）一国征收关税会产生哪些经济效应？试从局部均衡角度分析贸易小国征收进口关

税的生产和消费效应。

(5) 试从局部均衡角度分析贸易大国征收进口关税的贸易条件效应。

(6) 贸易小国征收进口关税时，其福利水平为何一定下降？

(7) 贸易大国征收进口关税时，其福利水平可能的变化如何？

(8) 贸易小国有没有最佳关税率？贸易大国的最佳关税率大致如何确定？

(9) 什么是关税升级？试用有效保护理论解释关税升级现象。

(10) 什么是《商品名称及编码协调制度》？其特点有哪些？

本章实践

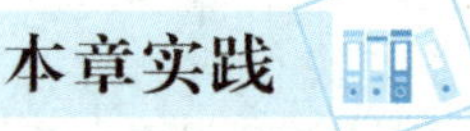

中韩、中澳自贸原产地证书为企业减免关税逾千万美元

案例简介：

2016年1—7月，上海出入境检验检疫局虹口办事处签发自贸协定原产地证书与2015年同比增加56.8%，其中签发中韩、中澳自贸协定原产地证书1 455份，占该办签发自贸协定原产地证书的34.7%，签证金额达4 391.6万美元。自2015年12月20日中韩、中澳自贸协定正式生效后，共计为出口企业获得关税减免1361.4万美元。

目前我国已签署14个自由贸易协定，其中已经实施的有12个，涉及22个国家和地区，而这些国家和地区对我国90%以上的出口货物给予零关税优惠待遇。自贸协定的主要内容是关税减让，作为出口商品“经济国籍”证明的原产地证书是其实施手段。与普惠制原产地证相比，自贸协定原产地证优惠幅度更大、范围更广，是一份真正“能省钱的证书”。企业在转型升级中，用足用好自贸协定减免关税、取消贸易限额等政策优惠，有利于在全球市场的竞争中占得先机。

需特别注意的是，检验检疫签证机构发现，仍有相当数量的企业没有利用好自贸协定原产地政策优惠，办理证书较被动、原产地标准判定不准确等。检验检疫签证人员提醒广大企业关注出入境检验检疫局网站相关政策解读内容，必要时可随时向当地检验检疫签证机构进行咨询。

结合案例分析进口关税税率的种类，以及我国出口企业应如何更好地应用原产地政策。

第8章 非关税壁垒

学习目标

- 了解非关税壁垒的特点和作用。
- 掌握直接性非关税壁垒的定义和种类以及间接性非关税壁垒的种类。
- 了解世界贸易组织关于间接性非关税壁垒的原则。
- 熟悉新型非关税壁垒的特点和种类。

教学要求

教师采用启发式、研讨式等多种教学方法，帮助学生理解和掌握非关税壁垒的特点和作用；掌握直接性非关税壁垒和间接性非关税壁垒的种类；了解世界贸易组织的相关原则并熟悉新型非关税壁垒的特点和种类。

导入案例

非关税壁垒：贸易谈判新焦点

非关税壁垒并不是一个新鲜事物。自从关贸总协定签署以来一直受到各国政府的注意。目前在中国市场，同一个非关税壁垒影响多个商品，以及多个非关税壁垒影响同一个商品的情况比较普遍。一个国家影响和调节国际贸易的措施有两类。一类是关税；另一类统称为非关税壁垒（又称非关税措施）。

随着各种双边和多边贸易协定及单边减税方案的实施，全球关税水平已得到显著的降低，关税对贸易的调节功能日趋减弱；与此同时，随着全球经济一体化的加深，环境、能源、气候、食品与药物安全以及健康等国内重大公共政策问题开始进入国际贸易领域，各国为此制定的国内公共政策措施旋即成为新形式的非关税壁垒，这不仅增加了非关税壁垒的复杂性和多样性，也使得非关税壁垒日益成为新形势下影响贸易的主要障碍和对外贸易谈判的焦点。

虽然自国际贸易开展以来，关税作为重要的贸易措施对国际贸易的发展产生了重要影响，已成为各国管理对外贸易的重要手段，但通过关税限制进口，并不能完全达到保护国内生产和市场的目的。因为一方面，各国可以通过直接投资、出口补贴等措施绕过和突破关税壁垒；另一方面，也是最主要的，经过关贸总协定的多轮减税谈判，各缔约方的进口关税税率大幅降低，目前已降到较低的水平。但是，关税壁垒的减弱并不意味着贸易限制的放宽，各国在削减关税壁垒的同时，纷纷采用和加强非关税壁垒，并把其作为限制进口的主要措施。当前，随着世界经济的持续萧条，新贸易保护主义开始抬头，非关税壁垒措施与日俱增，名目繁多，已成为国际贸易中的主要手段，严重影响国际贸易的正常开展。本章对当前国际贸易中存在的主要非关税壁垒加以介绍。

8.1 非关税壁垒的含义及特点

8.1.1 非关税壁垒的含义

非关税壁垒是指除关税以外的一切限制进口的措施。非关税壁垒早在重商主义时期就已经开始盛行，但直到20世纪70年代中期才真正成为贸易保护的主要手段。

8.1.2 非关税壁垒的特点

非关税壁垒虽与关税壁垒一样旨在限制进口，但也有自身的特点。

1. 非关税壁垒比关税壁垒具有更大的灵活性和针对性

一般而言，关税税率的制定须通过立法程序，要求具有相对稳定性和持续性。如要调整或更改税率和税种，需要经过复杂严格的法定程序和手续，在需要紧急限制进口时往往难以适应。另外，最惠国待遇原则和世界贸易组织的相关规定使得政府运用关税来贯彻国别政策较为困难。但非关税壁垒措施的制定和实施通常采取行政程序，简单便捷、伸缩性大，能随时针对某国的某种商品采取相应的措施，较快地达到限制进口的目的，并且具有极强的针对性。

2. 非关税壁垒比关税壁垒能更有效地限制进口

关税壁垒旨在通过征收高额关税，提高进口商品的成本和价格，进而削弱其竞争能力，从而间接地达到限制进口的目的。但关税对商品的进口限制是相对的，如果出口国采用出口补贴、商品倾销或外汇倾销等办法来降低出口商品的成本和价格，则关税往往难以起到限制商品进口的作用。但是非关税壁垒措施，如进口配额制、进口许可证和自动出口配额制等则直接限制进口数量或金额，由于对商品进口限制是绝对的，更能有效地起到限制进口的作用。

3. 非关税壁垒比关税壁垒更具有隐蔽性

根据透明度原则，各成员方在关税率确定以后，必须向世界贸易组织报告并在关税税则中公布，并且要依法执行。各国出口商都可加以了解。但一些非关税壁垒措施往往并不公开，而且经常变化，使外国出口商难以对付和适应。如非关税壁垒既可以以正常的海关检验要求的名义出现，也可借用进口国有关行政规定和法令条例，使之巧妙地隐藏在具体过程中而无需公开。

4. 非关税壁垒比关税壁垒更具有歧视性

各国的关税税则对来自所有国家的进口商品实施同等限制。但非关税壁垒可以针对特定国家或特定产品相应制定，因此更具歧视性，如 1986 年日、美两国汽车自动出口配额制仅于日本对美国的汽车出口；1989 年，欧共体的禁止进口含有激素的牛肉的规定正是针对美国而做出的；2005 年，中欧、中美纺织品和服装贸易谈判设定的进口限额仅针对中国出口的纺织品和服装等。

非关税壁垒在限制进口方面比关税更有效、更隐蔽、更灵活、更具歧视性，故其取代关税壁垒成为贸易保护主义的重要手段，有其客观必然性。

8.2　非关税壁垒的种类及作用

8.2.1　非关税壁垒的种类

非关税壁垒名目繁多、内容复杂，但从限制进口的方法看，大致可分为直接性非关税壁垒和间接性非关税壁垒两大类。直接性非关税壁垒是由海关直接对进口商品的数量、品种加以限制，其主要措施有进口配额制、自动出口限制和进口许可证制等；间接性非关税壁垒是指进口国利用行政机制，对进口商品制定苛刻的条例、标准或要求而间接限制进口。另外，非关税壁垒又可分为行政性壁垒、法律性壁垒、技术性壁垒、环境壁垒、社会壁垒。其中，技术性贸易壁垒、环境壁垒、社会壁垒又称为新型非关税壁垒。

8.2.2　非关税壁垒的作用

由于非关税壁垒具有上述特点和关税壁垒日渐受到世界贸易组织的约束，发达国家的贸易政策越来越将非关税壁垒作为实现其政策目标的主要工具。对它们而言，非关税壁垒的作用主要表现为三个方面。

（1）作为防御性武器限制外国商品进口，用以保护国内陷入结构性危机的生产部门及农业部门，或保障国内垄断资产阶级能获得高额利润。

（2）在国际贸易谈判中用作砝码，以逼迫对方妥协让步和争夺国际市场。

（3）用作对他国的贸易歧视手段，甚至作为实现其政治利益的手段。

总之，发达国家设置非关税壁垒是为了保持其经济优势地位，维护不平等交换的国际格局，具有明显的剥削性和压迫性。

必须承认，发展中国家亦越来越广泛地使用非关税壁垒，但其与发达国家存在截然不同的目的。首先，限制非必需品进口，节省外汇；其次，削弱外国进口品的竞争力，保护民族工业和幼稚工业；最后，发展民族经济，摆脱发达资本主义国家对本国经济的控制和剥削。

由于发展中国家与发达国家经济发展水平存在巨大差距，其设置非关税壁垒具有合理性和正当性。

8.3 直接性非关税壁垒

8.3.1 进口配额

一、进口配额的含义

进口配额（Import Quotas）又称进口限额，是指一国政府在一定时期内（通常为1年），对某些商品的进口数量或金额预先规定一个限额，在这一限额内的商品准许进口或者征收较低的关税，超过这一限额的则不准进口或者征收较高的关税后才能进口。它是进口数量限制的重要手段之一。

二、进口配额的种类

进口配额在具体采用时分为绝对配额和关税配额两种形式。

1. 绝对配额（Absolute Quotas）

绝对配额是指一国在一定的时期内，对某种商品的进口数量或金额规定一个最高数额，达到此数额后，该商品便不准进口。根据实施的方式，绝对配额又可分为三种：全球配额，国别配额和进口商配额。

（1）全球配额（Global Quotas）。

全球配额属于世界范围内的绝对配额，对于任何国家和地区的商品一律适用。主管当局通常按进口商申请先后或过去某一时期的实际进口额批给一定的额度，直至总配额发完为止，超过总配额就不准进口。因此，全球配额关注的是进口数量或金额，而不关心产品来源地。

（2）国别配额（Country Quotas）。

国别配额，又称选择性配额，是在总配额内按国别或地区分配固定的配额，超过规定的配额便不准进口。为区分来自不同国家或地区的商品，进口商须提交原产地证书。故通过国别配额进口国可有效贯彻国别经贸政策，即进口国可根据其与有关国家或地区的政治经济关系分配额度。

按配额额度分配的决定方式，国别配额可分为自主配额（Autonomous Quotas）和协议配额（Agreement Quotas）。

自主配额，又称单方面配额，是由进口国完全自主地、单方面强制规定一定时期内从某个国家或地区进口某种商品的配额，而不需要征得出口国的同意。自主配额一般参照某国过去一定时期内出口实绩，按一定比例确定数量或金额。因各国或地区所占比例不一，所得配额有差别，因此进口国可利用该配额贯彻国别政策。该配额对国内进口商的输入是否预先限定，可依实际需要而定。实施的主要目的如果是为换取或扩大出口市场，或为限制国外商品对本国产品的竞争，一般可不必在进口商中进行分配；如为加强对进口商的严格管制或适应外汇管制的要求，则需限定本国进口商的进口数量或金额。自主配额由进口国自行制定，往往带有不公正性和歧视性；分配额度差异易引起某些出口国家或地区的不满与报复，因此更多的国家趋于采用协议配额，以缓解进出口国家间的矛盾。

协议配额，又称双边配额，是由进口国或出口国政府或民间团体经协商确定的配额。如果协议配额通过双方政府的协议订立，一般需要在进口商或出口商中进行分配；如果配额由双方的民间团体达成，应事先获得政府许可方可执行。由于协议配额是双方协商确定的，因而较易执行。目前，协议配额使用非常广泛，如纺织品服装贸易。

（3）进口商配额（Importer Quotas）。

进口商配额是对某些进口商施行的配额。进口国为加强垄断资本在对外贸易中的垄断地位和进一步控制某些商品的进口，将某些商品的进口配额在少数进口商之间进行分配。

虽然绝对配额意味着某产品的配额数额用完后就不准进口，但有些国家由于某种特殊需要和规定，往往另行规定额外的特殊配额或补充配额，如进口某种半制成品，将其加工后再出口的特殊配额、展览会配额或博览会配额等。

2. 关税配额（Tariff Quotas）

关税配额是一种把征收关税和进口配额相结合的限制进口的措施。其对商品绝对数额不加限制，而对一定时间内和规定的关税配额内的进口商品给予低税、减税或免税的待遇，对超过配额的进口商品则征收较高的关税、附加税或罚款。按商品的来源，可分为全球性关税配额和国别关税配额；按征收关税的优惠性质，可分为优惠性关税配额和非优惠性关税配额。

（1）优惠性关税配额。

该配额是对关税配额内进口的商品给予较大幅度的关税减让，甚至免税，超过配额的进口商品即征收原来的最惠国税率。欧盟在普惠制实施中所采用的关税配额就属此类。

（2）非优惠性关税配额。

该配额是对关税配额内进口的商品征收原来正常的进口税，一般按最惠国税率征收，对超过关税配额的部分征收较高的进口附加税或罚款。

3. 关税配额与绝对配额的差异

绝对配额规定一个最高进口额度，超过就不准进口，而关税配额在商品进口超过规定的最高额度后仍允许进口，只是超过限额的进口要被课以较高关税。两者的共同点是都以配额的形式出现，可通过提供、扩大或缩小配额向贸易方施加压力，使其成为贸易歧视的一种手段。

4. 使用进口配额应注意的问题

随着关税效用的降低，作为非关税壁垒的进口配额日益受到重视，各发展中国家诸多出口产品都受到进口配额限制，如何有效使用配额已成为各发展中国家当前商品出口的重大问题。对此，各国政府、民间团体和企业要尽量争取更多的配额，加强配额的管理和分配，并须注意要用好用足配额。

所谓用好配额，是指合理地使用配额，尽量使配额带来最大效益。例如，面对有金额限制的配额就要在金额范围内争取增加出口量；面对有数量限制的配额，则要在数量范围内尽量多出口档次高、附加值高的产品，实现利润最大化。

关于用足配额，需要注意两点：一是在规定的期限内把受限制的商品配额用足，如果进口配额制中规定有留用额（上年度未用完留下的额度）、预用额（借用下一年度的额度）和挪用额（别国转让给我国的额度），则应该加以充分利用，以使配额利用率达到最高水平。二是针对所受进口配额限制特点，做好商品分类工作。由于某些国家对某些商品的分类并非十分明确严格，既可归入有配额限制或配额较少的类别，也可归入无配额限制或配额较为宽裕的类别，对此应争取后一种结果，获得更多配额，以扩大出口规模。

8.3.2 自动出口配额制

虽然进口配额是非关税壁垒的主要形式，但应注意进口配额制已受到世界贸易组织的反对，如总协定规定有禁止数量限制条款。因此，当前有不少国家逐步转向采取“灰色区域措施”，如自动出口配额制。

一、自动出口配额制的含义

自动出口配额制，又称自动出口限制，是出口国在进口国的要求或压力下，“自动”规定在某时期内某种商品对该国的出口配额，在限定的配额内自行控制出口，超过配额即禁止出口。这是在第二次世界大战后出现的非关税壁垒措施，实质是进口配额制的变种，同样可以起到限制商品进口的作用。自动出口配额制的额度通常由进出口双方通过谈判共同确定，包括有秩序销售协定、自动限制协定和出口预测（EF）等具体形式。

二、自动出口配额制的主要形式

自动出口配额制形式复杂，但按配额数量确定的权限，其大致分为以下两类。

1. 单方自动出口配额制

单方自动出口配额制是指由出口国单方面自行规定出口到某国的限额或价格，以限制其出口。主要包括：①政府规定配额并予以公布，出口商须向有关机构申请配额，领取出口授权或出口许可证才能进行商品的出口，如20世纪50年代日本对美国出口的纺织品；②出口国的出口厂商和同业公会根据政府的意图规定额度并控制出口，如20世纪70年代日本六家大型钢铁厂联合实行对输往欧洲共同市场的钢铁实行自动限制。单方自动出口配额制形式上是出口国单方的自愿行为，但事实上总是出口国在受到进口国警告、威胁或压力后才做出的。

2. 协议自动出口配额制

协议自动出口配额制是指由出口国和进口国通过谈判的方式签订“自限协定”或“有秩序的销售协定”。在协定的有效期内规定某种商品的出口配额，出口国则根据此配额实行出口许可证制或出口配额签证制，自动限制出口，进口国则根据海关统计进行监督检查。协议自动限制是自动出口配额制的主要形式，协议达成的谈判形式主要有政府间双边谈判、进口国政府与出口国企业间谈判和进出口国的双边企业谈判等几种形式。

三、自动出口配额制的主要内容

自动出口配额制通常包括以下内容：①配额水平，即规定在协定有效期内，第一年度的出口额和其他各年度增长幅度。配额水平的规定有的只规定总限额，有的按不同类别规定个别限额，有的则对某些商品实行磋商限额。②自动出口配额的商品分类和细目。其具有品种日渐增多、分类日趋复杂的趋势。③限额的融通，即各种受限商品限额相互间使用的权限和数额问题。它又分为水平融通和垂直融通两种。水平融通是指同年度内组与组、项与项之间在一定百分比内的融通使用；垂直融通是指有关留用额和预用额的规定。前者为当年未用完的余额拨入下年使用的最高额度和权限，后者为当年度配额不足而预先使用下年度配额的额度和权限。④保障条款的规定，即进口国有权通过一定的程序，限制或停止某种造成“市场扰乱”或使进口国国内产业受损害的商品的进口，这实际上扩大了进口国限制某种商品进口的权限，即后来的“灰色区域措施”。

四、自动出口配额制的特点

自动出口配额制作为特殊的贸易限制措施，除具有非关税壁垒所具有的灵活性、针对性、直接性、隐蔽性和歧视性等共同特征外，还具有以下特征。

(1) 从配额控制方面看，自动出口配额是出口国实施的为保护进口国生产者而设计的贸易政策，进口配额则由进口国直接限制商品进口。

(2) 从配额影响范围看，自动出口配额只针对实施该措施的出口国，即在实施期间，未被强制实施的第三国仍可对进口国增加出口，故更具歧视性和针对性；进口配额则因须遵守最惠国待遇而对大多数出口国实施，歧视性较弱。

(3) 从配额实施时限看，关税壁垒具有期限最长（甚至无期限）的特点，进口配额时限较短，通常为1年；自动出口配额实施期限较长，通常为3~5年。

(4) 从配额“租”分配看，自动出口配额“租”由出口国获得出口配额的厂商分享，或在出口国实行配额招标时，由出口国政府所拥有；进口配额“租”则可能归于进口国进口商、进口国政府或者出口国出口商。

(5) 从配额表现形式看，“自动”出口配额制表面上是出口国自愿采取措施控制出口，但实际是在进口国的强大压力或要求下实施的——进口国常常以某些商品的大量进口威胁到其国内产业或市场，即所谓的“市场扰乱”为借口，要求出口国实行“有序增长”，“自动”限制出口数量，否则将采取报复性贸易措施。

8.3.3 进口许可证制

各国为有效实施和加强对进口配额制的监管，都采用发放许可证的方式，对进口配额实施有效控制，以达到保护国内市场和产业的目的。

一、进口许可证制的含义

进口许可证制（Import License System）是指国家规定某些商品的进口必须得到批准、领取许可证后方能进口的措施，是一种凭证进口的制度。凡实施许可证管理的商品，无许可证一律不得进口，且常与配额、外汇管制相结合使用。进口许可证制作为一种行政手段，具有简便易行、见效快、比关税保护手段更有力等特点，因此成为各国监督和管理进口贸易的有效手段。

当前，进口许可证制是世界各国进口贸易行政管理的一种重要手段，也是国际贸易中一项应用较为广泛的非关税措施。发展中国家为保护本国工业、贸易发展和财政需要，比较多地采用此制度；发达国家在农产品和纺织品等处于国际竞争劣势的产业也经常求助于进口许可证制。但应注意，进口许可证制与世界贸易组织的基本原则相违背，如运用不当，不仅会妨碍国际贸易的公平竞争和国际贸易的发展，还容易导致对出口国实行歧视性待遇。

二、进口许可证制分类的方式

(1) 进口许可证与配额结合使用，可分为有定额和无定额进口许可证。

有定额进口许可证是指进口国预先规定有关商品的进口配额，然后在配额的限度内，根据进口商的申请对每一笔进口货物发给进口商一定数量或金额的进口许可证，配额一旦用完，进口许可证就停止发放，此是将进口配额和进口许可证结合的管理进口的方法。对于自动出口配额，则由出口国发放出口许可证来实施，即进口国将配额发放权限交给出口国自行分配使用。

无定额进口许可证不与进口配额结合，有关政府机构亦不必预先公布进口配额，只在个别考虑的基础上颁发有关商品的进口许可证。此种无公开标准的发放办法，在执行时具有很大灵活性和隐蔽性，更能起到限制进口的作用。

（2）根据对来源国有无限制，进口许可证亦可分为公开一般许可证和特种进口许可证。

公开一般许可证（Open General License，OGL）又称自动进口许可证、公开进口许可证或一般许可证，它对进口国别或地区无限制，属于此类许可证管制的商品，只要进口商填写公开一般许可证后便可获准进口。

特种进口许可证（Special License，SL）又称非自动进口许可证，对于此许可证项下的商品，进口商必须向有关政府机构提出申请，经逐笔严格审查批准后方可进口。特种进口许可证大多规定进口国别或地区，以体现经贸政策的国别原则。

目前，各国为区分这两种许可证所管理的进口商品类别，发挥各自的效应，有关政府机构通常定期公布有关的商品目录，并根据需要随时进行调整。进口许可证作为一种进口统计和管理的手段，完全取消是不现实的，但各国应保证进口许可证的实施具有透明性、公开性和平等性。

8.4 间接性非关税壁垒

8.4.1 外汇管制

外汇管制（Foreign Exchange Control）是指一国政府通过法令对外汇收支、结算、买卖和使用实行限制，以平衡国际收支和维持本国货币汇价的一种制度。

在实行外汇管制的国家，出口商必须把他们出口所得到的外汇按官定汇率（Official Exchange Rate）卖给外汇管制机关；进口商也必须在外汇管制机关按官定汇价申请购买外汇；本国货币的携出入国境也受到严格的限制。有些国家往往将外汇管制与进口许可证制、进口配额制结合使用。对准予进口的商品，发给进口许可证，批给进口配额，也就供给所需外汇；反之，结果则相反。这样，国家的有关政府机构就可通过官定汇价、集中外汇收入和控制外汇供应数量的办法来达到限制进口商品品种、数量和国别或地区的目的。

外汇管制的形式一般有以下几种。

1. 数量性外汇管制

数量性外汇管制是指国家外汇管理机构对外汇买卖的数量直接进行限制和分配。其办法是集中外汇收入、控制外汇支出、实行外汇分配。

2. 成本性外汇管制

成本性外汇管制是指国家外汇管理机构对外汇买卖实行复汇率制度，利用外汇买卖的成本差异，间接影响不同商品的进出口。

所谓复汇率，又称多重汇率，是指一国政府对本国货币与另一国货币的兑换规定两种或两种以上的汇率，分别适用于某种交易或某类进出口商品。如对进口和出口规定不同汇率，对不同类别商品的进口和出口规定不同汇率。其目的是利用汇率的差别达到限制或鼓励某些商品进口或出口的目的。各国实行复汇率制的基本原则大致如下。

(1) 在进口方面。

①对于国内需要而又供应不足或不生产的重要原材料、机器设备和生活必需品适用较为优惠的汇率。②对于国内可大量供应和非重要的原材料和机器设备适用一般汇率。③对于奢侈品和非必需品适用最不利的汇率。

(2) 在出口方面。

①对于缺乏国际竞争力但又要扩大出口的某些出口商品给予较为优惠的汇率。②对于其他一般商品出口适用一般汇率。

3. 混合性外汇管制

混合性外汇管制是指同时采用数量性外汇管制和成本性外汇管制方式对外汇实行更为严格的管制。

4. 利润汇出限制

利润汇出限制即国家对外国公司在本国经营所获利润的汇出加以管制。

一般而言，一国外汇管制的强弱主要取决于该国的经济、贸易、金融和国际收支状况，如近年随着货币金融危机（如阿根廷危机、墨西哥危机和亚洲危机等）的不断加深，部分国家对外汇管制有逐渐加强之势。但通常而言，发达工业国家的外汇管制较为宽松，发展中国家外汇管制较为严格，这主要是由于发展中国家的外汇短缺、经济基础较弱、出口商品国际竞争力不强等。

8.4.2 进出口国家垄断

进出口国家垄断（Foreign Trade Under State Monopoly），又称国营贸易，是指在对外贸易中，对某些或全部商品的进出口，规定由国家机关直接经营，或把商品的进口或出口的垄断权给予某些组织。经营受国家专控或垄断的企业，称为国营贸易企业。

世界各国对进出口商品垄断的情况不尽相同，但归纳起来，主要集中于以下四类商品。

1. 烟和酒

烟、酒是非生活必需品，但却是消费者众多、消费量很大的商品，国家对其实行垄断，既可获得巨大的财政收入，又可将其进口控制在一定的数量之内。

2. 农产品

农产品是敏感性商品，关系国计民生，故许多国家对其进出口实行垄断。

3. 武器

武器直接关系国防和社会安定，几乎世界上所有的国家都由国家直接垄断武器的进出口，或委托一些大的跨国公司、国营公司来负责，以有效控制武器的进出口。

4. 石油

在现代化工业经济中，石油已成为一国的经济命脉，故不仅出口国，而且主要的石油进口国都设立国营石油公司，对石油贸易进行垄断经营。

8.4.3　歧视性政府采购政策

歧视性政府采购政策是指国家通过法令，规定政府机构在采购时要优先购买本国产品，进而限制进口商品销售的一种歧视性政策。商品的最终消费由私人消费和公共消费两部分构成。各国庞大的政府机构是商品销售的主要对象之一，由于政府采购数量较大，政府采购本国货使得进口商品受到歧视，缩小了进口商品市场。此种采购政策既可影响国内采购，也可影响国际采购，在国际采购中主要体现为国别政策。

为规范政府采购，在1994年4月15日的马拉喀什会议上，通过了《政府采购协定》，对政府采购做出原则性约束。

1. 采购主体

由直接或基本上受政府控制的实体或其他由政府指定的实体进行采购。

2. 采购标的

采购标的不仅包括货物，还包括工程建设等提供劳务的标的。

3. 采购原则

政府采购应坚持非歧视性待遇原则、透明原则、对发展中国家成员差别待遇原则（发展中国家成员可以保障国际收支平衡、发展自身工业等为由，要求其政府采购的产品和服务背离国民待遇原则，并可对参加投标的供应商提出当地含量和补偿采购等要求，但该差别的优惠待遇必须通过与协定现有成员方逐个谈判经其同意后方可取得），以及例外原则。

4. 监督机构

成立政府采购委员会监督《政府采购协定》的实施和督促各成员方履行其承诺的义务并协助解决各成员方间就政府采购活动方面发生的争端。

8.4.4　歧视性的国内税

国内税是指一国政府对在本国境内生产、销售、使用或消费的商品所征收的各种捐税。歧视性的国内税是指用征收高于国内产品的各种国内税的办法来限制国外商品进口。国内税与关税不同，它的制定与执行是属于本国政府机构、有的甚至是属于地方政府机构的权限，通常不受贸易条约与协定的限制和约束。因此，国内税是比关税更灵活、更隐蔽的一种贸易限制措施。

采用征收国内税限制进口的做法具有以下特点。

第一，具有一定的灵活性。此方法比关税灵活得多，可巧立名目。

第二，具有一定的伪装性。因国内税的制定和执行是属于本国政府机构，有时属于地方政府机构的事情，是一国的内政，不受贸易条约或多边协定的限制和约束。

第三，可体现差别性。对同一种商品，因由不同国家生产，所征国内税可以差别很大。

许多国家都利用征收国内税的办法来提高进口商品的成本，降低其竞争能力，从而起到限制进口的作用。

8.4.5 最低限价和禁止进口制

最低限价与禁止进口制是指一国政府规定某种商品进口的最低价格，凡进口货价低于规定的最低价格时，则禁止进口或征收进口附加税，以达到保护国内产业的目的。

进口国有时把最低价格定得很高，使得进口商品在国内市场上缺乏竞争力。进口最低限价的形式有启动价格、门槛价格等。因此，进口最低限价实质上就是通过抬高进口商品的价格，削弱其在进口国国内市场的竞争能力。例如，1975 年 4 月英国为了限制欧共体以外的鱼类进口，采用了最低限价的做法，如规定 1 吨鳕鱼的最低限价为 575 英镑，进口时若低于这一价格，就征收进口附加税或禁止进口。又如，美国为了抵制欧洲和日本等国的低价钢材和钢制品的进口，从 1977 年起对这些产品的进口实行所谓“启动价格制”。这种价格制也是一种最低限价制。

当部分国家感到实行进口数量限制已不足以解救其国内市场受冲击的困境时，还可通过颁布法令，直接禁止某些商品的进口，即实施极端的进口限制政策。例如，1976 年墨西哥因偿还外债，国际收支发生困难，遂宣布几百种商品自当年 2 月至 6 月禁止进口。一般而言，在正常的经贸活动中，禁止进口的极端措施不宜贸然采用，因其极可能引发对方国家的相应报复，从而酿成愈演愈烈的贸易战，这对双方的贸易发展都无益处。但对于一个国家因政治原因实施的贸易禁运，则又另当别论。

8.4.6 进口押金制

进口押金制，又称进口存款制或进口担保资金制。在此制度下，进口商在进口商品前，必须预先按进口金额的一定比率和规定的时间，在指定的银行无息储存一笔现金，以加重进口商的资金负担，使其不愿进口，从而达到限制进口的目的。例如，1974 年 5 月 7 日至 1975 年 3 月 24 日，意大利曾对 400 多种进口商品实行这种制度，规定进口商无论从哪国进口这些商品，在办理信用证时都必须先向中央银行交纳相当于进口总额 50%的现款押金，无息冻结 6 个月。据估计，这相当于征收 5%以上的进口附加税。法国、芬兰、新西兰、巴西等国也都采用过这种措施。又例如，巴西政府规定，进口商必须按进口商品船上交货价格预先缴纳与合同金额相等的为期 360 天的存款后，方能进口。

但必须注意，进口押金制对进口的限制有很大局限性。如果进口商以押款收据作担保，在货币市场上获得优惠利率贷款，或国外出口商为保证销路而愿意为进口商分担押金金额时，此制度对进口的限制作用就显得微乎其微。

8.4.7 海关程序

海关程序（Customs Procedures）是指进口货物通过海关的程序，通常包括申报、查验、征税、放行四环节。海关程序本来是正常的进口货物通关程序，但通过滥用则可起到歧视或限制进口的作用，成为有效的、隐蔽的非关税壁垒。

1. 改变进口关道

为限制外国商品的进口，部分国家通过改变进口关道、进境地或报关地的办法，限制商品的进口。即让进口商品在海关人员少、海关仓库狭小、商品检验能力差的海关进口，以拖延商品过关时间，限制商品的进口。

2. 利用商品归类

进口国可利用不同的定义或解释作借口，故意将货物列入高税率的税目中，以增加进口商品的关税负担，从而达到限制进口的目的。

3. 严格申报单证

为限制进口，进口国海关可要求进口商出示商业发票、原产地证书、货运单证、保险单、进出口许可证、托运人报关清单等，缺少任何一种单证或任何一种单证使用得不规范，都会使进口货物不能顺利通关；部分国家还将表格复杂化，使部分进出口商在商品进关申报时经常出错，从而增加进口成本，延长进口时间。

4. 海关估价制度

海关估价（Customs Valuation）是最重要的海关程序，是指一国在实施从价征收关税时，由海关根据国家的规定，确定进口商品完税价格，并以海关固定的完税价格作为计征关税基础的一种制度。但海关估价若被滥用，若人为地高估进口商品的价格，无疑会增加进口商的税收负担，提高进口商品价格，降低其国际竞争力，从而达到限制商品进口的目的。

8.5 新型非关税壁垒

近年来，随着社会进步及发达国家人民生活水平日益提高，人们的安全健康意识和环保意识空前加强，传统贸易壁垒日益受到严格约束，以及科学技术的日新月异，逐步催生出新型非关税壁垒，并对国际贸易的发展产生严重影响。

8.5.1 新型非关税壁垒的含义与特点

新型非关税壁垒是指以技术壁垒为核心的包括绿色壁垒和社会壁垒在内的所有阻碍国际商品自由流动的新型非关税壁垒，更多地考虑商品对于人类健康、安全，以及环境的影响，着眼于商品数量和价格等商业利益之外的社会利益和环境利益，采取的措施不仅局限于边境措施，还涉及国内政策和法律法规。

相对于传统贸易壁垒，新型非关税壁垒具有以下特点。

1. 双重性

新型非关税壁垒往往以保护人类生命、健康和保护生态环境为理由，加之世界贸易组织允许各成员方在不妨碍正常国际贸易或对其他成员方造成歧视的前提下采取技术措施，故新型非关税壁垒具有合法和合理性。但新型非关税壁垒又往往以保护消费者、劳工和环境为名，行贸易保护之实，从而对某些国家或地区的产品进行有意刁难或歧视，给国际贸易带来不必要的障碍。

2. 隐蔽性

传统贸易壁垒无论是数量限制还是价格规范，相对较为透明，比较容易掌握和应对。但新型非关税壁垒由于种类繁多，涉及的多是产品标准、环境标准和劳动标准等非产品属性，且纷繁复杂不断改变，让人难以应对。

3. 复杂性

新型非关税壁垒大多是技术法规、标准及国内政策法规，比传统贸易壁垒更为复杂，涉及的商品也非常广泛，评定程序更加复杂。

4. 争议性

新型非关税壁垒介于合理和不合理间，又非常隐蔽和复杂，不同国家和地区间达成统一的标准非常困难，且极易引起争议和缺乏协调性，以致成为国际贸易争端的主要内容，常常成为世界贸易组织各成员方争议的焦点。

正因为具有上述特点，使得以技术壁垒为核心的新型非关税壁垒将长期存在并不断发展，并逐渐取代传统贸易壁垒成为国际贸易壁垒中的主体。

8.5.2 技术性贸易壁垒

技术性贸易壁垒是指一国以维护国家安全、保障人类健康、保护生态环境、防止欺诈行为及保证产品质量等为由所规定的复杂苛刻的技术标准、卫生检疫规定，以及商品包装和标签等，主要是通过颁布法律、法令、条例、规定，建立技术标准、认证制度、卫生检验检疫制度等方式，对外国进口商品制定苛刻的技术、卫生检疫、商品包装和标签等标准，提高对进口商品的技术要求，以达到限制商品自由进入本国市场的目的。

技术性贸易壁垒纷繁复杂，种类繁多，但大致可划分为以下六种。

1. 技术法规

技术法规是指必须强制性执行的有关产品特性或其工艺和生产方法，包括适用的管理规定在内的文件，以及适用于产品、工艺或生产方法的专门术语、符号、包装、标志或标签要求。技术法规主要涉及劳动安全、环境保护、卫生健康、交通规则、无线电干扰、节约能源与材料等，也有部分是审查程序的要求。

2. 技术标准

技术标准是指经公认机构批准的、规定非强制执行的、供通用或重复使用的产品或相关工艺和生产方法的规则、指南或特性的文件，包括适用于产品、工艺或生产方法的专门术语、符号、包装、标志或标签要求。根据适用范围，技术标准主要分为国际标准、国家标准和行业标准。

3. 质量认证和合格评定程序

1）质量认证程序

质量认证是根据技术法规和标准对生产、产品、质量安全、环境等环节以及整个保障体系的全面监督、审查和检验，合格后由本国或外国权威机构授予合格证书或合格标志来证明某项产品或服务符合规定的规则和标准。

世界各国的产品质量认证一般都依据国际标准，但亦有依据各国各自的国家标准和国外先进标准进行认证的。产品质量认证经认证合格的，由认证机构颁发产品质量认证证书，准许企业在产品或者其包装上使用产品质量认证标志。

根据认证内容不同，产品认证可分为合格认证和安全认证两种。

（1）依据标准中的性能要求进行认证的叫合格认证。合格认证就是某一产品经第三方检验后，确认其符合规定标准，并颁发合格证书或合格标志，予以正式承认。

(2) 依据标准中的安全要求进行认证的叫安全认证。由于产品的安全性直接关系到消费者的生命和健康，故安全认证通常为强制认证，不经过安全认证的产品不能进口或在市场上销售。

2）合格评定程序

合格评定程序是指任何用于直接或间接确定满足技术法规或标准有关要求的程序，尤其包括抽样程序、测试和检验评估、验证和合格保证、注册、认可和核准以及其组合。

如果一种质量认证体系和合格评定程序能被各国接受，并能相互承认对方的检验结果，将会促进国际贸易的发展。但各国在经济发展阶段、科学技术水平等方面存在差异，致使质量认证和合格评定越来越成为一些国家用来保护国内市场的有效武器以及提高国际竞争力的工具，特别适用于发达国家对发展中国家的出口。

4. 卫生检疫标准

卫生检疫标准是指以人类健康为理由对进口动植物及相关产品实施苛刻的卫生检验检疫标准，以限制或禁止商品进口的贸易措施，主要适用于农副产品及其制成品、食品、药品、化妆品等。随着世界性贸易战和战略性贸易摩擦的加剧，发达国家更广泛地利用卫生检疫规定来限制商品的进口。从发展趋势看，发达国家的食品安全卫生指标将持续提高，尤其对农药残留、放射性物质残留和重金属含量的要求日趋严格，从而使很多出口产品达不到其卫生标准而被迫退出市场。

5. 商品包装和标签标识

商品包装和标签标识规定主要是通过对包装标识进行强制性规定来达到限制或者禁止进口的目的，是技术壁垒的重要组成部分。主要发达国家在包装标识制度上都有明确的法规和规定，如美国对除新鲜肉类、家禽、鱼类和果菜以外的全部进口食品强制使用新标签，规定在食品中使用的食品添加剂必须在配料标识中如实标明经政府批准使用的专用名称等。

6. 信息技术标准

信息技术标准是指进口国利用信息技术优势，对国际贸易信息传递手段提出要求，从而造成贸易障碍。例如在电子商务领域，由于在技术和商务应用上均是发达国家处于主导地位，其对发展中国家而言可能是新的贸易壁垒。

8.5.3 绿色贸易壁垒

绿色贸易壁垒（Green Barrier to Trade）通常被称为环境壁垒，是指那些为维护人类健康和生态环境安全而直接或间接采取的限制甚至禁止贸易的措施，进出口国为保护本国生态环境和公众健康而设置的各种环境保护措施、法规标准等。

一、绿色贸易壁垒的种类

虽然绿色贸易壁垒纷繁复杂，但总体包括以下六种主要形式。

1. 绿色技术标准

绿色技术标准是进口国制定的严格的强制性环保技术标准，限制国外不符合标准的产品进口。这些标准都是根据发达国家较高的技术水平制定的，而发展中国家难以达到这样的标准，因而实质上构成了一道技术屏障。例如，美国为保护本国汽车工业出台《防污染法》，要求所有进口汽车必须装有防污染装置，并制定了苛刻的技术标准。又如前几年我国苏南服装厂出口欧洲的服装因拉链用材“含铅过度”，白白损失10多万美元。

2. 绿色环境标志

绿色环境标志是一种粘贴或印刷在产品或其包装上的图形，以表明产品在生产加工或使用的各环节均符合环境保护要求，不危害人体健康，不污染环境。目前世界上有50多个国家和地区实行环境标志制度，如德国的“蓝色天使”标志、日本的“生态标志”、欧盟的“欧洲环保标志”等。绿色环境标志制度有利于加强环境保护，但是由于各国环境与技术标准的依据和指标水平、检测和评价方法不同，很容易对外国产品构成贸易壁垒。据统计，因发达国家绿色标志的广泛使用，至少影响我国40亿美元的出口额。

3. 绿色包装制度

绿色包装是指商品的包装可以节约能源，减少废弃物，用后易于回收再利用或再生，易于自然分解，不污染环境。发达国家建立了一系列严格苛刻的包装法令法规。凭借这些法令法规，发达国家可随意将它们认为包装不符合其标准的，尤其是来自发展中国家的进口商品拒之门外。例如1996年6月，我国出口到欧盟某国的一批机械产品由于其包装材料不符合欧盟的检疫标准，欧盟单方面采取紧急措施，致使我国70多亿美元的货物对欧盟出口贸易受阻。

4. 绿色卫生检疫制度

目前发达国家所实施的各种检验检疫措施极为严格，名目烦琐。发达国家对食品的安全卫生指标十分敏感，尤其对农药残留、放射性残留、重金属含量的要求日趋严格。世界贸易组织通过的《卫生和动植物卫生措施协议》规定各成员国政府有权采取措施，保护人类和动植物的健康，使人畜食物免遭污染物、霉素、添加剂的影响，确保人类健康免遭进口动植物携带疾病而遭受伤害。但发达国家却往往借口保护本国人民和动植物生命健康，采用高于国际标准的本国标准。例如我国出口到日本的大米，日方规定的检验项目多达56项，其中有90%以上是卫生和检疫措施项目（一般仅检验9个项目）；又如我国输入日本的家禽，其卫生标准要求竟高出国际卫生标准500倍。

5. 绿色补贴制度

发达国家要求将环境成本内在化，即污染制造者应将治污费计算在生产成本内。在理论上，环境成本内在化是纠正因工业生产活动而产生的环保负面效应的最有效方法，但却在客观上提高了发展中国家的生产成本，降低了其产品的国际竞争力（发展中国家的国际竞争力主要体现在低成本、低价格上）。同时，由于发展中国家企业无力承担治污费用，政府有时给予一定的环境补贴，而发达国家却以这种补贴违反世贸组织反补贴协议为由征收反补贴税。

6. 绿色关税和市场准入

发达国家以保护环境为名，对一些污染环境和影响生态的进口产品征收进口附加税，或者限制甚至禁止进口。

二、绿色贸易壁垒的特点

相对于传统的关税和非关税贸易壁垒，绿色贸易壁垒具有以下特征。

1. 内容更具合理性

绿色贸易壁垒的产生是以保护生态环境、自然资源和人类健康为依据，更符合消费者的需求，更顺应全球范围内环境保护的需要。

2. 形式更具合法性

绿色壁垒是以国际公约、国际双边或多边协定和国内法律、法规为制度实施的依据和基础。部分国家在完善国内环保法律体系的同时，试图通过世界贸易组织积极寻求在新的国际多边贸易协定中签署有关贸易与环境的专门性法律文件，其中最突出的就是力争将环境贸易问题列入谈判议题。

3. 保护对象更具广泛性

凡是与生态环境、自然资源和人类健康有关的产品都是绿色贸易壁垒所针对的对象。从初级产品、中间产品到工业制成品，从原材料、生产制造过程、保障销售、消费者使用到产品报废全过程都受影响。

4. 保护方式更具隐蔽性

绿色壁垒是以环境保护为理由而制定的，且检验手续复杂、各种环境标准处于经常变动之中，使出口商难以适应。

5. 实施效果更具歧视性

发达国家与发展中国家的科技与经济发展状况已呈现极大的不平衡性。而发达国家无视发展中国家的现实情况，以其先进的技术、雄厚的资金提出过高标准，把发展的不平衡导入国际贸易领域，引致更多的不平衡。有的发达国家甚至提出远高于国内标准的标准，搞双重标准，加剧歧视性。

8.5.4 社会壁垒

社会壁垒是指以劳动者劳动环境和生存权利为借口采取的贸易保护措施。社会壁垒由社会条款而来，社会条款并不是一个单独的法律文件，而是对国际公约中有关社会保障、劳动者待遇、劳工权利、劳动标准等方面规定的总称，其与公民权利和政治权利相辅相成。相关的国际公约有 100 多个，包括《男女同工同酬公约》《儿童权利公约》《经济、社会与文化权利国际公约》等。国际劳工组织（ILO）及其制定的上百个国际公约也对劳动者权利和劳动标准问题做出详尽规定。

社会壁垒根据内涵大致可分为“核心劳工标准”和“延伸劳工标准”两大类。

1. 核心劳工标准

核心劳工标准由国际劳工组织的 7 个基本公约或核心标准构成，又称为“社会条款”，主要内容有：禁止强迫劳动和童工；结社自由；自由组织工会和进行集体谈判；同工同酬以及消除就业歧视。

2. 延伸劳工标准

延伸劳工标准是指由国际劳工组织在核心劳工标准的基础上，根据实践不断充实、细化和完善，逐步扩展其外延而建立起来的劳动标准，主要包括以下两类。

1）工时与工资条款

（1）公司应在任何情况下都不能经常要求员工一周工作超过 48 小时，并且每 7 天至少应有一天休假；每周加班时间不超过 12 小时，除非在特殊情况下及短期业务需要时不得要求加班；并且应保证加班能获得额外津贴。

（2）公司支付给员工的工资不应低于法律或行业的最低标准，且必须足以满足员工的基本需求，并以员工方便的形式如现金或支票支付；对工资的扣除不能是惩罚性的；应保证不采取纯劳务性质的合约安排或虚假的学徒工制度以规避有关法律所规定的对员工应尽的义务。

2）健康与安全

公司应具备避免各种工业与特定危害的知识，为员工提供安全健康的工作环境，采取足够的措施，降低工作中的危险因素，尽量防止意外或健康伤害的发生；为所有员工提供安全卫生的生活环境，包括干净的浴室、洁净安全的宿舍、卫生的食品存储设备等。

3）管理系统

公司的高层管理人员应根据本标准制定公开透明、各个层面都能了解并实施的符合社会责任与劳工条件的公司政策，要对此进行定期审核；委派专职的资深管理代表具体负责，同时让非管理阶层自选一名代表与其沟通；建立并维持适当的程序，证明所选择的供应商与分包商符合本标准的规定。

8.6　非关税壁垒的效应

非关税壁垒种类繁多，很难对其效应逐一进行具体分析。本书仅对进口配额制这一重要的非关税壁垒措施进行效应分析，并将其与关税的效应进行比较。

8.6.1　进口配额制的经济效应

进口配额所规定的进口量通常要少于自由贸易条件下的进口量，所以进口配额实施后进口会减少，进口商品在进口国国内市场上的价格会上涨。如果实行进口配额的国家是一个贸易小国，那么由于配额而减少进口只会引起国内市场价格上涨，而不会影响世界市场价格；如果实行进口配额的国家是一个贸易大国，由于配额而限制了进口，不仅会引起国内市场价格上涨，还会导致世界市场价格下跌，与关税的价格效应一样。同样，进口配额对国内生产、消费等方面的影响与关税的局部均衡效应也大致相同。

下面从局部均衡角度集中分析小国实行配额的福利效应。如图 8-1 所示，在自由贸易条件下，国内外价格相同，均为 P_W，国内生产和消费分别为 OQ_1、OQ_2，进口为 Q_1Q_2。现假设该小国对进口实行配额限制，限额为 Q_3Q_4，而且 $Q_3Q_4 < Q_1Q_2$，于是，国内价格由原来的 P_W 上涨为 P_Q，国内生产从 OQ_1 增加至 OQ_3，国内消费从 OQ_2 减少到 OQ_4。此时，生产者剩余增加了，a 为增加部分，而消费者剩余减少了，$a+b+c+d$ 为减少部分。与关税不同的是，实行配额制不会给政府带来任何财政收入。综合起来，配额的净福利效应 = 生产者剩余增加 - 消费者剩余减少 $= a-(a+b+c+d)$。其中，b、d 分别为生产扭曲和消费扭曲，$b+d$ 为配额的净损失。至于 c，在征收关税的情况下表示政府的关税收入，这里则称为配额收益或配额租金。关税政策中的租金归属于政府，但配额政策下的租金则取决于配额的分配机制。

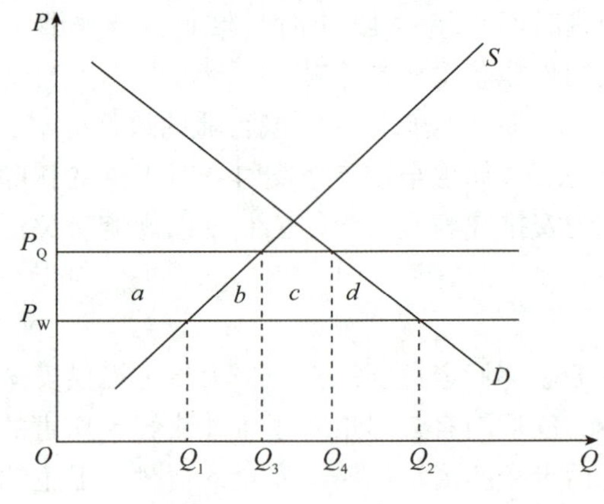

图 8-1　进口配额的效应

在现实中，进口国分配进口配额常常与发放进口许可证相结合。主要采用以下三种方法。

1. 竞争性拍卖

竞争性拍卖是指政府通过公开拍卖的方法分配进口许可证，也就是使进口权本身具有价格，并将进口一定数量商品的权利分配给出价最高的需要者。一般情况下，进口商所付购买许可证的成本要加到商品的销售价格上。因此，建立在拍卖进口许可证基础上的进口数量限制所起的作用与关税的效果基本相同。

2. 按固定参数分配配额

按固定参数分配配额是指政府根据进口商上一年度或前几年的实际进口额，按照一个固定的比例来分配配额额度。这种方法比较简便。其存在的问题是：首先，由于进口商免费得到配额，而拥有配额就意味着进口商以世界市场价格 P_W 进口商品，在国内市场上可以按 P_Q 价格销售，获取配额收益，所得利润正好等于政府税收部分 c。所以，这种配额分配方法实际是把 c 这部分收益转移给各个进口商，而政府不再有关税收入或拍卖进口许可证收入。其次，对进口商而言，收益的大小不需要靠实力竞争，而只需要看政府分配给配额的多少。再次，这种方法带有某种垄断性，它意味着新增的进口企业难以获得这种商品进口的特权。因此，这种方法不利于打破垄断和实现资源的有效配置。

3. 按一定程序申请配额

这是指进口国要求进口商按一定的程序申请配额，由政府审批来发放配额的方法。由于申请的审批权完全掌握在管理部门部分官员手中，审批的透明度差，为了得到配额或为了得到较多的配额，国内进口商不得不把大量的时间和精力花费在繁杂的手续与长时间的等待上。因此，这种分配进口配额的方法实际上就是政府官员拍卖配额。只是这种拍卖与公开拍卖不同，其拍卖收入不是归政府而是归部分政府官员个人所有。在这种情况下，进口商与部分官员共同瓜分配额收入，且官员受贿越多，其在配额收益中所占的比例也就越大。假如官员不接受贿赂，完全按正常手续审批配额，则配额收益全部归申请到配额的进口商所有。但进口商为此所花费的大量手续上与时间上的成本和精力，却没有创造出任何社会效益，因而造成了浪费。

由此可见，公开拍卖是分配进口配额的较好方法，在这种情况下，配额的福利效果与关税完全相同。如实行进口配额的是贸易大国，则配额的经济效益除包括上述贸易小国实行进口配额的各种经济效应外，还具有贸易条件效应，即其贸易条件得到改善。

8.6.2 配额效应与关税效应的比较

与关税的效应相比较，进口配额与进口关税的唯一不同之处，是 c 这部分收益的归属。如上所述，在征收关税的情况下，它归政府所得，产生财政收入效应；在实行进口配额的情况下，它的归属取决于进口国配额的分配方式及世界市场上该商品的出口商状况。上文的分析表明，一国实行进口配额所引起的整个社会的利益变动不会比征收关税更优，但在国家贸易政策现实中，为何各国对商品的进口限制更倾向于配额政策而非关税政策呢？

1. 配额比关税更能有效地控制进口数量，完全排除价格机制的作用

征收关税时，国外出口商尚可通过提高市场效率、降低生产成本、改进产品质量及承担部分关税的形式渗透进口国市场；而配额却以进口数量上的确定性完全排除出口商市场渗透的任何可能性，即造成市场垄断。在非禁止性关税条件下，国内进口竞争厂商所面临的是世界价格加上关税的有弹性的竞争性供给，厂商虽受到一定程度的保护，但仍是市场价格的接受者，因此其不可能从关税中获得垄断权力和利润；但配额使进口数量绝对固定，便赋予国内占据优势的厂商以控制市场的机会，使其从国际市场上大量竞争者中的一员变为国内市场上的垄断者，进而通过减产和提价攫取垄断利润，而具有此种优势的出售或利益集团将会通过游说等手段促使政府采取配额而非关税政策。

2. 配额比关税更为灵活

在进口配额下，政府可通过发放进口许可证的办法随时调节进口数量和进度，但根据世界贸易组织的相关规则，除非有特殊情况，成员方政府不得随意调整关税税率。

3. 实行配额给政府更多的权力

这不仅体现在政府通过发放许可证以调节进口数量和进度，还可以通过调整配额分配机制来选择相应的进口商。

通过以上分析可以看出，如果从保护效果的角度来看，进口配额比进口关税更好。因此，进口配额受到进口竞争行业和部门的欢迎。发达国家多用它来保护本国缺乏竞争力的行业和部门，特别是用来保护已失去比较优势的纺织、服装等成熟产业和农业。发展中国家也广泛利用它来限制进口数量，保证进口替代工业的发展并维持国际收支的平衡。

但是，如果从消费者权益、生产效率和社会经济影响方面看，进口配额则比进口关税更劣：其一，进口配额制只考虑保护生产者利益，很难考虑消费者需要，使消费者遭受更大的福利损失；其二，进口配额制与市场价格机制相背离，失去了对进口竞争产业的刺激力量，使生产效率降低；其三，其分配机制易于引起腐败，并助长进出口商的垄断倾向。

相关思政元素：强化使命担当、勇于创新突破

相关案例：

作为继深圳经济特区和上海浦东新区之后又一具有全国意义的新区，雄安新区要开创国家新区和城市发展的全新模式，依靠创新驱动、改革开放，力求成为最有勇气创新的城市。

《中共中央国务院关于支持河北雄安新区全面深化改革和扩大开放的指导意见》出台后，有关方面陆续制定雄安质量标准体系、人力资源、行政体制等首批15个配套方案，为新区发展提供强有力的政策支撑，雄安新区建设开放发展先行区蹄疾步稳。

1. 自贸试验区改革试点任务加快落地

《河北雄安新区规划纲要》提出，支持以雄安新区为核心设立中国（河北）自由贸易试验区。2019年8月，河北自由贸易试验区正式挂牌设立。截至目前，总体方案中明确的改革试点任务，在雄安片区的总体实施率达97.3%。揭牌设立中国国际经济贸易仲裁委员会雄安分会，构建多元化纠纷解决机制；推进金融科技创新监管，已试点3批9个金融创新应用；顺利启动合格境外有限合伙人业务试点；出台外商投资股权投资类企业试点暂行办法；中国人民银行数字人民币试点应用场景有序扩大，已探索出14 654个业务场景，累计实现交易金额77亿元……一个个改革试点任务落地实施，结出一批制度创新成果，2项在全国复制推广、9项在河北省复制推广。

2. 全面深化服务贸易创新发展试点稳步推进

2020年8月，雄安新区入选全面深化服务贸易创新发展试点。一年多来，雄安新区着重在探索新业态新模式、创新监管模式、提升贸易便利化、完善体制机制等领域开展首创性、差别化探索，117项任务实施率达50%，并形成若干可复制推广的经验和实践案例。其中，加快智能城市建设助力服务贸易新业态发展入选商务部全面深化服务贸易创新发展试点第一批最佳实践案例；深入开展数字人民币创新应用入选商务部全面深化服务贸易创新发展试点第二批最佳实践案例。

3. 贸易便利化水平不断提升

2019年10月，京津冀三地海关签署支持雄安新区全面深化改革和扩大开放的合作备忘录，提升京津冀跨境贸易便利化水平。2021年，雄安新区首票应用“集疏港智慧平台”办理的“船边直提”报关单顺利通关，首票抵港直装报关单顺利通关放行。“一系列便捷通关措施落地实施，不仅助力雄安新区开放发展，也加强了雄安新区与京津、国内其他区域的合作交流。”雄安海关关长高永丰表示。

扩大对内对外开放，构筑开放发展新高地，是雄安新区担负的重要使命。“雄安新区积极融入‘一带一路’建设，加快政府职能转变，积极探索管理模式创新，着力建立与国际投资贸易通行规则相衔接的制度体系。”河北自贸试验区雄安片区管委会副主任郑政蓉说，“眼下，雄安新区正坚持问题导向，在重点领域和关键环节改革创新上集中发力。”（记者卞民德）

节选自：人民日报，《走雄安，看高质量发展：构筑开放新高地》，2022年4月5日。

拓展案例

温州打火机遭遇技术壁垒

案例简介：

自20世纪90年代以来，中国浙江温州充分利用价格比较优势，成为世界上最大的金属外壳打火机生产基地。温州地区拥有打火机生产企业500多家，年产金属外壳打火机6亿多只，销售占世界市场份额的80%以上。从20世纪90年代以来，温州打火机经历了数不胜数的贸易摩擦，其出口面临各种障碍。首先是1994年，美国以保护儿童安全为由，出台儿童安全法案，即规定2美元以下的打火机必须加装保险锁。其结果是温州打火机对美国的出口量全线萎缩；当温州打火机占据欧洲大部分市场时，欧盟仿照美国提出儿童安全法案，2003年又提出对打火机实施BSEN ISO 9994.2002标准。虽然后来温州打火机协会经过积极交涉，欧洲推迟儿童安全标准的执行，但温州打火机进入欧盟市场仍然受到很大限制。由于安全锁的技术和一些标准的检测设备已被发达国家的公司申请了很多专利，所以温州打火机厂商要么支付专利费，增加成本，丧失价格优势，要么放弃欧盟市场。隐藏在技术壁垒背后的专利成了温州打火机企业进入国际主流市场的“拦路虎”。

案例分析：

温州打火机遭遇的技术壁垒问题在是“入世”后，中国传统产业所面临的普遍性问题。随着经济全球化的发展和中国“入世”。知识产权、行业标准等技术壁垒成为发达国家新的贸易保护政策，专门用来打压技术相对落后的发展中国家。国内传统产业中的一些企业仍然习惯于价格和成本的竞争，普遍缺乏知识产权意识和能力，在竞争中处于被动地位。

启示：

“入世”后，中国企业面临的技术贸易壁垒问题会日渐严峻，中国应该从政府、行业协会、企业等三个层面采取措施来进行应对，如在提高知识产权意识的同时，增加运用知识产权规则的能力，通过缔结联盟、加强标准运作等方式阻止国外企业的知识产权权利滥用。

本章小结

1. 关税和非关税壁垒共同构成各国对外贸易管理措施，但和关税壁垒相比，非关税壁垒具有直接性、隐蔽性、歧视性、灵活性和针对性等特点。

2. 从对贸易影响的途径而言，非关税壁垒主要可分为直接性非关税壁垒（如进口配额、自动出口限制、进口许可证制等）和间接性非关税壁垒（如外汇管制、进口国国家垄断、歧视性政府采购、国内税制度等）。

3. 直接性非关税壁垒主要通过直接限制进口数量或金额达到限制进口的目的；间接性非关税壁垒是指进口国利用行政机制，对进口商品制定苛刻的条例、标准或要求而间接限制进口。

4. 非关税壁垒又可分为行政性壁垒、法律性壁垒、技术性壁垒、环境壁垒、社会壁垒。其中，技术性贸易壁垒、环境壁垒、社会壁垒又称为新型非关税壁垒。

本章习题

8.1 名词解释

非关税壁垒　进口配额　绝对配额　全球配额　国别配额　关税配额　"自动"出口限额制　外汇管制　进口押金制　歧视性的国内税　歧视性的政府采购政策　技术性贸易壁垒　绿色贸易壁垒　社会壁垒

8.2 简答题

(1) 与关税壁垒比较，非关税壁垒具有哪些特点?

(2) 试比较配额效应与关税效应的异同。

(3) 什么是技术性贸易壁垒? 其主要方式有哪些?

(4) 简述新型非关税壁垒相对于传统非关税壁垒的特点。

本章实践

2014年，我国出口企业面临的国外技术贸易壁垒形势严峻，许多国家在技术法规、标准、合格评定程序和检验检疫要求等技术层面实施的保护措施都呈现越来越苛刻的趋势。据统计，2014年全国约23.9%的出口企业受到国外技术性贸易措施的影响，因退货、销毁、扣留、取消订单等直接损失达685亿美元，技术性贸易壁垒已经超过反倾销，成为影响我国出口的第一大非关税壁垒。

自2013年9月1日，欧盟生物杀灭剂法规（BPR）取代旧指令（BPD）正式实施以来，该法规已成为继欧盟《化学品的注册、评估、授权和限制》(REACH) 法规之后，又一道影响纺织鞋服等数十类产品出口的重要屏障。

BPR监管的范围包括杀虫剂、消毒剂、抗菌抑菌产品和防腐剂，涉及领域包括个人护理、饮用水处理、工业领域的抗菌剂，以及纺织行业纤维整理剂等。按BPR的要求，欧盟化学品管理局在2014年年初开始对欧盟市场的生物杀灭剂进行强制的统一管理，生物杀灭剂产品只有通过授权后才能使用。2016年9月1日当该法规过渡期结束后，若想出口生物杀灭剂产品至欧盟，则必须保证该生物杀灭剂所含有的活性物质的进口商或生产商，或该生物杀灭剂产品的进口商，三者中至少有一个已被列入欧盟的许可供应商清单中，否则便不具备输欧的基本资质。

面对日益严峻的技术性贸易壁垒，中国企业应如何应对?

第9章 鼓励出口与出口管制措施

学习目标

- 掌握鼓励出口的各项措施。
- 掌握出口管制的对象、形式以及程序。

教学要求

教师采用启发式、研讨式等多种教学方法，让学生掌握出口鼓励措施的主要种类及作用并了解出口管制商品及种类。

导入案例

中国（新疆）自由贸易试验区正式揭牌

2023年11月1日上午，中国（新疆）自由贸易试验区揭牌仪式在乌鲁木齐市举行，标志着新疆自贸试验区建设全面启动。

中国（新疆）自由贸易试验区是我国西北沿边地区首个自由贸易试验区，实施范围179.66平方千米，涵盖乌鲁木齐片区134.6平方千米（含新疆生产建设兵团第十二师30.8平方千米，乌鲁木齐综合保税区2.41平方千米），喀什片区28.48平方千米（含新疆生产建设兵团第三师3.81平方千米，喀什综合保税区3.56平方千米），霍尔果斯片区16.58平方千米（含新疆生产建设兵团第四师1.95平方千米，霍尔果斯综合保税区3.61平方千米）。

据介绍，未来，新疆将立足资源禀赋、区位优势和产业基础，高标准高质量推进中国（新疆）自由贸易试验区建设，将其打造成思想解放先行区、制度创新试验田、产业集聚增长极、扩大开放新高地、营商环境样板区，经过3~5年的改革探索，把中国（新疆）自由贸易试验区建设成为营商环境优良、投资贸易便利、优势产业聚集、要素资源共享、管理协同高效、辐射带动作用突出的高标准高质量自由贸易园区，为新疆融入国内国际双循环，服务“一带一路”核心区建设，助力创建亚欧黄金通道和我国向西开放桥头堡作出积极贡献。（记者关俏俏 谢希瑶）

（资料来源：中国（新疆）自由贸易试验区正式揭牌，新华社，2023年11月1日）

世界各国在广泛利用关税和非关税壁垒措施限制与调节进口的同时，还积极采取各种鼓励出口的措施扩大出口。此外，一些国家的政府为了达到其特定的经济、政治或军事目的，往往还采取许多措施管制出口。

9.1 鼓励出口措施

在当今的国际贸易中，各国采用的鼓励出口的措施很多，涉及经济、政治、法律等诸多方面，运用财政、金融、汇率等经济手段和政策工具较为普遍。

9.1.1 出口信贷

一、出口信贷的含义

出口信贷（Export Credit）是一个国家为了鼓励商品出口，增强出口商品的竞争能力，通过银行对本国出口厂商或国外进口厂商或进口方银行提供低息贷款，以解决本国出口厂商资金周转的困难或进口方付款的需要。它是一国的出口厂商利用本国银行的贷款扩大商品出口的一种重要手段。

二、出口信贷的种类

1. 按时间长短，出口信贷可分为短期信贷、中期信贷和长期信贷

（1）短期信贷一般不超过1年，主要用于原材料、消费品及小型机器设备的出口。

（2）中期信贷通常为期1~5年，常用于中型机器设备的出口。

（3）长期信贷通常是5~10年，甚至更长时间，用于大型成套设备和船舶、飞机等运输工具的出口。

2. 按借贷关系，出口信贷可分为卖方信贷、买方信贷和混合信贷

（1）卖方信贷是指出口方的银行向本国出口厂商（即卖方）提供的信贷。其贷款合同由出口厂商与银行签订。卖方信贷通常用于成交金额大、交货期限长的项目。对于这类交易，进口厂商一般都要求采用分期或延期付款的方式，出口厂商为了加速资金周转，往往需要取得银行的贷款。因此，卖方信贷是出口方银行直接资助出口厂商向外国进口厂商提供分期或延期付款，以促进商品出口的一种方式。

（2）买方信贷是出口方银行直接向进口厂商（即买方）或进口方银行提供的信贷。买方信贷的附带条件是贷款必须用来购买债权国的商品，因此又称为约束性贷款。

（3）混合信贷是卖方信贷或买方信贷与政府对外援助贷款或赠款相结合的一种贷款方式。有人称其为挂钩援助贷款。混合信贷中的出口信贷由本国的出口信贷机构或商业银行提供，而援助资金完全由政府出资，其利率更低、期限更长、条件更优惠，对本国出口支持的程度更大，增强了本国出口商品的国际竞争力，更有利于促进本国商品特别是设备的出口。因此，混合信贷近年来发展得较快。

三、出口信贷的主要特点

出口信贷的主要特点包括以下几方面。

（1）出口信贷必须联系出口项目，即贷款必须全部或大部分用于购买提供贷款国家的

商品。

（2）出口信贷的利率低于国际金融市场贷款的利率，其利差由出口国政府给予补贴。

（3）出口信贷的贷款金额通常只占买卖合同金额的80%～85%，其余15%～20%由进口商先用现汇支付。

（4）出口信贷的发放与出口信贷保险或担保相结合，以避免或减少信贷风险。

为了搞好出口信贷，许多国家都设立了专门银行，办理此项业务。如美国的“进出口银行”、日本的“输出入银行”、法国的“对外贸易银行”等。这些专门银行除对成套设备和大型运输工具的出口提供出口信贷外，还向本国商业银行提供低息贷款或贷款补贴，以资助其出口信贷业务。

我国于1994年7月1日正式成立了中国进出口银行。这是一家政策性银行，其主要任务是对国内机电产品及成套设备等资本货物的进出口提供必要的政策性金融支持，从根本上改善我国的出口商品结构，以促进出口商品结构的升级换代。

9.1.2　出口信用保险

1. 出口信用保险的含义

出口信用保险是由保险机构或保险公司承保出口贸易中出口商由于境外的商业风险或政治风险而遭受损失的一种特殊保险，是为出口商提供出口收汇风险的保障措施。

2. 出口信用保险的特点

出口信用保险具有区别其他保险种类的特点。

（1）出口信用保险具有明确的政策性目的——为一个国家的出口和对外投资提供保障和便利，并通过扩大出口带动经济发展和就业，而非营利性。因此，出口信用保险属政策性业务，具有很强的政策导向性，其开展与国家外贸、外交政策结合紧密。

（2）出口信用保险以政府财政支持为后盾。从技术层面看，出口信用保险所承担的风险集中度高，风险程度大，受国际政治、经济变化等因素的影响剧烈，因此，不具备市场化运作的盈利条件，必须有政府的财政支持；从政策层面看，由于这项业务必须体现政府的外贸政策导向，也只有政府的主导作用才能确保政策导向的正确体现。

3. 出口信用保险的类别

出口信用保险承保的风险类别，按风险的性质可分为以下两大类。

1）国家风险

其是指在国际经济活动中发生的、与国家主权行为相关的、超出债权人所能控制的范围的，并给其造成经济损失的风险。如债务人所在国家由于政治原因、社会原因或经济与政策原因等所造成的风险和损失。

2）商业风险

其又称买家风险，是指在国际经济活动中发生的与买家行为相关的，给债权人造成经济损失的风险。其中包括：

（1）买方宣告破产，或实际丧失偿付能力。

（2）买方拖欠货款超过一定时间，通常规定为4个月或6个月。

（3）买方在发货前单方面中止合同或发生发货后不按合同规定提货付款或付款赎单。

（4）因其他非常事件致使买方无力履约等。

上述风险如按不同的期限又可分为短期出口信用保险和中、长期出口信用保险。

9.1.3 出口信贷国家担保制

1. 出口信贷国家担保制的含义

出口信贷国家担保制是指国家设立专门机构，对于本国出口厂商或商业银行向外国进口厂商或银行提供的信贷进行担保，当外国债务人不能付款或拒绝付款时，该机构即按承保的数额给予补偿。

2. 出口信贷国家担保的类型

(1) 按信贷融资阶段的不同，可分为出运前信贷担保和出运后信贷担保。

出运前信贷担保是指对出口商取得的发货前信贷资金支持提供担保。出运后信贷担保是指为了保障出口信贷机构或商业银行在出口货物出运后向出口商提供的贷款本息能按时足额偿还的担保。

(2) 按具体承保方式的不同，可分为个别交易信贷担保、个别企业账户信贷担保和银行总括出口信贷担保。

个别交易信贷担保是指针对个别交易的担保，通常适用于金额大、信用期长的出口交易。个别企业账户信贷担保是指负责赔偿出口信贷机构或商业银行在一定时期内（通常是1年）对某个出口商的所有出口贷款的风险损失。银行总括出口信贷担保是指对出口信贷机构或商业银行在1年内对客户发放的全部出口贷款承担赔偿责任。

(3) 按融资期限的不同，可分为短期信贷担保和中、长期信贷担保。

①短期信贷担保：一般为6个月左右。

②中、长期信贷担保：通常为2~15年。

(4) 按风险性质的不同，一般可分为政治风险信贷担保和经济风险信贷担保。

①政治风险：如由于进口国发生政变、革命、暴乱、战争以及政府实行禁运、冻结资金或限制对外支付等政治原因所造成的损失，可给予补偿。这类风险的承保金额一般为合同金额的85%~95%。

②经济风险：如由于进口厂商或借款银行破产倒闭无力偿付、货币贬值及通货膨胀等经济原因所造成的损失，可给予补偿。这类风险的承保金额一般为合同金额的70%~85%。

3. 出口信贷国家担保的费用

国家担保机构的主要目的是用担保出口厂商和供款银行在海外的风险的办法来扩大商品出口，因此，所收费用一般都不高，以减轻出口厂商和银行的负担。通常，保险费率根据出口担保项目金额大小、期限长短和国别或地区的不同而有所区别。此外，各国的保险费率也不一样。

出口信贷国家担保制是第一次世界大战后首先由英国实行的，以后逐渐推广到其他国家。目前，发达国家普遍实行出口信贷国家担保制，并设有专门的国家担保机构。例如，英国的“出口信贷担保署”、法国的“对外贸易保险公司”、德国的“出口信用担保公司”、意大利的“国家信用保险公司”、比利时的“国家保险处”等。美国没有专门的国家信用保险机构，但“进出口银行”和“国外信用风险协会”都从事担保业务。中国的“进出口银行”也办理此项业务。

9.1.4 出口补贴

1. 出口补贴的含义

出口补贴又称出口津贴，是一国政府为了降低出口商品的价格，增强其在国际市场上的竞争能力，在出口某种商品时给予出口厂商以现金补贴或财政上的优惠。

2. 出口补贴的方式

出口补贴的方式包括直接补贴和间接补贴两种。

(1) 直接补贴。

直接补贴即出口厂商在政府政策的支持下，以低于国内市场的价格出口某种商品，政府直接付给出口厂商以现金补贴，以弥补其低价出口所受的损失，确保其能获得一定利润。一般来说，补贴的数额是该商品的国内市场价格与出口价格的差额。第二次世界大战后，美国和一些西欧国家对农产品的出口就采用这种补贴方式。这些国家的农产品生产成本较高，其国内市场价格一般高于国际市场价格，按国际市场价格出口就会出现亏损，由政府对这部分差价或亏损给予补贴，从而使过剩农产品的出口得以实现。

(2) 间接补贴。

间接补贴即政府对某些出口商品给予财政上的优惠。如在税收、运费、物资供应、汇率等方面给予优惠，以减少税费支出，降低出口成本，从而提高国际竞争能力，促进和扩大出口。

这种补贴方式不仅被工业生产技术落后的发展中国家所采用，工业生产技术先进的发达国家也广泛采用，是导致商品不正当竞争的主要因素，因此为商品进口国所禁止。

出口补贴是目前一些国家促进出口的重要措施之一。为防止和抵消别国实行出口补贴，许多国家加征了反补贴税。

3. 出口补贴的效应

出口补贴对出口国的生产、消费、价格、贸易乃至福利都会产生影响。但其程度会因采取出口补贴措施国家的出口额占世界出口总额的比例不同（是出口大国还是出口小国）而不同。

首先分析小国实行出口补贴的影响。如图 9-1 所示，假定 X 为小国的出口产品，S 和 D 分别为国内 X 产品的供给和需求曲线。在无补贴的自由贸易条件下，国际价格为 P_W，国内生产和消费分别为 OS_1 和 OD_1，可供出口量为 D_1S_1。

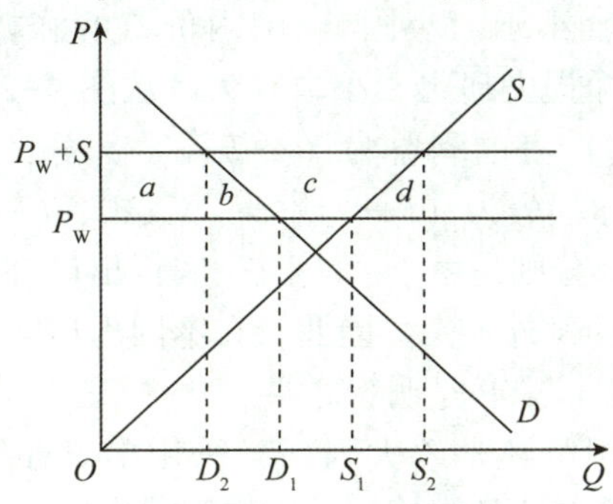

图 9-1 贸易“小国”的出口补贴

现在为了鼓励X产品的出口，政府决定对每单位X产品的出口给予S元的补贴，这对于X产品的生产企业来说，相当于单位商品的价格由P_W提高到P_W+S，因此企业愿意生产的数量就由原来的OS_1扩大到OS_2。由于出口比国内销售更为有利（国内销售不享受政府补贴），因此企业把原来在国内销售的部分用于出口，迫使国内价格也提高至P_W+S。由于价格提高，国内消费由OD_1减少为OD_2，从而出口也从补贴前的D_1S_1扩大到D_2S_2。

但是，出口补贴导致的国内价格上涨使国内消费者的利益受到损害，从图9-1中可以看到，消费者剩余减少了（$a+b$）部分，而生产者剩余却因补贴而增加了（$a+b+c$）部分。另外，“小国”政府的补贴为（$b+c+d$）部分（$S\times D_2S_2$）。综合考虑福利的增减，“小国”的福利净损失为（$b+d$）。其中，b为国内价格提高而造成的消费损失，d为补贴使高成本、低效率的国内厂商加入生产而造成的生产损失。

再来分析“大国”实行出口补贴的影响。如图9-2所示，由于“大国”可以在一定程度上左右世界市场价格，所以出口补贴刺激的出口增加会压低国际价格，使P_W下降至P'_W，这样出口补贴导致国内价格仅上涨至P'_W+S，低于“小国”上涨的国内价格P_W+S，即补贴额S所造成的价格上涨被国内、外市场分摊了。

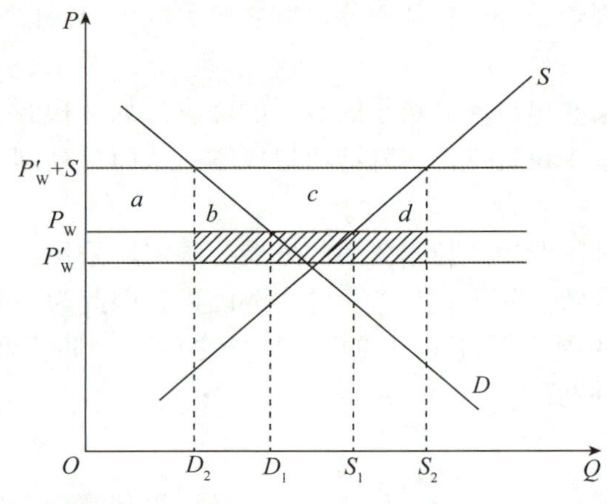

图9-2　贸易“大国”的出口补贴

图9-2显示，与补贴前自由贸易条件下的情况相比，补贴后“大国”国内生产由OS_1增加至OS_2，但国内消费则由OD_1缩减为OD_2，从而使出口补贴由D_1S_1扩大到D_2S_2，总体来看，大国实行出口补贴对其生产、消费、价格和贸易的影响与“小国”相似，但程度不同。因为“大国”增加出口会造成国际价格下跌，出口商品生产者不能得到全额出口补贴效益，生产和出口的增长也会小于“小国”，国内价格的涨幅和消费量的降幅也会低于“小国”，但整个社会福利的净损失却比“小国”大。从图9-2中可以看到，“大国”消费者的损失为（$a+b$）部分，生产者的利益为（$a+b+c$）部分，政府的补贴为（$b+c+d$+阴影）部分，因此大国的福利净损失为（$b+d$+阴影）。其中，（$b+d$）和小国一样是国内消费和生产扭曲的损失，而阴影部分则是由于“大国”实行出口补贴造成国际价格下降，从而导致“大国”贸易条件恶化的额外损失。因此，在本国出口额已占世界出口总额很大比例时，还利用出口补贴来刺激出口未必是明智之举。

既然一国（无论是“小国”还是“大国”）采用出口补贴措施会使本国的社会福利遭受损失，为什么各国还要采取这种措施鼓励出口呢？实际上，在出口国政府看来，如果短时间内的出口补贴损失或消费者福利损失能促成本国生产规模的扩大，进而获得规模经济效应，或者能够实现促进本国获得经济成长等长远利益，这种损失也许是值得的。

9.1.5 商品倾销

1. 商品倾销的含义

商品倾销是指出口厂商在控制国内市场的条件下，以低于国内市场价格，甚至低于生产成本的价格向国外市场抛售商品，以打击竞争对手，扩大销售和垄断市场。

2. 商品倾销的形式

1）偶然性倾销

偶然性倾销通常是因为销售旺季已过，或因公司改营其他业务，将在国内市场上一时难以售出的“剩余商品”以倾销方式向国外市场抛售。其目的是清理积压库存，实现资金周转。这种倾销对进口国的同类商品生产当然会造成不利影响，但由于时间短暂，进口国通常较少采用反倾销措施。

2）间歇性或掠夺性倾销

间歇性或掠夺性倾销是以低于国内价格，甚至低于成本的价格向某一国外市场抛售商品，旨在削弱或打垮竞争对手，阻碍当地同类商品的生产和发展，在占领和垄断国外市场之后，再提高价格，以获取高额垄断利润而暂时实行的倾销。这种倾销严重损害进口国家的利益，因而许多国家都采取征收反倾销税等措施进行抵制。

3）持续性倾销

持续性倾销又称长期性倾销，即长期以低于国内市场的价格向国外市场抛售商品，其目的一般是为国内过剩商品或过剩生产能力解决出路，保护国内产业和生产者利益，转嫁经济危机；同时，利用这一手段从经济上控制进口国家。这种倾销因具有长期性，所以其出口价格至少应高于边际成本，否则商品出口将长期亏损。为此，倾销者往往采用“规模经济”的方法，通过扩大生产来降低成本。

3. 商品倾销的条件

商品倾销的发生一般需具备以下三个条件。

(1) 该行业是不完全竞争的，出口商品生产企业在国内市场有一定的垄断能力，在很大程度上操纵着价格。

(2) 市场是分割的，国内市场与国外市场相互隔绝，从而不存在从一国到另一国间的倒买倒卖的可能性，即出口国与进口国之间能保持价差。

(3) 出口国与进口国具有不同的需求价格弹性，出口国的需求价格弹性低于进口国的需求价格弹性。

4. 商品倾销所致损失的补偿办法

实行商品倾销势必使出口厂商的利润暂时减少乃至亏损，一般通过下述办法得到补偿。

(1) 在贸易壁垒的保护下，维护国内市场上的垄断高价或压低工人的工资等，以获取高额利润。

(2) 国家提供出口补贴。

(3) 打垮竞争对手、占领和垄断国外市场以后，再抬高价格，攫取垄断超额利润。

9.1.6 外汇倾销

一、外汇倾销的含义

外汇倾销是指一国利用降低本国货币对外国货币的汇价，即利用使本币对外币贬值这种特殊手段，以达到降低出口商品价格、提高出口商品竞争能力和扩大商品出口目的的做法。

本币对外币贬值会产生两种效应：一方面，出口商品用外币表示的价格降低，竞争能力增强，从而可以扩大出口；另一方面，进口商品用本币表示的价格升高，竞争能力削弱，从而可以抑制进口。因此，本币对外币贬值具有促进出口和限制进口的双重作用。

二、外汇倾销的条件

外汇倾销不能无限制地和无条件地进行，只有具备下述几个条件才能起到扩大出口的作用。

1. 本币贬值的幅度大于国内物价上涨的幅度

本币贬值必然导致一国国内物价上涨。当国内物价上涨的幅度赶上和超过本币贬值的幅度时，外汇倾销的条件也就不复存在了。

2. 其他国家不同时实行同等幅度的货币贬值

如果其他国家也实行同等幅度的货币贬值，国内外货币贬值的幅度就相互抵消，汇价仍处于贬值前的水平。

3. 对方国家不采取其他报复性措施

如果对方国家采取提高关税等其他限制进口的报复性措施，外汇倾销也就不起作用了。

但是，国内物价上涨也好，其他国家采取报复措施也好，都要有一个过程。因此，在一定时期内，外汇倾销还是能够起作用的。不过必须注意，本币贬值不但有损于本国货币的国际地位，而且会因为国内物价上涨造成生产成本提高，从而削弱了出口商品的竞争能力。

三、外汇倾销对国际贸易的影响

通常，一国实行外汇倾销会改变该国进出口商品的国内外相对价格，进而影响该国进出口贸易的商品结构和地理分布。

当一国货币贬值后，出口商品以外国货币表示的价格就会降低，从而提高该商品的竞争能力，扩大其出口。以美国为例，1973 年 2 月 12 日，美元法定贬值 10%，对日元的汇率由原来的 1 美元等于 308 日元跌到 277.2 日元。如果过去 1 件价格 10 美元的美国商品输往日本时，在日本市场的售价为 3 080 日元，现在则降为 2 772 日元，加强了其市场竞争能力，扩大了销路；同时，美国出口得到的 2 772 日元，按贬值后汇率折算，仍可换回 10 美元，并未因美元贬值而受到损失。所以，美国出口商可采用 3 种方法来销售其产品：①继续按 3 080 日元在日本市场上销售，而按新汇率计算，每件商品可多得 1.11 美元；②为 3 080~2 772 日元，适当降低市场销售价格，以促进商品出口；③把价格降低到 2 772 日元，加强其价格竞争，促进更多的商品出口。而具体采用哪种办法，由出口商的销售意图和市场竞争情况决定。

一国货币的对外贬值不仅可降低出口商的外销价格，从而起到扩大出口的作用，而且可以通过提高出口商品的销售价格而起到限制进口的作用。因此，与商品倾销不同的是，货币贬值具有促进出口和限制进口的双重作用。

9.1.7 出口退税

出口退税（Export Rebates）是指国家为了增强出口商品的竞争力和扩大出口，由税务等行政机构将商品中所含的间接税退还给出口商，使出口商品以不含税的价格进入国际市场参与国际市场竞争的一种措施。

各国或地区对出口商品都实行退税制。这是国际贸易中的通行惯例。世界贸易组织在《补贴与反补贴措施协议》中，允许其成员把下列税收退还给出口商。

（1）对出口产品在制造过程中使用和消耗的生产投入物征收的关税和其他间接税。

（2）在产品出口时征收的间接税。

（3）对出口产品在生产和流通过程中所征收的间接税。

这里所说的间接税，是指对销售、执照、营业、增值、特许经营、印花、转让、库存和设备所征收的税费。

我国对出口商品实行退税制度。一般说来，我国出口退税制度的制定和实施依据四个原则：公平税负原则、属地管理原则、征多少退多少原则和宏观调控原则。这与世界贸易组织对出口退税的要求是相符的。

9.1.8 经济特区措施

许多国家和地区为了促进本国或本地区经济和对外经济贸易、特别是出口贸易的发展，采取了兴办经济特区的措施。所谓经济特区，是指一个国家或地区在其关境以外划出一定的范围实行免除关税等特殊的优惠政策来吸引外国投资，从事对外贸易和出口加工工业等业务活动的区域。

一、经济特区的演变

经济特区的发展已有很长的历史，它与对外贸易的发展有着密切的联系。早在古希腊时代，腓尼基（地中海东岸古国，约为现在叙利亚和黎巴嫩的沿海地带）人就曾将泰尔和迦太基两个港口划为特区，对外来的商船尽量保证其安全航行，不受任何干扰，这是自由港区的最早雏形。1228 年，法国南部马赛港的一群资产者也曾在港内建立自由贸易区。1367 年，德国北部诸城市联合起来，建立了自由贸易联盟，史称“汉萨同盟”。为促进同盟内部的通商优惠，它们曾选定汉堡和不来梅两地作为自由贸易区。1547 年，意大利在西北部热那亚建立雷格亨自由港，这是世界上第一个被正式命名的自由港。此后，自由港与自由贸易区便开始在西欧许多地方风行起来。17 世纪和 18 世纪，欧洲的一些贸易大国先后把一些主要港口城市宣布为自由港，或划出一部分地区作为自由贸易区，如意大利的热那亚、那不勒斯、威尼斯，法国的敦刻尔克，丹麦的哥本哈根等。其设立自由港区的目的是利用这些地方优越的地理位置和方便条件，采取免除进出口关税的措施，吸引外国商品到此转口，扩大对外贸易，使之发挥商品集散中心的作用，促进当地经济的发展。19 世纪以后，自由港区逐步从地中海沿岸扩展到世界其他地方。从地中海经波斯湾、印度洋到东南亚地区，一系列被殖民主义者征服的重要港口先后被辟为自由港或自由贸易区。它们当中有直布罗陀、丹吉尔（摩洛哥）、亚丁（也门）、吉布提、槟城（马来西亚）、新加坡以及我国的香港、澳门等。自由港和自由贸易区在美洲大陆的出现较之其他地区要迟得多。分别建于1923年的乌拉圭科洛尼亚自由贸易区和墨西哥北部边境的蒂华纳与墨西卡利自由贸易区是该大陆较早建立的自由贸易区。而美国直到1936年才在纽约市的布鲁克林建立起第一个自由贸易区。

由上可见，从自由港区问世到第二次世界大战前夕，世界经济特区发展比较缓慢，数量少（26个国家设立了75个），分布地域狭窄，经济活动单一，几乎都是只从事转口贸易和对外贸易。

第二次世界大战以后，世界政治经济发生很大变化。一方面，西方发达国家从战争的废墟中复苏，经济上大有发展，它们之间的竞争日益加剧。科技水平不断提高使得一些传统的工业特别是技术落后的部门趋向没落，而劳动密集型工业因工资升高而难以维持，需要开拓新的市场、寻求新的出路；另一方面，一大批殖民地、附属国取得独立，要求发展民族经济，力图实现国家工业化。起初，这些国家一般制定所谓“进口替代”战略。但因只有丰富而廉价的劳动力，而缺乏资金和技术；产品又因国内市场狭小而难以进一步发展，故“进口替代”战略不能持久，转而采取“出口导向”战略。在这种形势下，许多国家和地区纷纷建立新的自由港区，即“出口加工区”。世界上最早从事出口加工活动的自由港区，一般认为是爱尔兰于1958年设立的香农出口加工区。随后在波多黎各和印度也相继出现。但正式使用出口加工区名称并制定有一套相应办法的则是我国台湾省于1966年建立的高雄出口加工区。许多国家为了增强本国的经济实力和扩大对外贸易，不仅在原有的经济特区内放宽了对外国投资的限制，而且增设了更多的经济特区。

据有关资料统计，当今世界上的经济特区已达1 000多个，分布于近百个国家和地区。这些特区的分布，虽然在洲际之间尚属均匀，但在各国之间却相差悬殊。例如，美国有270多个，而加拿大只有几个。

欧美发达国家所设的经济特区绝大多数是自由港和自由贸易区。由于它们适应国际贸易发展的需要，更便于给所在国带来经济利益，促进经济繁荣，所以仍在继续兴建。另外，自由贸易区的内容不只限于贸易方面，也可在优惠条件下进行加工、制造。

发展中国家的经济特区类型不尽相同。亚洲和非洲国家主要是出口加工区，拉丁美洲国家则多是自由边境区和保税仓库区。亚洲国家和地区建立出口加工区，20世纪70年代出现高潮。建立比较早的是韩国和东盟国家。自20世纪80年代以来，这些国家和地区兴办经济特区有新的发展。建立出口加工区之初，产业多是劳动密集型的中小型工业，随着经济、技术的发展和工资水平的不断提高，劳动密集型工业日渐丧失廉价劳动力这一优势，加之这些设区国家和地区的文化水平都较高，工业已有一定基础，在达到原有目标之后，也必须采取措施，使产业结构升级。因此，上述国家或地区的出口加工区已对引进外资有所选择，不再欢迎劳动密集型工业入区，而把重点转向资本和技术密集型工业。但是，就许多发展中国家来说，它们为发展民族工业、摆脱经济落后困境，仍苦于缺乏资金和技术，希望利用自己丰富的劳动力资源，通过建立劳动密集型加工区刺激经济的发展。

我国从1979年开始兴办经济特区。1980年国务院批准广东省的深圳、珠海、汕头和福建省的厦门4个城市建立经济特区，1988年4月又批准海南省为经济特区；1984年4月决定将大连、秦皇岛、天津、烟台、青岛、连云港、南通、上海、宁波、温州、福州、广州、湛江、北海14个沿海港口城市对外开放；1985年以后又先后决定将长江三角洲、珠江三角洲和闽南厦（门）、漳（州）、泉（州）三角地区与辽东半岛、胶东半岛，以及环渤海地区（唐山、秦皇岛、沧州等地区）开辟为经济开放区，形成了沿海经济开放地带。1990年6月，国家批准开放上海浦东新区，之后沿长江开放了武汉、重庆等6个城市和合肥、南昌、长沙、成都4个沿江省会城市，形成了以上海浦东新区为龙头的长江流域经济开放带。1992年3月后，国务院又分别批准了沿边13个城镇和14个内陆省会（首府）城市的对外开放，形成沿边经济开放地带。在建设三大经济开放地带的同时，又在各地兴办了一系列的经济技术开发区和高新技术产业开发区、保税区等。2000年4月27日国务院批准了15个出口加工区试点，它们分别是大连、天津、北京天竺、烟台、威海、昆山、苏州工业园区、上海松江、杭州、厦门杏林、深圳、广州、武汉、成都、珲春。2005年，国务院又批准设立了包括上海嘉定、辽宁沈阳、福建福州、浙江慈溪在内的18个出口加工区。

纵观世界经济特区的演变历史，可归纳为3个不同发展阶段。第一个阶段为商业型自由贸易区时期（20世纪50年代末以前），其经济活动的中心是进行商业性的转口贸易。第二个阶段为工贸型出口加工区时期（20世纪50年代末至70年代末），其经济活动的中心是从事劳动密集型产品为主的出口替代工业。第三个阶段为科技综合型出口加工区时期（20世纪70年代末至今）。从20世纪70年代末起，世界经济特区呈现出两个明显的发展趋势：一是纵向趋势。劳动密集型产业的一般出口加工区开始升级换代，向着技术密集型产业发展。二是横向趋势。一些出口加工区开始向多行业、多功能发展，不仅重视出口工业和对外贸易，同时也经营农、林、牧、渔业、商业、旅游业、房地产业、金融服务业、交通电信业、信息咨询业以及教育、科技事业等。

世界经济特区的演变历史表明，世界经济特区是随着世界经济的发展而发展的。它经历了一个由少到多、由简单到复杂、由低级到高级的发展过程。尤其是第二次世界大战后，世界经济特区无论在量上还是在质上都取得了突破性的进展。

二、经济特区的类型

各国或地区兴办的经济特区种类很多，规模不一，主要有以下几种。

1. 自由港和自由贸易区

自由港（Free Port）又称自由口岸。自由贸易区（Free Trade Zone）又称对外贸易区、自由区、工商业自由贸易区等。无论自由港还是自由贸易区都是设在关境以外，对进出口商品全部或大部分免征关税，并且准许在港内或区内的商品进行自由储存、展览、拆散、改装、重新包装、整理、加工和制造等业务活动，以促进本地区经济和对外贸易的发展，增加财政收入和外汇收入。

一般说来，自由港或自由贸易区可以分为两种类型：一种是把整个港口或设区所在的城市都划为自由港或自由贸易区。

许多国家对自由港和自由贸易区的规定大同小异，归纳起来，主要有以下几点。

1）对关税的规定

对于允许自由进出自由港和自由贸易区的外国商品，不必办理报关手续，免征关税，少数已征收进口税的商品如烟、酒等的再出口，可退还进口税。但是，如果港内或区内的外国商品转运入所在国的国内市场上销售，即必须办理报关手续，缴纳进口税。这些报关的商品，既可以是原来货物的全部，也可以是一部分；既可以是原样，也可以是改样；既可以是未加工的，也可以是加工品。有些国家对在港内或区内进行加工的外国商品往往有特定的征税规定。例如，美国规定，用美国的零配件和外国的原材料装配或加工的产品，进入美国市场时，只对该产品所包含的外国原材料的数量或金额征收关税。同时，对于该产品的增值部分也可免征关税。又如，奥地利规定，外国商品在其自由贸易区内进行装配或加工后，商品增值1/3以上，即可取得奥地利原产地证明书，可免税进入奥地利市场；增值1/2以上者即可取得欧洲自由贸易联盟原产地证明书，可免税进入奥地利市场和其他欧洲自由贸易联盟成员国市场。

2）对业务活动的规定

对于允许进入自由港或自由贸易区的外国商品，可以储存、展览、拆散、分类、分级、修理、改装、重新包装、重新贴标签、清洗、整理、加工和制造、销毁、与外国的原材料所在国的原材料混合、再出口或向所在国国内市场出售。

由于各国情况不同，有些规定也有所不同。例如，在加工和制造方面，瑞士规定储存在区内的外国商品不得进行加工和制造，如要从事这项业务，必须取得设立在伯尔尼的瑞士联邦海关厅的特别许可方可进行。但是，在第二次世界大战以后，许多国家为了促进经济与对外贸易的发展，都在放宽或废除这项规定。

3）对禁止和特别限制的规定

大多数国家通常对武器、弹药、爆炸品、毒品和其他危险品，以及国家专卖品，如烟草、酒、盐等禁止进口或凭特种进口许可证才能进口。一些国家对少数消费品的进口要征收高关税。有些国家规定，对某些生产资料在港内或区内使用也应缴纳关税。例如，意大利规定在里雅斯特自由贸易区内使用的外国建筑器材、生产资料等也包括在应征关税的商品之内。此外，有些国家如西班牙等，还禁止在区内零售。

世界上的自由港曾分为有限自由港和完全自由港两种。完全自由港对外国商品一律免征关税，世界上原有的完全自由港本不多，而且随着发展，出于保护本国工业的目的，大都转变为有限自由港。有限自由港仅对少数指定进口商品征收关税或实施不同程度的贸易管制，其他商品则可享受免税待遇。

2. 保税区

保税区（Bonded Area）又称保税仓库区。它是海关所设置的或经海关批准注册的受海关监督的特定地区和仓库。进口商品存放在保税区内，可以暂时不缴纳进口税。如再出口，不缴纳出口税。运进区内的商品可进行储存、改装、分类、混合、展览、加工和制造等。因此，它起到类似自由港或自由贸易区的作用。

资本主义国家设立的保税区仓库，有的是公营的，有的是私营的；有的货物储存的期限为1个月到半年，有的期限可达3年；有的允许进行加工和制造，有的不允许进行加工和制造。

有些国家如日本、荷兰等，没有设立自由港或自由贸易区，但设有保税区。

3. 出口加工区

出口加工区（Export Processing Zone）是指一个国家或地区在其港口（或邻近港口）、机场附近交通便利的地方，划出一定的范围，新建和扩建码头、车站、道路、仓库和厂房等基础设施，并提供减免关税等优惠，鼓励外商在区内投资设厂，生产以出口为主的制成品的区域。

出口加工区是20世纪60年代后期和70年代初期在一些发展中国家或地区建立和发展起来的。其目的在于吸引外国投资，引进先进技术与设备，扩大出口加工工业的发展，增加外汇收入。出口加工区脱胎于自由港或自由贸易区，采用了自由港或自由贸易区的一些做法，但它又与自由港或自由贸易区有所不同。一般来说，自由港或自由贸易区以发展转口贸易取得商业方面的收益为主，是面向商业的。而出口加工区以发展出口加工工业取得工业方面的收益为主，是面向工业的。虽然出口加工区与自由港、自由贸易区有所不同，但是由于出口加工区是在自由港、自由贸易区的基础上发展起来的，因此，目前有些自由港或自由贸易区以从事出口加工生产为主，但仍然袭用自由港或自由贸易区这个名称。

1）出口加工区的类型

（1）综合性出口加工区，即在区内可以经营多种出口加工工业产品。如菲律宾的巴丹出口加工区所经营的项目包括服装、鞋类、电子和电器产品、食品、光学仪器和塑料产品等。目前，世界各地的出口加工区大部分是综合性出口加工区。

（2）专业性出口加工区，即在区内只准经营某种特定的出口加工工业产品。例如，印度在孟买的圣克鲁斯飞机场附近建立的电子工业出口加工区以发展电子工业的生产和增加这类产品的出口为主。在区内经营电子工业生产的企业可享受免征关税和国内税等优惠待遇，但全部产品必须出口。

目前，许多国家和地区都选择一个运输条件较好的地区为设区地点。这是因为在出口加工区进行投资的外国企业所需的生产设备和原材料大部分依靠进口，所生产的产品全部或大部分输出国外市场销售。因此，出口加工区应该设在进出口运输方便、运输费用最节省的地方。通常选择国际港口或港口、国际机场附近设区最为理想。

2）出口加工区的主要规定

为了发挥和提高出口加工区的经济效果，吸引外商投资设厂，许多国家或地区制定了具体的措施，主要有以下几个方面。

（1）对外国企业在区内投资设厂的优惠规定。

关税的优惠规定：对在区内投资设厂的企业，从国外进口生产设备、原料、燃料、零件、元件及半制成品一律免征进口税。生产的产品出口时一律免征出口税。

①国内税的优惠规定：不少出口加工区为外国投资的企业提供减免所得税、营业税、贷款利息税等优惠待遇。

②放宽外国企业投资比率的规定：不少出口加工区放宽了对外资企业的投资限制。例如菲律宾规定，外资企业在区外的投资比率不得超过企业总资本的40%，但在区内的投资比率不受此项法律的限制，可达100%。

③放宽外汇管制的规定：在出口加工区外国企业的资本、利润、股息可以全部汇回本国。

④投资保证规定：许多国家或地区不仅保证各项有关出口加工区的规定长期稳定不变，而且保证对外国投资不予没收或征用。如因国家利益或国防需要而征用时，政府给予合理的赔偿。

此外，对于报关手续、土地、仓库和厂房等的租金、贷款利息、外籍员工的职务及其家属的居留权等都给予优惠待遇。

（2）对外国投资者在区内投资设厂的限制规定。

许多国家和地区虽然向外国投资者提供各种优惠待遇，但并不是任其自由投资，而是既有鼓励又有限制，引导外国企业按照本国经济和对外贸易发展的需要投资设厂。一般有以下几方面的规定。

①对投资项目的规定：许多国家或地区往往限制投资项目。例如，菲律宾对巴丹出口加工区可设立哪些工业项目都做出规定，划出范围。它规定第一期工业部门包括陶瓷或玻璃器皿、化妆品、食品、电子或电器产品、光学仪器、成衣、鞋类、塑料和橡胶产品等轻型的、需要大批劳工的、供出口的工业。第二期工业部门包括纺织、汽车、机械以及其他确有外国市场、需要用大批劳工、进口原料加工出口的工业。

②对投资者资格的审批规定：为了保证投资与加工出口的收益，要求外国投资者必须具备一定的条件。例如，菲律宾在审批投资设厂的出口企业时掌握两项基本标准：一是在经营管理、出口推销和技术、财务管理方面具有一定基础和经验；二是具有输出商品赚取外汇和吸收劳动力的能力，并能采用国内的原料。

③对产品销售市场的规定：许多国家或地区规定区内的产品必须全部或大部分出口，甚至对次品或废品也禁止或限制在当地市场上出售。另外，即使准许这些产品在本国市场上销售，其数量一般不超过总产量的 10%。

为了防止区内产品与区外同类本国产品在国外市场上竞争，往往采用禁止或限制该产品在区内投资或者对出口市场加以限制的办法。

④对招工和工资的规定：有些国家或地区对此做了统一规定，以解决就业、工资和劳资纠纷等问题。

（3）对出口加工区的领导和管理办法的规定。

许多国家或地区专门设立出口加工区管理委员会。该委员会在各出口加工区设立专门的办事机构，负责办理区内的一些具体事务。

4. 自由边境区

自由边境区（Free Perimeter）的设置仅见于拉丁美洲少数国家，墨西哥是设置自由边境区最多的国家。一般设在本国的一个省或几个省的边境地区。凡在区内使用的机器、设备、原材料和消费品都可以免税或减税进口。如从区内转运到本国其他地区，则须照章纳税。外国商品可在区内进行储存、展览、混合、包装、加工和制造等业务活动。

自由边境区同出口加工区的主要区别是：前者的进口商品加工后大多是在区内使用，只有少数用于再出口。故建立自由边境区的目的是开发边境区的经济，因此有些国家对优惠待遇规定了期限。当边境区生产能力发展后，就逐渐取消某些商品的优惠待遇，直至废除自由边境区。

5. 过境区

过境区（Transit Zone）又称中转贸易区，指某些沿海国家为了便利内陆邻国的进出口货运，根据双边协定，指定某些海港、河港或边境城市作为过境货物自由中转区，对过境货物简化海关手续，免征关税或只收小额的过境费（过境税）。过境货物可在过境区做短期储存和重新包装，但不得加工制造（这一点同自由港有明显不同）。一般过境区都提供保税仓库设施。泰国的曼谷、印度的加尔各答、坦桑尼亚的达累斯萨拉姆、莫桑比克的马普托、阿根廷的布宜诺斯艾利斯和巴西的圣多斯等，都是这种以中转贸易为主的过境区。

6. 科学工业园区

科学工业园区又称工业科学园、科研工业区、高技术园区等，是一种科技型经济特区。

科学工业园区最早形成于20世纪50年代末60年代初的美国，20世纪70年代逐渐在世界范围内兴起，20世纪80年代进入发展期，20世纪90年代进入高峰期。科学工业园区主要分布在发达国家和新兴工业化国家，以美洲为最多。世界著名的科学工业园区有美国的“硅谷”，英国的“剑桥科学园区”，新加坡的“肯特岗科学工业园区”，日本的“筑波科学城”等。

科学工业园区的主要特点是：有充足的科技和教育设施以及高校、研究机构；以一系列企业组成的专业性企业群为依托；区内企业设施先进、资本雄厚、技术密集程度高，信息渠道通畅，交通发达，政策优惠；鼓励外商在区内进行高科技产业的开发；吸引和培养高级技术人才；研究和发展尖端技术和产品。与出口加工区侧重于扩大制成品加工出口不同，科学工业园区旨在扩大科技产品的出口和扶持本国技术的发展。

科学工业园区有自主型和引进型两类。前者主要靠自有先进技术、充裕资金和高级人才来促进本国高新技术产业的发展，发达国家所设园区多属此类；后者则采取引进外资、技术、信息与人才的办法来进行合作研究与开发，发展中国家和地区所设园区多属这类。

9.2 出口管制措施

出口管制是指国家通过法令和行政措施，对某些商品，特别是战略物资、先进技术及其有关资料实行限制出口或禁止出口，以达到一定的经济、政治或军事目的。

9.2.1 出口管制的对象

1. 战略物资、先进技术及其有关资料

从所谓的“国家安全”和“军事防务”的需要出发，大多数国家都对武器、军事设备、军用飞机、军舰、先进的电子计算机和通信设备、先进技术及有关资料等严格控制出口，防止其流入政治制度对立和政治关系紧张的国家。另外，从保持科技领先地位和经济优势的角度看，对一些先进的机器设备及其技术资料也严格控制出口。

2. 国内紧缺物资

国内紧缺物资是指国内生产急需的原材料和半制成品，以及国内供应严重不足的商品。这些商品在国内本来就比较稀缺，倘若允许其自由流往国外，只能加剧国内的供给不足和市场失衡，进而阻碍经济发展。

3. 历史文物和艺术珍品

出于保护本国文化艺术遗产和弘扬民族精神的需要，各国一般都禁止这类物品的输出。

4. 需要“自动”限制出口的商品

为了缓和与进口国的贸易摩擦，在进口国的要求或压力下，不得不对某些具有较强国

际竞争力的商品实行出口管制。

5. 在国际市场上具有垄断优势和出口量大的商品

对发展中国家来说，对这类商品实行出口管制尤为重要。因为很多发展中国家出口商品单一，出口市场集中，出口商品价格容易出现大起大落的波动。当国际价格下跌时，发展中国家应控制该商品的过多出口，以促使其国际价格提高、出口效益增加，否则会加剧世界市场供大于求对本国不利的形势，使本国遭受更大的损失。如石油输出国组织（OPEC）对其成员国的石油产量和出口量实行控制，以稳定石油价格和增加利润。

9.2.2 出口管制的形式

出口管制的形式主要有单方面出口管制和多边出口管制两种。

1. 单方面出口管制

单方面出口管制是指一国根据本国的出口管制法案，设立专门的执行机构，对本国某些商品的出口进行审批和颁发出口许可证，实行出口管制。即实行出口管制的决定完全由一国自主做出，不对他国承担义务。美国凭借其强大的军事和经济实力，成为当今世界实行单方面出口管制最多的国家。早在 1917 年，美国国会就通过了《与敌对国家贸易法案》，禁止所有私人与美国敌人及其同盟者在战时或国家紧急时期进行财政金融和商业贸易的交易。第二次世界大战结束后，为了对社会主义阵营国家实行禁运，于 1949 年通过了《出口管制法案》，禁止和削减全部商业性出口（即通过贸易渠道的全部商品和技术资料的出口）。该法案以后几经修改，直至 1969 年，《出口管理法》出台才被取代。1979 年，美国国会又颁布了《出口管理法》、《出口管理法修正案》（1985 年）等，这些法案或修正案一个比一个宽松，但主要规定不变。

“冷战”结束后，世界政治经济形势发生了巨大的变化，商业利益已越来越与国家安全利益并驾齐驱。美国于 1995 年推出了新的出口管制法案，力求使美国国家安全和出口商的商业利益达到更好的平衡。

除美国以外，其他资本主义国家也有类似的法案。

2. 多边出口管制

多边出口管制又称共同出口管制，是指若干个国家的政府通过一定的方式建立国际性的多边出口管制机构，商讨和编制多边出口管制货单和出口管制国别，规定出口管制办法等，以协调彼此的出口管制政策和措施，达到共同的政治和经济目的。

9.2.3 出口管制的程序和手续

一般而言，西方国家出口管制的程序是：国家有关机构根据出口管制的有关法案制定出口管制货单和输往国别分组管制表，列出出口管制的商品，必须办理出口申报手续，获得出口许可证之后方可出口。

仍以美国为例加以说明。美国商务部贸易管理局是办理出口管制工作的具体机构，它负责制定出口管制货单和输往国别分组管制表。在管制货单中列有各种需要管制的商品名称、商品分类号码、商品单位及其所需的出口许可证类别等。在输往国别分组管制表中，将商品输往国家或地区分成Z、S、Y、P、W、Q、T、V8个组，实行从严到宽程度不同的出口管制。

出口商出口受管制的商品，必须向贸易管理局申领出口许可证。美国的出口许可证分为如下两种。

1. 一般许可证

一般许可证也称普通许可证。这种许可证的管理很松。一般而言，出口商出口这类商品不必向贸易管理局提出申请，只要在出口报关单上填明管制货单上该类商品的一般许可证编号，经海关核实，就作为办妥出口许可证手续。

2. 特种许可证

特种许可证也称有效许可证。出口商出口这类商品必须向贸易管理局专门申请。出口商在许可证上要填明商品的名称、数量、管制编号及输出用途，还要附上有关证件（进口证明书和交易说明书）一起送上审批，经批准后才能出口。对于那些涉及所谓“国家安全的商品”，还要提交更高层的机构审批，若不予批准，则禁止出口。

出口管制不仅是西方发达国家管理对外贸易的一种重要手段，也是其对外实行差别待遇和歧视政策的重要工具。20世纪70年代以来，一些发达资本主义国家的出口管制有所放松，但是出于对外政策的需要，其出口管制出现时紧时松的变化。

相关思政元素：大国担当

相关案例：

和评理｜对部分无人机实施出口管制：中国展现维护和平安全“大国担当”

中国政府本周一宣布，将对部分无人机及相关物项实施出口管制，该项举措充分展现了中国作为负责任大国的担当，也是践行全球安全倡议的重要之举。

本次出口管制的两份相关公告由四部门联合对外发布，公告表示，管制措施将于2023年9月1日正式生效。

中国拥有庞大的无人机制造产业，出口至多个国家和地区，其中也包括美国。但是近年来，伴随着无人机技术的快速发展，其应用场景不断拓宽，部分高规格、高性能的民用无人机转用军事的风险也在不断上升。中国据此决定实施出口管制，虽然影响了国内有关企业的商业利益，却也是为了将无人机导致的伤害风险降至最低。

有预测显示，到2025年，全球无人机市场的规模有望达到5 000亿元（约合697亿美元）。目前，在全球无人机市场上，中国占据了大约70%的份额。本次新公布的出口管制举措，主要针对工业级别的无人机发动机、激光器以及通信设备等，但也有部分民用无人机被纳入其中，旨在确保民用无人机不会在出口后被用于军事用途。

本次发布的管制措施，虽然并不意味着完全禁止出口——只要用于合法民事用途，在履行相关程序后，可以正常出口。但中国扩大无人机出口管制举措，仍然是一种为顾全大局而牺牲市场份额的做法，这也与美国方面形成了鲜明的对比。

2020年7月，美国特朗普政府以“为美国企业扩大贸易机会”为由，放松了对武装无人机的出口管控。许多美国制造的无人机均具有航速快、载荷大的特点，放松出口管控，无疑给希望将这些无人机用于军事用途的国家打开了方便的大门。

美国拜登政府上台后，延续了其前任在这方面的政策，这也意味着诸如“全球鹰”“死神”这类时速低于800千米、具备大规模打击能力的美国无人机，在出口时将“畅通无阻”。拜登曾在美国奥巴马政府中担任副总统一职，该届政府更是曾以滥用无人机而出名。

中国政府将继续支持企业在民用无人机领域开展国际贸易、推进合作，本次针对无人机及相关物项的出口管制举措，表现出中国通过严管出口，杜绝相关设备被错用于非民用用途的决心，也为维护全球安全与地区稳定贡献了重要的力量。

注：本文译自《中国日报》8月1日社论

原标题：UAV Export Controls Show Country Acts Responsibly

来源：中国日报网，2023年8月3日

拓展案例

中外银行合作开展出口信贷业务

案例简介：

2004年3月，法国兴业银行联合中国工商银行向阿尔及利亚电信公司贷款4 000万美金，以支持后者进口中兴通信的CDMA项目，即在买方阿尔及利亚电信公司与中兴通信签订商务合同后，由法国兴业银行和中国工商银行作为贷款行分别贷款2 000万美金给买方，阿尔及利亚国民银行（BNA）为买方提供担保，且中国出口保险公司亦与法国兴业银行和中国工商银行签署出口买方信贷担保协议。同年8月30日，法国兴业银行对外宣布，再次完成其在华的第二个出口信贷项目：由法国兴业银行独家向加纳电信提供为期6年的6 700万美元的贷款，用于支持加纳电信进口阿尔卡特上海贝尔公司的设备，并且再次由中国出口信用保险公司提供出口买方信贷担保。

案例分析：

由于出口信贷所支持的出口信贷项目一般金额巨大，贷款期限都较长，企业故面临的风险较为复杂和巨大，往往会对贷款企业造成较大的资金流动压力和风险压力。而通过中外银行合作，共同实行出口信贷，则可有效解决上述问题，而有国家政策性机构提供出口信贷风险担保，则可降低银行提供贷款的风险，提高其贷款积极性，从而促进资本性物质的出口。

启示：

“入世”后，中国可利用银行业对外开放的契机，加强与国外银行业的合作，推动出口信贷业务的发展，以缓解资本性物质出口所面临的日益严峻的国际竞争压力，推动出口产品结构的优化和升级。

本章小结

1. 各国政府为达到刺激经济发展的目的，在财政、金融、汇率等各方面采取一系列

措施，运用各种经济手段和政策工具来鼓励和刺激商品出口。

2. 鼓励出口措施主要包括出口信贷、出口信用保险、出口信贷国家担保制、出口补贴、商品倾销、外汇倾销、出口退税，以及兴办经济特区措施等。

3. 出口管制是指国家通过法令和行政措施，对某些商品，特别是战略物资、先进技术及其有关资料实行限制出口或禁止出口，以达到一定的经济、政治或军事目的。

本章习题

9.1 名词解释

出口信贷　卖方信贷　买方信贷　混合信贷　出口信用保险　出口信贷国家担保制　出口补贴　商品倾销　外汇倾销出口退税　经济特区　自由港　自由贸易区　保税区　出口加工区　出口管制

9.2 简答题

(1) 卖方信贷和买方信贷有哪些异同点？

(2) 出口信贷的主要特点是什么？

(3) 试分析比较小国和大国实行出口补贴的影响及其程度。

(4) 商品倾销有哪几种形式？倾销所致的损失可通过哪些途径获得补偿？

(5) 试述外汇倾销的作用及其限制条件。

(6) 出口管制的对象和形式是什么？美国是如何实行出口管制的？

本章实践

学习本章后，你了解美国是怎样实施出口管制的吗？

第 10 章　多边贸易体制

学习目标

- 了解《关税及贸易总协定》的起源及历次谈判。
- 了解中国从“复关”到“入世”的谈判过程。
- 掌握《关税及贸易总协定》的宗旨与主要内容。
- 掌握世界贸易组织的宗旨、目标、职能及基本原则。
- 熟悉中国加入世界贸易组织的承诺，以及“入世”后的权利和义务。

教学要求

教师采用启发式、研讨式等多种教学方法，帮助学生了解《关税及贸易总协定》的背景、宗旨与主要内容；系统掌握世界贸易组织的宗旨、目标、职能及基本原则；了解中国“复关”与“入世”的背景与历程，掌握中国加入世界贸易组织后的权利与义务。

导入案例

聚焦中国“入世”：双赢互补向世界

多少岁月的殷殷期盼，十五春秋的折冲樽俎，中国“入世”终成定局。这是中国参与国际分工和适应全球化趋势的必然选择，也是世界贸易组织对负责任和可以发挥建设性作用的中国的拥抱和首肯。中国“复关”“入世”，标志着我国这个发展中大国已成为世界经济圈中平等的一员。在这个大家庭里，中国政府作出了庄严的承诺：一是按国际通行规则办事，二是向全球开放中国市场。换言之，中国在享受世界贸易组织成员正当权益的同时，也将履行相应的义务，遵守相等的游戏规则。

20 世纪 70 年代末，中国推开尘封网结的国门，实行对外开放的国策，向顺应国际经济发展规律的方向推进，并从国际分工和协作中获取经济发展的利好。中国的“入世”，为经济发展创造了公平的国际竞争环境，使中国享有永久性最惠国待遇，享有与发达国家平等贸易的权利，有利于中国产品进入世界市场。

与此同时，“入世”将有助于中国加快市场经济改革，通过立法和政策的透明性、统一性和可预见性推进统一大市场的建立，鼓励公平竞争，实行国民待遇，从而创造更好的投资环境，实现与全球化发展和合作的对接，使外国投资者在华更具信心和稳定感。此外，世界贸易组织所遵循的平等、不歧视原则，也能为解决贸易伙伴与中国的贸易争端提供稳定的基础。

按国际通行规则和开放的市场经济本质办事的中国，除继续降低关税和逐步取消非关税措施外，还进一步开放金融、保险、电信、外贸、商业、运输、建筑、旅游以及中介服务等领域，更全面、深入地与世界经济融为一体。

毋庸置疑，在这些新开放的领域中，欧美各国完全可以在金融、保险、电信、商业等优势领域进入中国，并获取可观的利益；而在激烈的竞争中，中国民众同样可以获得更好的服务，中国企业也可以得到结构的调整和产业升级。

多边贸易体制即世界贸易组织所管理的体制。世界贸易组织是多边经济体系中三大国际机构之一，也是世界上唯一处理国与国之间贸易规则的国际组织。在世界贸易组织事务中，“多边”是相对于区域或其他数量较少的国家集团所进行的活动而言的。大多数国家和地区，包括世界上几乎所有主要贸易国和地区，都是该体制的成员，但仍有一些国家不是，因此，使用“多边”一词，而不用“全球”或“世界”等词。

10.1 关税及贸易总协定

10.1.1 关税及贸易总协定的起源

《关税及贸易总协定》的产生与20世纪30年代的世界政治、经济背景密切相关。由于生产过剩的危机，各国纷纷从原来一直奉行的自由贸易政策转向奉行高关税的贸易保护主义政策，严重阻碍了国际贸易的发展，打乱了国际贸易的正常秩序，使世界贸易严重萎缩。

1929年，美国首先爆发了经济危机，随后波及各国。美国在贸易保护理论的指导下，从19世纪初开始，一直制定保护性关税法案，进口税率始终维持在很高水平。在危机严重的1930年，胡佛总统签署颁布了《斯姆特—霍利关税法》，制定了美国历史上最高的进口关税。美国的高关税引起了当时欧洲大陆各国的抵制，各国也相应通过制定自己的限制性关税，对美国展开了报复，从而引发了一场激烈的“关税战”。高关税阻碍了国际贸易的正常进行，加剧了20世纪30年代的世界经济危机。而随后而来的第二次世界大战，犹如雪上加霜，给世界各国带来了巨大灾难，国际贸易量严重萎缩，世界经济陷入严重困境。

为了保护本国经济，许多国家采取了关税和非关税保护措施，限制别国商品进入，导致各国之间贸易战频繁发生，影响了世界各国经济的发展。由于贸易保护主义的空前发展，给美国对外进行经济扩张和争夺世界市场带来了不利影响，因此美国试图凭借其逐渐增强的政治、经济实力，改变贸易保护政策的现状，消除各种贸易壁垒，使美国能从世界经济的健康发展中获利。与此同时，世界性的经济危机使各国意识到加强国际贸易协调与合作的必要性。

1943年，第二次世界大战尚未结束，急于要确立自己在全球经贸关系中的主导地位的美国倡议成立一个旨在削减关税、促进贸易自由化的国际贸易组织。1944年7月，美国、英国等44个国家，在美国新罕布什尔州的布雷顿森林召开会议，讨论国际货币金融体系问题，建立了以稳定国际金融、间接促进世界贸易发展为目标的国际货币基金组织（IMF）和国际复兴与开发银行（IBRD）。美国的初衷是另外再设立一个处理国际贸易与关税的专门组织，以铲除贸易限制和关税壁垒，促进贸易自由化。1945年11月，美国提出了一个计划，建议缔结一个制约和减少国际贸易限制的多边公约，以补充布雷顿森林会议决议。该方案被称为“扩大世界贸易与就业方案”，或称“国际贸易与就业会议考察方案”。该方案将确定国际贸易所有方面的各项规则，包括关税优惠、数量限制、补贴、国营贸易企业、国际商品协定等；并提议成立国际贸易组织，作为贸易领域中与国际货币基金组织、国际复兴与开发银行相对应的、专门协调国际贸易关系的第三个国际性组织。1946年，美国拟定了《国际贸易组织宪章草案》。

1946年2月，联合国经济和社会理事会通过决议，召开商业、就业问题国际会议，制定世界贸易的纪律，制定与就业、商品协定、限制性商业惯例、国际投资和服务有关的规则，并成立了筹备委员会。10月在伦敦正式召开了国际贸易与就业会议，会议邀请了包括中国政府在内的19个国家，即美国、英国、苏联、中国、法国、澳大利亚、新西兰、荷兰、比利时、卢森堡、巴西、加拿大、古巴、捷克斯洛伐克、挪威、智利、南非、印度、黎巴嫩等共同组建一个筹备委员会。该委员会于1946年10月和1947年1月分别在伦敦和纽约两次讨论和审议了《国际贸易组织宪章草案》。除对文字及内容方面进行讨论、补充和修改外，纽约会议还起草并通过了一项关税与贸易总协定大纲，即为《关税及贸易总协定》的雏形。其采纳了《国际贸易组织宪章》中能够保证贸易谈判和关税减让的条款，再将这些条款在《关税及贸易总协定》中加以具体化。

1947年4—10月，筹委会第二次会议在日内瓦举行，审议并通过了《国际贸易组织宪章》，即《哈瓦那宪章》，该宪章号召各成员国和签约国政府在经济上和贸易政策上予以合作，采取行动维持充分就业以及有效需求的大幅度和稳定增长。该宪章包括国际投资、国际商品协定、限制性商业惯例、发展中国家互惠、公平的劳动力标准和秘书处工作等内容。虽然宪章表现了当时各国雄心勃勃的目标，但由于它涉及经济发展、国际投资、就业等较敏感的国内外经济问题，使缔结国际贸易新秩序的历程比预想的要困难得多。当时美国国内共和党占多数的国会倾向于贸易保护主义，在美国国内开始形成反对《国际贸易组织宪章》的力量。加之当时各国的对外经济政策，尤其是发达国家与不发达国家之间存在较大的分歧，一些国家提出重新审议并修改《哈瓦那宪章》的要求，而在当时的条件下，这些要求是不可能实现的。因此，在这种情况下，《哈瓦那宪章》最终没有通过，而国际贸易组织最终也未形成。

然而，《关税及贸易总协定》却在国际贸易组织谈判的过程中产生了。1947年年初，联合国贸易与就业筹委会下的《国际贸易组织宪章》起草委员会就起草“关贸总协定及多边关税问题”进行了讨论。日内瓦会议期间，23个国家在双边谈判的基础上，签订了123项双边关税减让协议，为使协议尽快实施，参加国把这些协议与联合国经社理事会第二次筹备会通过的国际贸易组织宪章中有关贸易政策部分的条款加以合并，与达成的123项协议一起构成一个独立的协定。为区别于上述双边协议，将合并修改后的协议起名为

《关税及贸易总协定》，将其简称为《关贸总协定》。

1947年10月30日，筹委会在日内瓦结束，23个缔约国签订了《关税及贸易总协定》。各国在进行关贸总协定谈判时，并没有设想将其发展成为一个国际组织，而只是作为《国际贸易组织宪章》的一部分，因此《关贸总协定》的大部分条款与《国际贸易组织宪章》的条款相同。由于无法确定《关贸总协定》条款生效之日，会议期间，美国提议以"临时适用议定书"的形式，联合英国、法国、荷兰、比利时、卢森堡、加拿大、澳大利亚等8国于1947年11月15日前签署《关税及贸易总协定临时适用议定书》，从而使《关贸总协定》提前在上述8个国家领土范围内实施。1947年年底，23个发起国签署了"临时适用认定书"，1948年1月1日暂行《关贸总协定》第一、第三部分，第二部分在与各国现行立法不违背的情况下最大限度地临时实施。23国签署"临时适用议定书"，本意是想把《关贸总协定》作为一项过渡性的临时协议，来处理战后急需解决的各国在关税与贸易方面的问题，以尽快地获得关税减让的好处，待《国际贸易组织宪章》生效后就用宪章的有关部分来代替《关贸总协定》。然而，由于《国际贸易组织宪章》中途夭折，《关贸总协定》实际上代替了《国际贸易组织宪章》而临时生效，《关贸总协定》便由此诞生。

10.1.2 关贸总协定的宗旨与主要内容

1. 宗旨

《关贸总协定》的序言明确规定其宗旨是：缔约各国政府认为，在处理它们的世界贸易和经济事务的关系方面，应以提高生活水平、保证充分就业、保证实际收入和有效需求的巨大持续增长、扩大世界资源的充分利用以及发展商品生产与交换为目的。

实现上述宗旨的途径是，各缔约方"通过达成互惠互利协议，大幅度地削减关税和其他贸易障碍，取消国际贸易中的歧视待遇"。

2. 主要内容

《关贸总协定》分为序言和四大部分，共计38条，另附若干附件。第一部分从第1条到第2条，规定缔约各方在关税及贸易方面相互提供无条件最惠国待遇和关税减让事项。第二部从第3条到第23条，规定取消数量限制，以及允许采取的例外和紧急措施。第三部分从第24条到第35条，规定本协定的接受、生效、减让的停止或撤销，以及退出等程序。第四部分从第36条到第38条，规定了缔约国中发展中国家的贸易和发展问题。这一部分是后加的，于1966年生效，具体包括以下内容。

（1）适用最惠国待遇，缔约国之间对于进出口货物及有关的关税规费征收方法、规章制度、销售和运输等方面，一律适用无条件最惠国待遇原则。但关税同盟、自由贸易区以及对发展中国家的优惠安排都作为最惠国待遇的例外。

（2）关税减让。缔约国之间通过谈判，在互惠基础上互减关税，并对减让结果进行约束，以保障缔约国的出口商品适用稳定的税率。

（3）取消进口数量限制。原则上应取消进口数量限制。但由于国际收支出现困难的，属于例外。

（4）保护和紧急措施。对因意外情况或因某一产品输入数量剧增，对该国相同产品或与它直接竞争的生产者造成重大损害或重大威胁时，该缔约国可在防止或纠正这种损害所必需的程度和时间内，暂停所承担的义务，或撤销、修改所作的减让。

10.1.3 关贸总协定的历次谈判

从1947年到1994年，关贸总协定主持了八轮多边贸易谈判。

1. 第一轮多边贸易谈判

1947年4月到10月，关贸总协定第一轮多边贸易谈判在瑞士日内瓦举行。其主要成果是谈判者就123项多边关税减让达成协议，关税水平平均降低了35%。

这轮谈判虽然在1947年的《关税及贸易总协定》生效之前举行，但仍视其为该协定的第一轮多边贸易谈判。

2. 第二轮多边贸易谈判

1949年4—10月，第二轮多边贸易谈判在法国的安纳西举行。这轮谈判的目的是给处于创始阶段的欧洲经济合作组织的成员提供进入多边贸易体制的机会，促使这些国家响应欧洲经济合作组织的号召，为承担各成员之间的关税减让而做出努力。因此，该轮谈判除了23个缔约国之外，瑞典、丹麦、芬兰、意大利、希腊、海地、尼加拉瓜、多米尼加、乌拉圭、利比亚等国就其加入关贸总协定进行了谈判。在谈判结束后有9个国家加入关贸总协定。谈判结果达成147项多边协议，增加关税减让5 000多项，使占应税进口值5.6%的商品平均降低关税35%。

3. 第三轮多边贸易谈判

第三轮多边贸易谈判于1950年10月至1951年4月在英国托奎举行，本次谈判的主要议题之一是讨论韩国、奥地利、秘鲁、菲律宾和土耳其等国加入多边贸易组织问题。由于本轮谈判的缔约方增加，致使关贸总协定成员的进出口额分别占世界进出口总额的80%和85%。在关税减让方面，美国与英联邦国家（主要指英国、澳大利亚和新西兰）进展缓慢。英联邦国家不愿在美国未做出对等减让条件下，放弃彼此间的贸易优惠，使美国与英国、澳大利亚和新西兰未能达成关税减让协议。此轮谈判共达成150项关税减让协议，增加关税减让商品8 700个，关税水平平均降低26%。

4. 第四轮多边贸易谈判

1956年1—5月，第四轮多边贸易谈判在瑞士日内瓦举行。由于美国国会认为美国在前几轮关税减让谈判中减让幅度明显高于其他缔约国。因此，美国政府代表团的谈判授权在这轮谈判中受到限制。美国代表团在几乎用足了国会的授权后，对进口只给予9亿美元的关税减让，而其本身所受减让约4亿美元。本次谈判的意外收获是英国做出了较大幅度的关税减让，以弥补其前两轮的保留。另外，日本在对关贸总协定各缔约方做了相当的关税减让后，加入了该组织。本轮谈判的最终成果是增加关税减让商品3 000个，但仅涉及25亿美元，最终使关税水平平均降低15%。

5. 第五轮多边贸易谈判（“狄龙回合”）

第五轮多边贸易谈判于1960年9月至1962年7月在瑞士日内瓦举行。根据1958年《美国贸易协定法》的约定，因为建议发起本轮谈判的是美国副国务卿格拉期·狄龙，所以又称“狄龙回合”。此次谈判共45个国家参加，先后分两个阶段。前段自1960年9月至年底，着重对第四轮谈判有关内容进行再谈判，并就1957年3月25日欧共体创立所引出的关税同盟和共同体农业政策问题与有关国家进行协商。后段于 1961 年 1 月开始，就新减让项目及新加入成员减让项目进行谈判，并因欧共体加入关贸总协定而展开了关于关税联盟的谈判。根据参加联盟的缔约方的关税水平不得高于建立联盟时所实施的关税水平这一条款，欧共体的统一关税约束取代了欧共体国别的关税约束，对由此导致的任何单一国家的收支不平衡，欧共体都予以补偿。关贸总协定工作组检查了欧共体实施统一对外关税的法律后，决定可按总协定关税同盟条款进行谈判。第五轮谈判增加关税减让商品 4 400个，共涉及贸易额 49 亿美元，使关税水平平均降低 20%。欧共体六国统一对外关税也达成减让，平均税率降低 6. 5%，然而，农产品和某些政治敏感性商品仍被排除在最后的协议之外。

6. 第六轮多边贸易谈判（“肯尼迪回合”）

第六轮多边贸易谈判于 1964 年 5 月至 1967 年 6 月在瑞士日内瓦举行，这轮谈判是当时美国总统肯尼迪根据 1962 年通过的《美国贸易拓展法》提议召开的，所以又称肯尼迪回合。1964 年 5 月起，美国开始与欧共体六国以及关贸总协定其他成员进行削减关税谈判并提出有关国家各减关税 50%的建议，而西欧国家认为如各减关税 50%，美国关税仍高于西欧国家，因此提出“削平”方案，即高关税国家多减，低关税国家少减，以缩小双方的关税差距。这轮谈判商定从 1968 年起的五年内，美国工业品关税平均降低 37%，而西欧国家则平均削减 35%，使分别列入各国税则的关税减让商品项目合计达到 60 000 种之多，影响了 400 亿美元的商品贸易额。这轮谈判是 1973 年以前关贸总协定所主持的所有谈判中议题最广泛、最复杂的一次，共有占世界贸易额约 75%的 54 个国家参加。谈判第一次涉及了非关税壁垒，《关税及贸易总协定》第 6 条虽然规定了反倾销和反补贴的定义以及征收这两类税种的要件和幅度，但各国为保护本国产业，滥用该条款的情况时有发生，因此，在这轮谈判过程中制定了第一个反倾销协定，即《〈关税及贸易总协定〉第 6 条实施细则》。美国、英国、日本等 21 个国家签署了该协定。

缔约国数量的增加是这一时期关贸总协定的一个显著变化。20 世纪 60 年代，相继独立的一些发展中国家加入了关贸总协定。1965 年 2 月，就在“肯尼迪回合”的谈判进程中，《关税及贸易总协定》新增了一个重要的协议内容，即第四部分“贸易与发展”。清晰地阐明了有关发展中国家指导本国贸易政策的目标。这一回合还开创了让波兰作为一个“中央计划经济国家”参加关贸总协定多边贸易谈判的先例。

7. 第七轮多边贸易谈判（“东京回合”）

第七轮多边贸易谈判于 1973 年 9 月至 1979 年 4 月在瑞士日内瓦举行。因为发起这轮谈判的贸易部长级会议在日本东京举行，故又称“东京回合”。在本轮谈判前夕，部长会议宣言提出了一个关贸总协定有史以来范围最广泛、目标最庞大的贸易谈判安排。除成员方外，“东京回合”还对非成员方开放。102 个国家和地区参加了谈判（含 27 个非缔约国）。“肯尼迪回合”多边关税贸易谈判结束后，国际贸易商品的总体关税率水平大幅下降，但贸易障碍并未完全消除：①约 30%的进口产品仍不受关税减让协议的约束，特别是那些对发展中国家促进发展中国家工业进步极为重要的工业品。其关税率仍维持在高水平上；②依加工程度而定的不断升级的税率，使加工产品及消费制成品的有效率大幅高于其含义关税率；③农产品贸易中非关税壁垒的增多使贸易保护程度不断提高，而在第六轮多边谈判中农产品贸易又被主要发达国家列在一般降税商品范围之外，从而使农产品出口国收益程度大为降低；④非关税壁垒的大量采用和实施严重危及多边国际贸易体系。因此，“东京回合”谈判除了继续进行关税减让谈判外，还将减少非关税措施纳入谈判。

该谈判历时五年多，取得的主要成果涉及多方面：①从 1980 年起的八年内关税削减幅度为 25%~33%，减税范围除工业品外，还包括部分农产品；②禁止工业品补贴，除国防、通信和部分能源设备外，各国用竞争性的国际投标方式进行采购；③制定评估进口关税的准则，消除歧视性评估。本轮谈判最终关税减让和约束涉及贸易额 3 000 多亿美元。

从多边贸易体制的发展过程和加强关贸总协定的职能看，“东京回合”是一个重要的转折点，起到了承上启下的作用。具体表现在：①开始实行按比例削减关税，关税越高减让越大；②产生了一系列有关非关税壁垒的协议和相关守则，具体包括：补贴与反补贴措施、技术性贸易壁垒、进口许可程序、政府采购、海关估价、反倾销、牛肉协议、国际奶制品协议、民用航空器贸易协议等；③发展中国家可有选择地参加相关协议或守则。

“东京回合”虽然取得了一定的成功，但它没有也不可能解决多边贸易体制面临的所有问题。农业出口国继续抱怨《关税及贸易总协定》没能解决它们关切的问题；日本对向美国出口的汽车实行自动限制的做法也没有结论性意见。类似问题都构成了对关贸总协定体制的威胁。

8. 第八轮多边贸易谈判（“乌拉圭回合”）

20 世纪 80 年代，以政府补贴、多边数量限制、市场瓜分等关税措施为特征的贸易保护主义重新抬头，导致 20 世纪 80 年代初世界贸易额的下降。为了遏制这种势头，力争建立一个更加开放、持久的多边贸易体制，各缔约方和一些观察员的贸易部长们在乌拉圭的埃斯角特城召开的关贸总协定部长级会议上，经过激烈的论争，决定发起一场旨在全面改革多边贸易体制的新一轮谈判，故将其命名为“乌拉圭回合”。这是关贸总协定主持下的第八轮也是最后一轮谈判。从 1986 年 10 月谈判启动，到 1994 年 4 月 15 日在摩洛哥的马拉喀什最终协议的签署历时八年。参加“乌拉圭回合”谈判的国家和地区从最初的 103 个，增加到 1993 年年底的 117 个和 1995 年年初的 128 个国家和地区。

“乌拉圭回合”谈判的内容包括两方面：传统议题和新议题。传统议题涉及关税、非关税措施、热带产品、自然资源产品、纺织品和服装、农产品保障条款、补贴和反补贴措施、争端解决等。新议题涉及服务贸易、与贸易有关的投资措施、知识产权等。

此次多边贸易谈判的主要成果不仅强化了管理国际贸易的多边纪律框架，使农产品和纺织品重新回到关贸总协定贸易自由化的轨道，而且进一步改善了货物和服务业市场准入的条件，并制定了与贸易有关的投资措施和与贸易有关的知识产权协定。同时，使关税水平进一步下降，通过这轮谈判，发达国家和发展中国家平均降税 37%左右，发达国家工业制成品加权平均关税税率从 6. 3%降至 3. 8%。另外这一轮谈判过程还修订和完善了“东京回合”的许多守则并将其作为《1994 年关税及贸易总协定》的一部分，并采取对所有成员国都适用的一揽子方式接受谈判结果；还通过了《建立世界贸易组织马拉喀什协定》，简称《建立世界贸易组织协定》。

10. 1. 4　关税及贸易总协定的作用及局限性

一、作用

在关贸总协定不断发展、完善的过程中，其内容及活动所涉及的领域不断扩大，对国际贸易的影响也日益增强。主要体现在以下几方面。

1. 促进了国际贸易发展和规模的不断扩大

在关贸总协定主持下，经过八轮贸易谈判，各缔约方的关税均有了较大幅度的降低。发达国家加权平均关税从 1947 年的平均 35%下降至 4%左右，发展中国家的平均税率则降至 12%左右。在第七轮和第八轮谈判中对一些非关税措施的逐步取消达成协议。这对于促进贸易自由化和国际贸易的发展起到了积极作用。国际贸易规模从 1950 年的 607 亿美元，增加至 1995 年的 43 700 亿美元。至此，世界贸易的增长速度超过了世界生产的增长速度。

2. 形成了一套国际贸易政策体系，成为贸易的交通规则

关贸总协定的基本原则及其谈判达成的一系列协议，形成了一套国际贸易政策与措施的规章制度和法律准则，这些成为各缔约方处理彼此间权利与义务的基本依据，并具有一定的约束力。关贸总协定要求其缔约方在从事对外贸易和制定或修改其对外贸易政策措施，处理缔约方间经贸关系时，均需普遍遵循这些基本原则和相关协议。因此，其成为各缔约方进行贸易的交通规则。

3. 缓和了缔约方之间的贸易摩擦和矛盾

关贸总协定及其一系列协议是各缔约方之间谈判相互妥协的产物，协议执行产生的贸易纠纷通过协商、调解、仲裁方式解决，这对缓和或平息各缔约方的贸易矛盾起到了一定的积极作用。

4. 对维护发展中国家利益起到了积极作用

关贸总协定条款最初是按发达资本主义国家的意愿拟定的，但是，随着发展中国家的壮大和纷纷加入关税及贸易总协定，也增加了有利于发展中国家的条款。所以，关贸总协定为发达国家、发展中国家在贸易上提供了对话的场所，并为发展中国家维护自身利益和促进其对外贸易发展起到了一定的作用。

二、局限性

虽然关贸总协定曾在国际经济事务中发挥过巨大的作用，但其本身却存在着不可避免的局限性，主要表现在以下几方面。

（1）从法律基础上看，关贸总协定仅是根据《关税及贸易总协定临时适用协议书》生效的临时协议，并不是正式生效的国际公约。它虽然在事实上发挥着世界贸易组织的作用，但只是众多国际机构中级别较低的一个，没有自己的组织基础，依据的仅是一个政府间的行政协议，不是具有法人地位的正式组织，对缔约方不具有严格意义上的法律约束力。

（2）从内部体制来看，关贸总协定也不具备本着“完全协商一致”的原则做出决策的条件。关贸总协定的内部体制具有很明显的权、责、义、利的不统一性。因此，关贸总协定很难使关贸总协定在公正、客观的基础上按其自身的规则，在缔约方之间解决贸易争端问题，甚至还曾出现贸易大国操纵或控制争端解决结果的事件。关贸总协定虽然作为事实上的国际贸易组织存在了半个世纪，但美国国会从未批准过这个协定，始终视其为一个政府间的行政协议。这不仅导致了缔约方在关贸总协定内权利和义务的不平衡，而且导致了责任和利益的分化。

（3）关贸总协定缺少一定的权威性。按约定，协定各缔约方一般应同意临时接受该协

定的法律义务；同时，还规定各缔约方“在不违背国内（地区）现行立法的最大限度内临时适用总协定第二部分”，即关于国民待遇、取消数量限制等规定，那些不能完全遵守总协定第二部分的缔约方在“临时”的基础上遵守总协定的规定，而不需要改变其现有的国内地区立法。这使一些缔约方以此为理由在贸易立法或政策制定中时常偏离关贸总协定的基本精神，使该协定的权威性受到削弱。

（4）关贸总协定的管理范围偏窄，难以适应新经济形势的要求。关贸总协定仅管辖货物贸易，农产品、纺织品和服装不受关贸总协定的约束。这与世界性产业结构调整、国际资本向服务业等第三产业流动的新形势不相适应，也与贸易有关的知识产权保护的要求不适应。关贸总协定不能适应国际经贸环境的巨大变化，尤其是经济全球化和知识经济发展的要求。

10.2 世界贸易组织

世界贸易组织成立于1995年，总部设在瑞士日内瓦。世界贸易组织是全球唯一的一个国际性贸易组织，免费处理各成员之间贸易往来和协定的有关问题。成立世贸组织的基本目的就是促进各国的市场开放，调解贸易纠纷，实现全球范围内的贸易自由化。

10.2.1 世界贸易组织的建立

在关贸总协定临时实施的过程中，无论是各缔约方还是学术界，都一直非常关心成立国际贸易组织的问题，并提出了一系列构想。一种构想是源于关贸总协定制度本身，但是力图为主要贸易国和接受更具约束性义务的国际管理贸易制度提供指导作用。大西洋理事会提出的关于制定关贸总协定补充条款的建议是这种设想的最好体现。另一种构想是按《哈瓦那宪章》建立一个更加综合性的机构，并尽可能覆盖所有国际经济贸易领域。由于“乌拉圭回合”谈判涉及的领域颇为广泛，几乎与《哈瓦那宪章》关于国际贸易组织的设想一致，因此，建立国际贸易组织的问题引起了普遍关注。

鉴于上述关贸总协定的局限性，各缔约方普遍认为有必要在关贸总协定基础上建立一个正式的国际经贸组织来协调、监督、执行“乌拉圭回合”的成果。1990年年初，欧共体轮值主席国意大利提出建立多边贸易组织（Multilateral Trade Organization，MTO）的倡议。7月9日，欧共体把这一倡议以12个成员方的名义向“乌拉圭回合”谈判体制职能谈判小组正式提出。同年4月加拿大也非正式地提出过建立一个体制机构。瑞士与美国也分别于1990年5月17日和10月18日，向关贸总协定体制职能谈判小组正式提出过提案。

经过磋商，1990年12月，在“乌拉圭回合”布鲁塞尔部长会议上，贸易谈判委员会提议起草一个组织性决议。为此，“建立多边贸易组织协定”成为1992年12月的“乌拉圭回合”最终协议草案的一个有机组成部分。经过两年多的修改和各谈判方的讨价还价后，1993年11月，在“乌拉圭回合”谈判结束前，各方原则上形成了《建立多边贸易组织协定》。在美国代表的提议下，决定将“多边贸易组织”易名为“世界贸易组织”。1993年12月15日，“乌拉圭回合”谈判结束。1994年4月15日，在摩洛哥的马拉喀什召开的关贸总协定部长会议上，“乌拉圭回合”谈判的各项议题的协议均获通过，并采取“一揽子”方式（无保留例外）予以接受。经104个参加方代表签署，1995年1月1日正式生效。至此，根据其中《建立世界贸易组织协定》的规定，1995 年 1 月 1 日世界贸易组织正式成立，1995 年与 1947 年的关贸总协定共存一年后，担当起全球经济贸易组织的角色，发挥其积极作用。

10.2.2 世界贸易组织与关贸总协定的区别

1. 世界贸易组织是具有国际法人资格的永久性组织

世界贸易组织是根据《维也纳条约法公约》正式批准生效成立的国际组织，具有独立的国际法人资格。而关贸总协定则仅是“临时适用”的协定，并非一个正式的国际组织。相反，世界贸易组织则是一个常设性、永久性存在的国际组织。

2. 世界贸易组织管辖范围更广泛

关贸总协定产生于 20 世纪 40 年代末期，货物贸易占国际贸易的绝大多数，并且在实施中农产品贸易和纺织品、服装贸易又先后脱离其管辖，所以，关贸总协定管辖的仅是部分货物贸易。相反，世界贸易组织则不仅管辖货物贸易的各个方面，且 1994 年的《关贸总协定》对 1947 年的《关贸总协定》作了补充和完善；《服务贸易总协定》及其分部门协议管辖服务业的国际交换；《知识产权协定》对各成员的与贸易有关的知识产权的保护提出了基本要求；《与贸易有关的投资措施协议》第一次将与货物贸易有关的投资措施纳入多边贸易体制的管辖范围。世界贸易组织还努力通过加强贸易与环境保护的政策对话，强化各成员对经济发展中的环境保护和资源的合理利用。可见，世界贸易组织将货物、服务、知识产权融为一体，置于其管辖范围之内。

3. 世界贸易组织成员承担义务具有统一性

世界贸易组织成员不分大小，对其所管辖的多边协议一律必须遵守，以“一揽子”方式接受世界贸易组织的协定、协议，不能选择性地参加某一个或某几个协议，不能对其管辖的协定、协议提出保留。但是，关贸总协定的许多协议，则是以守则式的方式加以实施的，缔约方可以接受，也可以不接受。

4. 世界贸易组织争端解决机制以法律形式确立了权威性

与关贸总协定相比，世界贸易组织的争端解决机制在法律形式上更具权威性。由于一国参加世界贸易组织是由其国内的立法部门批准的，所以世界贸易组织的协定、协议与其国内法应处于平等的地位。世界贸易组织成员需遵守世界贸易组织各协定、协议的规定，执行其争端解决机构作出的裁决。并且，争端解决仲裁机构作出决策是按“除非世界贸易组织成员完全协商一致反对通过裁决报告”，否则视为“完全协商一致”通过裁决，这就增强了争端解决机构解决争端的效力。加之对争端解决程序规定了明确的时间表，使其效率大幅提高，权威性得以确立。与过去关贸总协定争端解决机制中的“完全协商一致”的含义完全不同，在关贸总协定体制下，只要有一个缔约方（最可能的就是“被申诉人”或“被告”）提出反对通过争端解决机构的裁决报告，就认为没有“完全协商一致”，则关贸总协定不能做出裁决。这自然大幅削弱了关贸总协定争端解决机制的权威性、有效性。

5. 世界贸易组织成员更具广泛性

世界贸易组织成立以来成员数量不断增加，2015 年 7 月 27 日，哈萨克斯坦在瑞士日内瓦举行“入世”签字仪式。哈萨克斯坦成为世界贸易组织第 162 个成员。世界贸易组织成员贸易总额达全球的98%。

10.2.3 世界贸易组织的宗旨、目标和职能

1. 宗旨

在《建立世界贸易组织协定》的序言部分，规定了世界贸易组织的宗旨。

(1) 提高生活水平，保证充分就业，大幅稳步地提高实际收入和有效需求。

(2) 扩大货物、服务的生产和贸易。

(3) 坚持走可持续发展之路，各成员应促进对世界资源的最优利用、保护和维护环境，并以符合不同经济发展水平下各自成员需要的方式，加强采取各种相应的措施。

(4) 积极努力以确保发展中国家，在国际贸易增长中获得与其经济发展水平相应的份额和利益。

2. 目标

世界贸易组织的目标是建立一个完整的包括货物、服务、与贸易有关的投资及知识产权等在内的更具活力、更持久的多边贸易体系，以包括关贸总协定贸易自由化的成果和"乌拉圭回合"多边贸易谈判的所有成果。

世界贸易组织实现目标的途径是协调管理贸易。为了有效实现上述目标和宗旨，世界贸易组织规定各成员应通过达成互惠互利的安排，大幅削减关税和其他贸易壁垒，在各成员方的经贸竞争中，消除歧视性待遇，坚持非歧视贸易原则，对发展中国家给予特殊和差别待遇，扩大市场准入程度及提高贸易政策和法规的透明度，实施通知与审议等原则，从而协调各成员间的贸易政策，共同管理全球贸易。

3. 职能

(1) 组织实施世界贸易组织负责管辖的各项贸易协定、协议，积极采取各种措施努力实现各项协定、协议的目标；并对所辖的不属于"一揽子"协议项下的诸边贸易协议(《政府采购协议》《民用航空器贸易协议》《国际奶制品协议》《国际牛肉协议》等)的执行管理和动作提供组织保障。

(2) 为成员提供处理各协定、协议有关事务的谈判场所。并为世界贸易组织发动多边贸易谈判提供场所、谈判准备和框架草案。

(3) 解决各成员间发生的贸易争端，负责管理世界贸易组织争端解决协议。

(4) 对各成员的贸易政策、法律法规进行定期评审。

(5) 协调与国际货币基金组织和世界银行等国际经济组织的关系，以保障全球经济决策的凝聚力和一致性，避免政策冲突。

10.2.4 世界贸易组织基本原则

1. 无歧视待遇原则

无歧视待遇原则又称无差别待遇原则，体现在最惠国待遇和国民待遇中，是世界贸易组织最基本的原则之一。它规定成员方一方在实施某种限制或禁止措施时，不得对其他成员方实施歧视待遇。无歧视待遇的原则要求每个成员方在任何贸易活动中，都要给予其他成员方以平等待遇，使所有各方能在同样的条件下进行贸易。

最惠国待遇原则是指成员一方现在和将来给予另一方的优惠和豁免都必须给予任何第三方。最惠国待遇分为有条件的和无条件的两种，有条件的最惠国待遇是指成员一方给予第三方的优惠，必须由成员另一方提供同样的补偿才能享受这些待遇；无条件的最惠国待遇是指成员一方给予第三方的一切优惠应该立即无条件地、无补偿地、自动地适用于另一方。世界贸易组织协议中的最惠国待遇是无条件的最惠国待遇。国民待遇原则是指在贸易条约和协定中，成员方之间相互保证给予另一方的自然人、法人和商船在本国境内享有与本国自然人、法人与商船同等的待遇。国民待遇是最惠国待遇的有益补充，在实现所有世界贸易组织成员平等待遇基础上，世界贸易组织成员的商品或服务进入另一成员领土后，也应该享受与该国的商品或服务相同的待遇。

世界贸易组织最惠国待遇原则和国民待遇原则体现在货物贸易、服务贸易、与贸易有关的知识产权、与贸易有关的投资措施等方面。

2. 关税减让原则

关税减让原则是关贸总协定一贯倡导和坚持的原则，并把它作为其他原则的实际执行载体。它是指各成员在世界贸易组织主持下，在最惠国待遇原则下，通过多边谈判，互相让步，承担减低关税的义务。关税减让谈判一般在产品主要供应者和主要进口者之间进行，其他国家也可以参加。多边的减让谈判结果，其他成员按照最惠国待遇原则可不经谈判而适用。

关税减让以互赢互利为基础，旨在降低进出口关税的总体水平，尤其是降低阻碍商品进口的高关税，以促进国际贸易的发展。经过历届多边贸易谈判，世界贸易组织成员之间的加权平均关税已降至很低水平，不会再成为各成员之间商品贸易的主要障碍。在“乌拉圭回合”后的世界贸易中，大约 20 项产品实现了零关税。

3. 互惠原则

互惠是指利益或特权的相互或相应让予，在国际贸易中是指两国相互给予对方以贸易上的优惠待遇，它是作为两国或地区之间确立商务关系的一个基础。关税和贸易总协定规定成员方应在互惠互利的基础上进行谈判，以期大幅度降低关税和其他费用的一般水平。对于新成员加入的各项条款中，将互惠原则与最惠国待遇结合起来实施。世界贸易组织的互惠原则体现在关税、运输、非关税壁垒方面削减和知识产权方面的相互保护等。主要表现是通过举行多边贸易谈判进行关税或非关税措施的削减，对等地向其他成员开放本国市场，以获得本国产品或服务进入其他成员市场的机会。

当一国或地区申请加入世界贸易组织时，由于新成员可以享有所有老成员过去已达成的开放市场的优惠待遇，因此新成员也必须按照世界贸易组织现行的规定开放商品或服务市场。即一国或地区加入世界贸易组织后，其对外经贸体制在符合 1994 年《关贸总协定》《服务贸易总协定》及《与贸易有关的知识产权协议》规定的同时，还要开放本国的商品和服务市场。

通过互惠贸易，成员方可在多边谈判和贸易自由化过程中与其他成员实现经贸合作。

4. 一般取消数量限制原则

世界贸易组织沿用了关税和贸易总协定一般取消数量限制原则的规定，若确有必要实施数量限制，应在非歧视、最惠国待遇原则基础上实施。在货物贸易方面，世界贸易组织仅允许进行“关税”保护，而禁止其他非关税壁垒，尤其是以配额和许可证为主要方式的

“数量限制”。但禁止数量限制也有一些重要的例外，如国际收支困难的国家被允许实施数量限制；发展中国家的“幼稚工业”也被允许加以保护。

5. 公平贸易原则

公平贸易原则是关税和贸易总协定和世界贸易组织主要针对出口贸易而规定的一项基本准则。这一原则的基本含义是指各成员和出口经营者都不得采取不公正的贸易手段进行国际贸易竞争或扭曲国际贸易市场竞争秩序。

6. 贸易政策法规透明度原则

透明度是世界贸易组织的三个主要目标（贸易自由化、透明度和稳定性）之一，是世界贸易组织的重要原则。世界贸易组织规定，成员方应将有效实施的有关管理对外贸易的各项法律法规、行政规章、司法判决等迅速加以公布，以便其他成员和贸易经营者加以熟悉；另外，要求各成员将有效实施的各成员政府之间或者政府机构之间签署的影响国际贸易政策的现行协定和条约也应加以公布；各成员应在其境内统一、公正和合理地实施各项法律法规、行教规章、司法判决等。

透明度原则已经成为各成员方在货物贸易、技术贸易和服务贸易中应遵守的一项基本原则，涉及贸易的所有领域。透明度原则对公平贸易和竞争的实现起到了十分重要的作用。

7. 市场准入原则

市场准入指一国或地区允许国外的货物、劳务与资本参与本国或地区市场的程度。世界贸易组织一系列协定和协议都要求成员分阶段地逐步实施贸易自由化，以此扩大市场准入水平，促进市场的合理竞争和适度保护。

8. 对发展中国家的优惠待遇原则

世界贸易组织继承和保留了 1947 年关税和贸易总协定对发展中缔约方予以照顾的原则，表现是允许发展中成员方用较长时间履行义务，或有较长的过渡期，允许发展中成员方在履行义务时有较大的灵活性，规定发达成员方对发展中成员方提供技术援助，以使后者更好地履行义务；发达成员方在贸易谈判中对发展中成员方的贸易所承诺的减少或撤销关税和其他壁垒的义务，不能希望得到互惠等。

此外，世界贸易组织针对贸易企业、区域性贸易安排以及实施保障措施也做出了原则性规定。

10.3 中国与世界贸易组织

10.3.1 加入世界贸易组织

1997 年 5 月，世界贸易组织中国工作组就中国“入世”议定书中的“非歧视原则”和“司法审议”两项主要条款与我国政府达成协议。同年 8 月，新西兰成为第一个同中国就中国加入世界贸易组织达成双边协议的国家；这一年，中国还与韩国、匈牙利、捷克等国签署了“入世”双边协议。1998 年 4 月，中国向世界贸易组织提交了一份包括近 6 000 个税号的“一揽子”关税减让表，得到了主要成员的积极评价。但本应在 1998 年完成的中美双边谈判因中国驻南斯拉夫大使馆突遭美军轰炸而中断；直至 1999 年 11 月 15 日，中美才签署了关于中国加入世界贸易组织的双边协议。2000 年 5 月，中国与欧盟签署了关于中国“入世”的双边协议。2001 年 6 月 9 日和 21 日，美国和欧盟先后与中国就中国“入世”多边谈判的遗留问题达成全面共识；6 月 28 日—7 月 4 日，世界贸易组织中国工作组就多边谈判遗留的 12 个主要问题达成全面共识；7 月 16—20 日，在第 17 次世界贸易组织中国工作组会议上，完成了中国加入世界贸易组织的法律文件及其附件和工作组报告书的起草工作。2001 年 9 月 13 日，中国与最后一个要求谈判的成员墨西哥达成双边协议，至此，中国完成了与世界贸易组织成员的所有双边市场准入谈判。2001 年 11 月 10 日，在卡塔尔首都多哈举行的世界贸易组织第四次部长级会议上，审议通过了中国加入世界贸易组织的决定，2001 年 12 月 11 日，中国正式成为世界贸易组织第 143 名成员。

10.3.2 中国加入世界贸易组织的承诺、所享受的权利和应尽的义务

一、中国的“入世”承诺

在《中华人民共和国加入议定书》中，中国对世界贸易组织做出以下承诺。

1. 遵守非歧视性原则

中国承诺，到 2005 年把 15%的平均关税水平降到 10%。在进口货物、关税和国内税等方面，给予外国产品的待遇不低于给予国产同类产品的待遇，对与国民待遇原则不符的做法和政策进行必要的修改和调整。

2. 实施统一的贸易政策

承诺在整个中国关境内，包括民族自治区、经济特区、沿海开放城市以及经济技术开发区等实施统一的贸易政策。世界贸易组织成员的个人和企业可以就贸易政策未统一实施的情况提请中国中央政府注意。问题属实，主管机关将依据中国法律予以补救，并将处理情况书面通知当事人。

3. 确保贸易政策透明度

承诺公布所有对外贸易法律和部门规章，未经公布的不予执行。设立“世界贸易组织咨询点”，对有关成员咨询的答复应该完整，并代表政府权威观点，向企业和个人提供准确、可靠的贸易政策信息。

4. 为当事人提供司法审议的机会

承诺在与《中华人民共和国行政诉讼法》不冲突的情况下，在有关法律法规、司法决定和行政决定方面，为当事人提供司法审查的机会。包括最初向行政机关提出上诉的当事人有向司法机关上诉的选择权。

5. 逐步开放外贸经营权

承诺加入世界贸易组织后 3 年内取消对外贸易经营审批权。在中国登记的所有企业，在登记后都有权经营除国营贸易产品外的所有产品。同时，已享有部分进出口权的外资企业将逐步享有完全的进出口贸易权。

6. 逐步减少和消除非关税措施

承诺对 400 多项产品实施的非关税措施（进口配额、许可证和机电产品特定招标），

到2005年1月1日前全部取消，并承诺今后除非符合世界贸易组织规定，否则不再增加或实施任何新的非关税措施。

7. 不再实行出口补贴

承诺遵照世贸组织《补贴与反补贴措施协议》的规定，取消协议禁止的出口补贴，通告协议允许的其他补贴项目。

8. 实施《与贸易有关的投资措施协议》

承诺取消贸易和外汇平衡要求、当地含量要求、技术转让要求等与贸易有关的投资措施。在法律、法规和部门规章中不强制规定出口实绩要求和技术转让要求，由投资双方与东道国通过谈判议定。

9. 以折中方式处理反倾销反补贴条款可比价格

承诺在加入世界贸易组织15年内，在采取可比价格时，如中国企业能明确证明该产品是在市场经济条件下生产的，可以该产品的国内价格作为依据，否则将找替代价格作为可比价格。规定也适用于反补贴措施。

10. 接受特殊保障条款

“入世”后12年内，若中国产品出口激增给世界贸易组织成员内部市场造成紊乱，双方应磋商解决，在磋商中，双方一致认为应采取必要行动时，中国应采取补救措施。如磋商未果，该世界贸易组织成员只能在补救冲击所必需的范围内，对中方撤销减让或限制进口。

11. 接受过渡性审议

承诺在“入世”后8年内，世界贸易组织相关委员会将对中国和成员履行世界贸易组织义务和实施世贸组织谈判所作承诺的情况进行年度审议；在“入世”后第10年完全终止审议。中方有权就其他成员履行义务的情况向委员会提出质疑，要求世界贸易组织成员履行承诺。

12. 逐步开放服务业

承诺分阶段和范围逐步开放银行、保险、旅游和电信等服务业。

二、中国“入世”后应享受的基本权利

中国加入世界贸易组织后，与其他世界贸易组织成员一样可以享受以下基本权利。

（1）中国的产品和服务及知识产权在所有世界贸易组织成员中享受无条件、多边、永久和稳定的最惠国待遇和国民待遇。

（2）中国对大多数发达国家出口的工业品及半制成品享受普惠制待遇。

（3）享受发展中成员的大多数优惠或过渡期安排。

（4）享受其他世界贸易组织成员开放或扩大货物，服务市场准入的利益。

（5）利用世界贸易组织的争端解决机制，公平、客观、合理地解决与其他成员的经贸摩擦，营造良好的经贸发展环境。

（6）参加多边贸易体制的活动，获得国际经贸规则的决策权。

（7）享受世界贸易组织成员利用各项规则、例外条款和保证措施等促进本国经贸发展的权利。

三、中国"入世"应履行的义务

在享受权利的同时，中国也必须依照世界贸易组织规则履行相应的义务，主要体现在以下七个方面。

（1）在货物、服务、知识产权等方面，依世界贸易组织规定，给予其他成员最惠国待遇、国民待遇。

（2）依世界贸易组织相关协议规定，扩大货物、服务的市场准入程度，降低关税和规范非关税措施，逐步扩大服务贸易市场开放。

（3）按《知识产权协定》的规定，进一步规范知识产权保护。

（4）按争端解决机制与其他成员公正地解决贸易摩擦，不搞单边报复。

（5）增加贸易政策、法规的透明度。

（6）规范货物贸易中对外资的投资措施。

（7）按在世界出口中所占比例缴纳一定会费。

相关思政元素：守信践诺

相关案例：

中国是公平贸易的破坏者还是坚定维护者？

环顾世界，一些国家曾经高举自由贸易大旗、享受过全球化红利，一旦发现其他国家迅速发展，自己的实力正在下降，就从"自由贸易"转而强调所谓的"公平贸易"，指责中国是公平贸易的破坏者。

加入世界贸易组织的17年里，中国开放程度远远超出当初承诺的广度和深度：在世界贸易组织12大类服务部门的160多项分部门中，中国已开放9大类的100项，接近发达国家平均开放的108项，远超发展中国家的54项；中国服务领域开放部门已达到120个，远超当时规定的100个……

"当一些国家要修正甚至放弃现存国际贸易体系的时候，中国已经成为这一体系最有力的捍卫者。"新加坡国立大学东亚研究所所长郑永年说。

阻止收购美国半导体公司、欧洲地图服务提供商、美国汇款公司速汇金国际……美国以"国家安全"等为理由，对中国企业在美正常投资和经营活动制造障碍和限制。

世界贸易组织争端裁决的研究报告显示，世界贸易组织三分之二的违规都由美国引起。另据有关统计，一年多来，美国政府对数十个国家的94项"不公平交易"进行调查，同比激增81%。

如同赛场，同场竞技，遵守"游戏规则"至关重要。

秉持共商共建共享原则，中国的"一带一路"倡议，成为目前规模最大、最受欢迎的国际合作的重要框架之一。这一倡议以其多边主义理念赢得各方信任，被视为中国新一轮改革开放的重要标志。

从共建"一带一路"，到推动构建亚太"互联互通"格局；从成立亚投行和丝路基金，到推动人民币国际化……中国日益成为新理念提出者、新模式探路者和全球公共产品提供者。

对外经济贸易大学国际经济贸易学院教授崔凡说，中国对外开放已经站上了一个更高的起点，在拓宽开放大门的同时，着力加强开放规则和制度建设。

从靠优惠政策吸引外资，到更注重改善营商环境；从促进出口，到扩大进口，推动贸易更加平衡发展……中国的一系列举措不是对过去的简单重复，而是跑出更高水平、更高层次的开放“加速度”。

商务部部长钟山日前表示，今年中国宣布的系列开放举措正在逐项落实，今后中国开放力度会更大、水平会更高，中国将继续加大知识产权保护力度，为企业营造更好的营商环境。

发布新版外商投资负面清单，在减税降费方面对中外企业一视同仁，加大惩罚侵犯知识产权行为力度……开放措施和政策既显示出中国自主开放的力度，也让外国投资者吃下“定心丸”。

2018年1—8月，包括新加坡、韩国、日本、英国、美国等在内的国家对华投资金额增幅明显。其中，美国对华投资同比增长23.6%，东盟国家同比增长27.2%，“一带一路”沿线国家同比增长26.3%，扩大开放的成效正不断显现。

“今年我们将在中国新建两个研发基地，立足中国为全球市场研发产品。”宝马集团大中华区总裁高乐说，“我们看好中国这个市场的潜力和未来。”(新华社记者李忠发　于佳欣　白洁)

来源：新华社“开放的大门只会越开越大——当前中国改革发展述评之四，”2018年10月11日

拓展案例

多重原因拖缓俄罗斯“入世”进程

案例简介：

2012年8月22日俄罗斯正式加入世界贸易组织，结束了其漫长的“入世”进程，成为世界贸易组织第156个成员。作为最后一个加入世界贸易组织的全球主要经济体，俄罗斯的“入世”过程艰难漫长，从1993年申请加入关税及贸易总协定算起，历时长达19年。在这期间，俄罗斯先后经历了“休克疗法”的改革阵痛、亚洲金融危机的冲击、能源依赖型经济发展模式的繁荣以及2008年的全球金融经济危机。试分析俄罗斯“入世”之路艰难漫长的原因。

案例分析：

俄罗斯“入世”之路艰难漫长是综合因素作用的结果。

(1) 要求与俄进行双边谈判的世界贸易组织成员数量多。俄罗斯“入世”各谈判对象的利益千差万别，导致谈判进展缓慢。在世界贸易组织成员中，有57个成员与俄就货物贸易进行了双边谈判，另有30个成员与俄就服务贸易进行了双边谈判。

(2) 对俄罗斯的过渡期优惠保护政策存在诸多分歧。尤其是围绕农业补贴、汽车组装标准、木材进出口税、金融和保险市场开放等敏感问题，俄与谈判对象的分歧较大。

(3) 俄罗斯对欧能源的垄断状况成谈判障碍。能源一直是俄罗斯传统工业的优势，也

是俄的核心利益。而欧盟期望俄在能源方面不再形成天然垄断的状况，给俄“入世”谈判造成了不小的阻力。

(4) 政治因素导致谈判破裂。2008 年，俄罗斯和格鲁吉亚发生军事冲突后，两国断绝了外交关系。直至 2011 年 3 月，俄、格两国才在瑞士的调解下恢复双边谈判。

(5) 关税同盟问题延缓“入世”进程。俄罗斯、白俄罗斯、哈萨克斯坦关税同盟近年来加快建设进程并已正式运转，三国曾打算集体“入世”，但关税同盟在很大程度上不符合世界贸易组织的相关规定，而且世界贸易组织没有捆绑“入世”的先例。俄罗斯为协调世界贸易组织和俄、白、哈关税同盟关系费了不少周折，这也在一定程度上拖延了其“入世”进程。

本章小结

1. 多边贸易体制即世界贸易组织所管理的体制。世界贸易组织是多边经济体系中三大国际机构之一，也是世界上唯一处理国与国、国与地区之间贸易规则的国际组织。

2. 《关税及贸易总协定》是一个政府间缔结的有关关税和贸易规则的多边国际协定，简称《关贸总协定》。它的宗旨是通过削减关税和其他贸易壁垒，削除国际贸易中的差别待遇，促进国际贸易自由化，以充分利用世界资源，扩大商品的生产与流通。

3. 1995 年 1 月 1 日，世界贸易组织成立。世界贸易组织是当代最重要的国际经济组织之一，拥有 162 名成员，成员贸易总额达到全球的 98%。

4. 根据世界贸易组织有相关规定，中国于 2001 年 12 月 11 日正式成为世界贸易组织的第 143 名成员。

本章习题

10.1　名词解释

多边贸易体制　世界贸易组织　无歧视待遇原则　关税减让原则　互惠原则　一般取消数量限制原则　公平贸易原则　市场准入原则　对发展中国家的优惠待遇原则

10.2　简答题

(1) 关税与贸易总协定的宗旨与主要内容是什么？

(2) 世界贸易组织与关税贸易总协定的区别？

(3) 世界贸易组织的宗旨是什么？

(4) 世界贸易组织的主要职能是什么？

(5) 中国“入世”后享受什么权利？应尽什么义务？

本章实践

试讨论“入世”以来中国经济经历的变化。

第 11 章 区域经济一体化

学习目标

- 了解世界区域经济一体化发展情况以及主要的区域经济一体化组织。
- 掌握区域经济一体化的不同形式。
- 掌握大市场理论、协议性国际分工理论。
- 重点掌握关税同盟理论。

教学要求

教师采用启发式、研讨式等多种教学方法，通过本章的学习，帮助学生了解世界区域经济一体化的发展情况，以及主要的区域经济一体化组织，掌握区域经济一体化的含义及形式，系统掌握区域经济一体化的主要理论。

导入案例

中国参与全球区域经济一体化的总体情况

20 世纪 90 年代后期出现并延续至今的全球区域经济一体化发展第三次浪潮，是以自由贸易协定（以下简称“自贸协定”）为基础的。据世界贸易组织统计，20 世纪 90 年代以来，全世界签署的自贸协定数量不断攀升，截至 2014 年 1 月，全球共签署双边或区域自贸协定 583 个，正在实施的自贸协定 381 个，这些自贸协定构成了全球相互交织的自由贸易区（以下简称“自贸区”）网络。其常用的英文首字母缩写 FTA，既可表示自贸协定，也可表示基于自贸协定的自贸区。目前，全球 FTA 基本目标都是推动不同关税区间贸易自由化，短期目标是在世界局部形成不同关税区间共同产品市场。

中国参与全球区域经济一体化的主要形式：一是自贸协定，截至 2015 年 6 月 17 日，中国在建自贸区共 20 个，涉及 33 个国家和地区。其中，已经签署自贸协定 14 个，涉及 22 个国家和地区；其中正在谈判中的自贸协定 4 个，涉及 20 个国家；正在研究中的自贸协定包括 5 个。此外，中国还正在推进启动中国东盟自贸区升级版谈判。二是对外投资，中国已跻身世界三大投资国，累计签订了 150 多个双边投资协定；三是货币金融，中国与全球超过20个国家及地区央行和货币当局，签署了总规模超过2万亿元的双边货币互换协议，还在东亚“10+3”（东盟与中、日、韩）机制下推动共同（应急）储备库、金砖国家开发银行以及亚洲基础设施投资银行建设。

中国参与全球区域经济一体化的主要特点：一是不仅与亚洲和广大新兴经济体合作，也与发达大国强化贸易关联，不仅推动自贸区建设，也积极发展多种形式一体化合作，如丝绸之路经济带、海上丝绸之路；二是正由国际规则被动接收者，逐渐转变为规则修订者和创设者；三是正由区域经济一体化协定优惠规定享有者，逐渐转变为公共产品重要提供者。

区域经济一体化是第二次世界大战以后世界经济领域出现的一种新现象。它发端于欧洲，20世纪60和80年代在世界各地获得迅速发展，自20世纪90年代以来，其发展趋势明显加强。各种类型的区域性经济贸易集团无一例外地采取歧视性的贸易政策，即对成员国实行完全取消贸易壁垒的政策，而对非成员国则继续保持贸易壁垒，因此对国际分工和国际贸易乃至世界经济、政治格局产生了广泛而深远的影响。区域经济一体化和贸易集团化已成为当今世界经济贸易发展的重要特征和趋势。

11.1　区域经济一体化概述

11.1.1　区域经济一体化的含义与形式

一、区域经济一体化的含义

区域经济一体化（Regional Economic Integration）至今尚无一致公认的、明确的定义。但是，多数人认为，它是指两个或两个以上的国家或地区，通过协商并缔结协议，实施统一的经济政策和措施，消除商品、要素、金融等市场的人为分割和限制，以国际分工为基础来提高经济效率和获得更大经济效果，把各国或各地区的经济融合起来形成一个有机整体的过程。

二、区域经济一体化的形式

区域经济一体化的形式可谓多种多样，从不同角度考虑可以划分为以下几种形式。

1. 按经济一体化的程度划分

（1）优惠贸易安排。

优惠贸易安排是指成员之间通过协定或其他形式，对全部或部分商品规定特别的关税优惠。这是经济一体化最低级和最松散的一种形式。1967年8月建立的东南亚国家联盟（ASEAN）就是此种形式的经济一体化组织。

（2）自由贸易区。

自由贸易区是指签订有自由贸易协定的国家或地区所组成的贸易集团，在成员之间取消关税和数量限制，使商品在区域内自由流动，但成员仍保持各自的对非成员的贸易壁垒。这是一种松散的经济一体化形式，其基本特点是用关税措施突出了成员与非成员之间的差别待遇。1960年1月成立的欧洲自由贸易联盟（EFTA）和1994年1月成立的北美自由贸易区(NAFTA)就是最典型的例子。

(3)关税同盟。

关税同盟是指同盟成员国之间完全取消关税和其他壁垒,实现内部自由贸易,并对非成员实行统一的关税税率。这在一体化程度上较自由贸易区更进了一步。结盟的目的在于使参加国或地区的商品在统一关税内的市场上处于有利地位,排除非成员商品的竞争。例如1826年成立的北德意志关税同盟,1920年比利时和卢森堡建立、第二次世界大战中荷兰加入的比利时、卢森堡、荷兰关税同盟,1958年1月成立的欧洲共同体等。

(4)共同市场。

共同市场是指除了在成员国内取消关税和数量限制并建立对非成员的共同关税,实现商品自由流动的同时,还实现生产要素(资本、劳动力等)的自由流动。例如,欧洲共同体在1992年年底建成统一大市场,其主要内容就是实现商品、人员、劳务和资本在成员之间的自由流动。

(5)经济同盟。

经济同盟是指成员国之间不仅实行商品与生产要素的自由流动及建立共同的对外关税,而且制定和执行某些共同的经济政策和社会政策,逐步废除政策方面的差异,使一体化的程度从商品交换扩展到生产、分配乃至整个国民经济,形成一个庞大的、有机的经济实体。如1949年1月成立、1991年6月解散的经济互助委员会(CMEA)。

(6)完全经济一体化。

完全经济一体化比经济同盟更进了一步。它除了要求成员完全消除商品、资本和劳动力流动的人为障碍外,还要求各成员在货币政策、财政政策、福利政策等方面协调一致,进而在经济、政治上结成更紧密的联盟,统一对外经济、政治、防务政策,建立统一的金融机构,发行统一的货币。1994年1月欧洲联盟(欧盟,EU)的建立标志着其迈进了完全经济一体化的阶段。

区域经济一体化各种组织形式的主要区别如表11-1所示。

表11-1 区域经济一体化各种组织形式的主要区别

组织形式	主要内容					
	相互给予关税优惠	商品自由流通	共同的对外关税	生产要素自由流动	经济和社会政策的协调	制定各项统一政策的中央机构和政治上的联盟
优惠贸易安排	有	无	无	无	无	无
自由贸易区	有	有	无	无	无	无
关税同盟	有	有	有	无	无	无
共同市场	有	有	有	有	无	无
经济同盟	有	有	有	有	有	无
完全经济一体化	有	有	有	有	有	有

优惠贸易安排是最松散也最易行的一种经济合作组织形式,成员之间的税率比最惠国税率还低,但仍存在一定程度的关税。自由贸易区和关税同盟各自的成员之间关税互免,

自由贸易区与关税同盟的最主要的区别在于自由贸易区的缔约方与区外的国家和地区可以制定差别关税，而关税同盟则要求缔约方与区外的其他国家和地区的关税是一致的。不过这三种方式强调的是贸易自由化，更高层次的一体化方式进一步肯定了投资自由化和生产要素的自由流动，甚至各成员丧失了独立制定经济政策的能力，直至发行共同的货币和实行基本类似的经济政策。这六种方式由低级到高级，实际上是沿着主权让渡的程度来划分层次的，越高级的方式，区域经济合作的时候主权国家越要采取一致行动，主权让渡得越多。需要指出的是，世界上的区域经济一体化组织并不都是沿着这一从低到高的层次序列发展而来的，也并不意味着区域经济一体化组织必定沿着由低到高的序列发展，最终达到完全经济一体化的最高形式，也有可能长期停留在某一层次上。随着区域经济一体化的加深和协作内容的增加，很有可能出现新的形态。

2. 按经济一体化的范围划分

（1）部门一体化。

部门一体化是指区域内成员间的一个或几个经济部门（或商品）的一体化，如 1952 年成立的欧洲煤钢共同体和 1958 年建立的欧洲原子能共同体便属此类。

（2）全盘一体化。

全盘一体化是指区域内成员间所有经济部门都一体化。

3. 按成员国的经济发展水平划分

（1）水平一体化。

水平一体化又称横向一体化，是指经济发展水平相同或相近的国家或地区间所形成的经济一体化。从区域经济一体化的发展实践来看，现存的经济一体化组织大多属于这种形式。如欧盟、中美洲共同市场等。

（2）垂直一体化。

垂直一体化又称纵向一体化，是指经济发展水平不同的国家或地区间所形成的一体化。如北美自由贸易区。

11.1.2　区域经济一体化的产生与发展

区域经济一体化的萌芽可追溯到 19 世纪中叶，即在 1843 年由北德、中德与南德 3 个关税同盟联合起来建立的德意志关税同盟，这是世界上最早开始的区域经济一体化的雏形。美国学者 D·A·斯奈德在《国际经济学导论》第 4 版中指出，德意志关税同盟的建立可称为区域经济一体化的“历史原型”，第二次世界大战后才发展出比它结合程度较低，以及比它结合程度较高的其他类型。

第二次世界大战以前，少数发达国家的私人垄断组织曾签订过不少国际卡特尔协议，借以瓜分原料来源、分割世界市场、控制生产和确定垄断价格，但这种经济联合基本上限于流通领域。当时，也曾出现过国家之间的双边或多边协定，用来协调国家间的经济活动，但这种协定往往是短命的，其协调活动的范围也是有限的。

区域经济一体化的真正形成和发展是在第二次世界大战以后。“二战”以后，随着国际生产专业化和社会化程度的迅速提高和跨国公司的广泛发展，各国或地区之间的经济联系和相互依赖关系日趋加强，国家、地区间的竞争和矛盾加剧，使国家或地区之间的经济联合有了进一步的发展。其突出表现就是出现了区域经济一体化的新趋势。

1. 形成阶段（20 世纪 40 年代末到 50 年代）

第二次世界大战期间，美国本土因远离主要战场，未受到战争的破坏，相反，在战争的刺激下，经济实力迅速增强。而其他资本主义国家的经济，或因战败而遭到严重破坏，或因战争而蒙受巨大损失。同时，“二战”也给苏联经济造成了极大创伤。在此背景下，苏联及东欧盟国为维护自身利益联合起来，建立区域性经济组织，巩固和发展本国的国民经济；西欧主要资本主义国家也迫切希望通过加强合作扩大生产、提高效益，共同对付来自美国的压力和苏联的潜在威胁。经过长期酝酿，在欧洲形成了 3 个地区性经济一体化组织。

第一个经济一体化组织是 1949 年 1 月成立的经济互助委员会（Council for Mutual Economic Assistance，CMEA）。经济互助委员会简称经互会，由苏联发起，成员还有保加利亚、匈牙利、波兰、罗马尼亚、捷克斯洛伐克，共 6 国。后来，蒙古（1962 年 6 月）、古巴（1972 年 7 月）和越南（1978 年 6 月）等国相继加入。经互会成立的目的是在平等互利的基础上实行经济互助、技术合作和经济交流，以促进成员国经济的发展。经互会从一开始就强调生产方面的结合，而将贸易处于从属地位。它强调各成员国国民经济的协调发展，实行国际分工和生产专业化。进入 20 世纪 70 年代后，更要求加速过渡到“生产、科技、外贸、财政、金融和信贷关系的一体化”，预计在 15~20 年内分阶段实现“社会主义经济一体化的全盘计划”，终极目标是要实现政治、经济、军事的“全面一体化”，建立所谓社会主义的“大家庭”。从经互会规定的一体化目标和成员国让渡给一体化组织的权力来看，经互会的一体化程度无疑是最高的。但是，随着苏联的解体和东欧剧变，该组织已于 1991 年 6 月宣告解散。

继经互会成立之后，西欧发达资本主义国家建立起两个经济一体化组织，即欧洲经济共同体（EEC）和欧洲自由贸易联盟（EFTA）。前者成立于 1958 年 1 月 1 日，其首要任务是通过取消在商品、劳动力、劳务和资本自由流动方面的壁垒，建立共同市场，并逐步过渡到成员国经济和社会生活的各个领域，实行统一的政策。后者成立于 1960 年 1 月，由奥地利、丹麦、瑞典、挪威、英国、瑞士、葡萄牙等国组成。

这一阶段，虽然形成了 3 个区域经济一体化组织，但它们的一体化程度和影响还十分有限，区域经济一体化还处于形成阶段。

2. 扩展阶段（20 世纪 60 年代后半期至 70 年代初）

在经互会、欧共体和欧洲自由贸易联盟示范效应的影响下，从 20 世纪 60 年代后半期开始，区域经济一体化组织蓬勃兴起。其中除澳大利亚、新西兰自由贸易区属于发达国家的经济一体化组织外，其余都是由发展中国家组成的经济一体化组织。这一阶段，发展中国家共建立了 20 多个区域经济和贸易组织，主要有东南亚国家联盟、南亚地区合作组织、拉美一体化协会、安第斯条约组织、中美洲共同市场、西非国家经济共同体、西非共同体、海湾合作委员会、阿拉伯委员会和阿拉伯马格里布联盟等。发展中国家的经济一体化组织大多以关税同盟为基础，不同程度地涉及其他领域。

3. 停滞阶段（20 世纪 70 年代中期至 80 年代中期）

20 世纪 70 年代中期至 80 年代中期，西方发达国家正处于“滞胀”阶段，其一体化进程相对缓慢，而发展中国家的经济一体化大多遭受挫折，一些组织中断活动或解体。

4. 迅速发展阶段（20 世纪 80 年代中期以后）

20 世纪 80 年代中期以后，在世界经济国际化、全球化和新技术革命的推动下，区域经济一体化进程出现新的高潮，且有进一步发展壮大的趋势。

在西欧，区域经济一体化的进程明显加快，一体化的范围进一步扩大。1985 年 12 月，欧共体首脑通过了“欧洲一体化文约”（也称“单一文约”），决定于 1992 年 12 月 31 日以前建成一个没有国界的“内部统一大市场”，实现商品、劳务、人员和资金的自由流通。随着 1993 年 11 月 1 日马斯特里赫特条约的正式生效，欧洲联盟开始启动，逐步走向经济与货币联盟乃至政治联盟。1994 年 1 月 1 日，《欧洲经济区协议》生效，欧洲联盟与欧洲自由贸易联盟组成了 18 国经济区，其面积为 36.6 万平方千米，人口达 3.7 亿。1995 年 1 月 1 日，欧盟吸收奥地利、瑞典和芬兰加入，其成员国扩大到了 15 个。1999 年 1 月 1 日，欧元（EURO）正式启动，标志着欧盟进入了区域一体化的新阶段。

在美洲，区域经济一体化迅速发展。1989 年 1 月 1 日，《美加自由贸易协定》开始生效；1992 年 8 月 12 日，美国、加拿大、墨西哥 3 国达成了《北美自由贸易协定》，并于 1994 年 1 月 1 日生效。拉美各国随着发展战略的调整和债务危机的缓解，区域经济一体化重新高涨：一些原有的一体化组织纷纷加强内部建设或提高一体化程度，同时还建立起南方共同市场、3 国集团等新的区域经济一体化组织。与此同时，泛美洲的一体化也在加紧筹划。1994 年 12 月，在美国的召集下，在美国迈阿密举行了由北美、南美和加勒比海所有国家（古巴除外）共 34 个国家参加的“美洲首脑会议”，讨论建立美洲自由贸易区。

在亚太地区，中国和东盟对话始于 1991 年，1996 年中国成为东盟的全面对话伙伴国。2010 年 1 月 1 日中国—东盟自由贸易区正式全面启动。自贸区建成后，东盟和中国的贸易占到世界贸易的 13%，成为一个涵盖 11 个国家、19 亿人口、GDP 达 6 万亿美元的巨大经济体，是目前世界人口最多的自贸区，也是发展中国家间最大的自贸区。1989 年 11 月，亚太经济与合作组织（APEC）成立，现有 21 个正式成员，其人口占世界的 40%，GNP 占世界的 60%，对外贸易额占世界近二分之一，总体规模超过了欧洲联盟和北美自由贸易区，成为世界上最大的经济合作体。

区域经济一体化浪潮已席卷世界各个地区和各种类型的国家。几乎所有的世界贸易组织成员参加了区域经济一体化组织，有的甚至同时加入多个一体化组织。

11.2 主要区域经济一体化组织

自 20 世纪 50 年代以来，经济全球化和区域经济合作进入了一个崭新的阶段，在世界贸易组织的框架下的区域经济一体化组织也遍及世界，向世界贸易组织通报的区域贸易安排在不断增加，而且在执行的区域贸易协议也在不断增多。国内生产总值排名在前 30 位的国家或者地区无一例外地参与了不同的区域经济合作组织，而且几乎所有的世界贸易组织成员都隶属于一个或者多个不同程度的区域经济合作组织。

11.2.1 欧洲联盟

欧洲联盟总部设在比利时首都布鲁塞尔，是从欧洲共同体（European Community，欧共体）发展而来的，创始成员国有 6 个，分别为德国、法国、意大利、荷兰、比利时和卢森堡，现拥有 28 个成员国，正式官方语言有 24 种。

1951 年 4 月，西欧 6 国在法国巴黎签订了《欧洲煤钢共同体条约》（也称《巴黎条约》)，建立欧洲煤钢共同体。《巴黎条约》规定：逐步取消成员国之间煤钢产品的进出口关税和限额，成立煤钢共同市场；通过控制投资、产品、原料分配、企业的兴办和合并等，调节共同体成员国的煤钢生产。欧洲煤钢共同体建立和正常运转后，西欧6国试图把巴黎条约的原则扩大到其他领域。1957年3月，西欧6国政府在意大利罗马签订了《建立欧洲原子能共同体条约》和《欧洲经济共同体条约》。这两个条约统称为《罗马条约》，于1958年1月1日生效，标志着欧洲原子能共同体和欧洲经济共同体正式成立。《建立欧洲原子能共同条约》规定：成员国应协调原子能的和平利用等有关政策；建立原子能工业原材料和设备的共同市场；交换原子能研究情报，建立原子能研究中心及原子能工业企业等。《欧洲经济共同体条约》的主要内容有：建立全面的关税同盟，即内部取消各种工业品关税，实施共同农业政策；对外实行统一的关税、共同的贸易政策；逐步协调经济和社会政策，实现商品、人员、劳务和资本的自由流通。1967年7月，欧洲煤钢共同体、欧洲原子能共同体、欧洲经济共同体的所属机构合并，统称欧洲共同体，总部设在比利时首都布鲁塞尔。1973年1月1日，英国、爱尔兰和丹麦3国加入共同体，使欧共体由最初的6国增加为9国。之后，希腊于1981年1月1日，葡萄牙和西班牙于1986年1月1日成为欧共体的正式成员国，使成员国总数增至12个。

欧共体成立之后，首先就要建立一个关税同盟。按照《罗马条约》的规定，关税同盟应在1958年1月1日到1969年12月31日完成。但实际上，1968年7月1日欧共体已建成了关税同盟，提前一年半完成计划。

关税同盟的建成实现了成员之间贸易的自由化，在此基础上，欧共体又进一步向货币一体化的方向迈进。1972年欧共体提出，从1971年到1980年分阶段实施经济和货币联盟的计划，后因货币体系出现危机，加上世界经济危机和石油危机的多重冲击，这一欧洲货币联盟计划最终夭折。1978年12月，欧共体各国首脑在布鲁塞尔达成协议，决定建立欧洲货币体系，该体系延至1979年3月正式实施，其主要内容包括创建“欧洲货币基金”。这是欧共体向实现货币联盟迈出的重要一步。

为了建立欧洲经济和货币联盟，加快欧洲经济一体化的步伐，1991年12月欧共体成员国的首脑们在荷兰的马斯特里赫特举行会议并达成协议，签署了著名的《欧洲联盟条约》(又称《马斯特里赫特条约》)。该条约对欧共体的一体化提出了更高的要求：第一，1993年11月1日建立欧洲联盟，加强各国在外交、防务和社会政策方面的联系；第二，1998年7月1日成立欧洲中央银行，负责制定和实施欧洲的货币政策，并于1999年1月1日起实行单一货币；第三，实行共同的外交和安全防务政策等。

1993年1月1日，欧共体内部实现了商品、劳务、服务和资本四大要素的自由流动，建立了统一大市场，进一步推动了共同体内贸易的发展。据统计，欧盟内部的贸易量比实行一体化前增加了1倍。而且，欧盟的迅速成长也扩大了和非成员国的工业品贸易。此外，1992年2月，欧共体还与欧洲自由贸易联盟在卢森堡达成了有关欧洲自由贸易的协议。这样，欧洲19个国家组成了世界上最大的自由贸易区。1993年11月1日，《马约》的正式生效，标志着欧洲货币一体化进程进入了一个崭新的阶段。1995年1月1日，芬兰、奥地利和瑞典加入欧盟，至此，欧盟已扩大成为由15个成员组成的区域性经济集团。

为了按计划启动单一货币，欧盟各国按照《马约》规定的经济趋同标准，努力控制国内的通货膨胀率和压缩财政赤字，最终有11个成员国已总体达到《马约》所规定的经济趋同标准，获得了首批流通欧元的资格。1999年1月1日，欧洲货币一体化的第三个阶段正式启动，发行了统一的欧洲货币——欧元，欧元作为法国、德国、意大利、西班牙、比利时、荷兰、卢森堡、葡萄牙、奥地利、芬兰和爱尔兰 11 个参加国非现金交易的“货币”，以支票、信用卡、股票和债券等方式进行流通。2002 年 1 月 1 日，欧元开始正式流通。

欧元的诞生，不但对欧盟内部的经济发展起着巨大的推动作用，而且对整个世界经济也具有重要影响，因为占世界 GDP 约 1/5 的欧元地区的经济增长将成为世界经济增长的重要推动力。并且，欧元作为与美元相抗衡、相竞争的国际货币出现，对稳定世界金融市场有很大作用。因为欧元产生之前，美元是世界上最主要的硬通货币，国际贸易与金融都过多地依赖美元，因此一旦美国经济发生波动，世界金融市场就会出现不稳定。而欧元的诞生可以分解美元波动所带来的不稳定，有助于世界金融市场的稳定。

2004 年 5 月 1 日，欧盟实现了它的第五次扩大，一次接纳中东欧 10 个新成员国（波兰、匈牙利、捷克、斯洛伐克、爱沙尼亚、拉脱维亚、立陶宛、斯洛文尼亚、马耳他和塞浦路斯）入盟，数量超过了前四次扩大之和。2007 年 1 月 1 日，欧盟再次进行东扩，吸纳罗马尼亚与保加利亚入盟。2013 年 7 月 1 日，克罗地亚正式成为欧盟第 28 个成员国。

2016 年 6 月 24 日，引发全球关注的英国“脱欧”公投结果出炉，“脱欧”阵营赢得超过半数的民众支持，这意味着英国在加入欧盟（含欧共体）43 年之后将正式与这个大家庭说“再见”。此后，经过多轮的“脱欧”拉锯战，2020 年 1 月 29 日，欧洲议会全会以 621 票赞成、49 票反对、13 票弃权的结果，通过英国与其他 27 个欧盟成员国于 2019 年 10 月达成的“脱欧”协议。2020 年 1 月 30 日，在欧洲议会表决通过之后，欧洲理事会正式批准英国“脱欧”协议，从而完成欧盟批准“脱欧”协议的所有法律程序。

2020 年 1 月 31 日 23:00，英国正式离开欧盟，结束其 47 年的欧盟成员国身份，并自 2 月 1 日起进入为期 11 个月的“脱欧”过渡期。根据“脱欧”协议规定，英国至 2020 年 12 月 31 日可以与欧盟保持原有的贸易与旅游关系，但双方在过渡期间需继续针对未来关系、贸易协定等事宜展开谈判。

11.2.2 北美自由贸易区

北美自由贸易区（NAFTA）又称为美、加、墨自由贸易区，是在美国、加拿大、墨西哥三国在 1992 年 8 月签订《北美自由贸易协定》后成立的，1994 年 1 月 1 日正式生效和运行。它是美国联合其周边国家抗衡欧共体的产物，是第一个由发达国家和发展中国家达成的贸易联盟。

一、北美自由贸易区的形成与发展

北美自由贸易区的前身是美国和加拿大在美加自由贸易协定的基础上组建的贸易集团。美国和加拿大领土毗邻，两国之间具有 3 000 多英里的不设防边界。它们不仅社会经济制度相同，经济发展水平大体相当，语言文化基本一致，而且经济运行机制、市场发育程度都比较类似，所有这些都构成了在两国间开展双边自由贸易的有利的客观条件。到了 20 世纪 80 年代，国际经济环境发生了剧烈的变动。在这一时期，资本主义经济国际化趋势进一步加强，世界经济格局明显变化，经济集团化趋势加速发展，以关税及贸易总协定为核心的多边贸易体制的缺陷不断暴露，多边贸易自由化陷入停顿，所有这些都为美、加两国开展双边自由贸易谈判提供了现实的国际经济背景。

1983 年 8 月，加拿大政府外交部发表了《80 年代的加拿大贸易政策》的报告。该报告在分析当时加拿大所面临的客观现实的基础上，得出了要在依靠关税及贸易总协定的多边自由贸易体制的同时，也要努力发展与美国的双边自由贸易关系的结论。这是当时加拿大政府第一次正式响应 20 世纪 70 年代初期以来美国提出的在两国间开展自由贸易的倡议。这得到了美国政府的热烈欢迎。两国政府的代表开始频繁接触并就相关问题展开谈判。先是就部门性的双边自由贸易问题展开谈判，这一努力受挫后，两国才转向就一项综合性的自由贸易协定展开双边谈判。经过艰苦的谈判，《美加自由贸易协定》于 1988 年 1 月 2 日得到签署，经两国政府分别批准后，该协议从 1989 年 1 月 1 日起正式生效。

为了保持美国在西欧与世界的影响力，增强与欧共体抗衡和竞争的能力，美国在继续与加拿大加强合作的同时又与墨西哥加强了联系。1991 年 2 月 5 日，美国、加拿大、墨西哥三国首脑共同声明，同意就建立北美自由贸易区问题开始谈判。经过长达 14 个月的谈判，美、加、墨三国于 1992 年 8 月 12 日共同宣布就《北美自由贸易协定》达成协议。1994 年 1 月 1 日，《北美自由贸易协定》正式生效。

二、《北美自由贸易协定》的主要内容

《北美自由贸易协定》规定：自 1994 年 1 月 1 日起，用 15 年时间分三个阶段逐步取消三国间的关税和非关税壁垒，实现商品和服务的自由流通。在原产地规则方面，《北美自由贸易协定》比《美加自由贸易协定》更加严格，它要求只有产品全部价值的 62.5%（美加协定为 50%）是在成员国内生产的，才能享受免税待遇；逐步开放金融市场，成员国一致给予所有的北美金融公司以国民待遇；放宽对外资的限制，公平招标；严格遵守国际知识产权保护法的规定等。

由于北美自由贸易区三国的经济发展水平不一样，美国和加拿大属于发达国家，墨西哥还是发展中国家，就是美、加之间，美国的经济实力也占绝对优势，因此，北美自由贸易区与欧盟等其他区域性一体化组织有很大区别。北美自由贸易区在某种意义上是南北双方合作建立的第一个经济贸易集团，是南北联合以求共同发展、共同繁荣的一个实例。考虑到南北发展水平的差距，协定对此也有所规定。例如，在减免关税方面，自协定生效之日起，美国对墨西哥产品进口平均减税 84%，而墨西哥对美国产品仅平均减税 43%。此外，对墨西哥竞争力较弱的肉、奶制品、玉米等产品都安排了较长的过渡期。

北美自由贸易区的建立对美、加、墨三国的经济都产生了重要的影响。对美国来说，与加、墨的自由贸易使美国产品进入了一个更广阔的市场。出口的增加还为国内创造了更多的就业机会，同时从墨西哥进口的大量廉价劳动密集型产品使消费者大为受益。此外，美国增加对墨西哥的直接投资，以降低生产成本，从而增强了对欧、日的国际竞争力。由于地理原因，加拿大的贸易得益不如美国大，但是区内的自由贸易同样给其带来了贸易量的增长和规模经济的收益。从某种意义上来说，墨西哥是北美自由贸易区的最大受益者。由于免除了关税，墨西哥得以取代东南亚等竞争对手成为对美、加劳动密集型产品的主要出口国。出口的增长推动其国内经济的发展。同时，美、加大量投资的进入，一方面缓解了其经济危机后的资金短缺，另一方面也鼓励了外逃资本回流。然而获利的同时，墨西哥也同样为贸易自由化付出了一定的代价，开放的市场使其民族工业受到强大的冲击，大量短期资本的涌入增加了其金融体系的不稳定性，并在很大程度上受到美、加经济波动的影响。

北美自由贸易区在进行贸易创造的同时，也不可避免地发生贸易转移，以至于对区外其他国家的福利造成了一定程度的影响。与其他一体化组织不同的是，北美自由贸易区是世界上第一个由发达国家和发展中国家组成的互补性贸易集团，它的成立无疑是对传统的区域经济一体化成因理论的挑战。

三、北美自由贸易区最新发展

美国前任总统特朗普自竞选开始就多次批评北美自贸协定，把近年来美国制造业工作的流失全部归咎于以《北美自由贸易协定》为代表的双边或多边自贸协定。在竞选中，特朗普甚至将《北美自由贸易协定》称为“史上最糟糕的贸易协定”，并承诺在上任后100天内对其进行重新谈判。2018年9月30日，美、墨、加三国非正式同意条款，2018年10月1日正式同意条款。2018年二十国集团布宜诺斯艾利斯峰会举行期间，美国总统唐纳德·特朗普、墨西哥总统培尼亚·涅托和加拿大总理贾斯汀·杜鲁多在2018年11月30日签署了《美国—墨西哥—加拿大协定》。不过，各国立法机构仍然必须批准该协议，才能生效。相比《北美自由贸易协定》，《美国—墨西哥—加拿大协定》给予美国更多机会进入总值190亿美元的加拿大乳制品市场，同时鼓励国内生产更多的汽车和卡车，增加环境和劳工法规，并引入最新的知识财产措施。

2020年1月29日，《美国—墨西哥—加拿大协定》获美国总统特朗普签署，正式成为法律，完成美国的批准程序。协定已于2019年完成墨西哥的法律批准程序，加拿大是三国中最后一个经由议会批准的国家。

2020年7月1日，《美国—墨西哥—加拿大协定》正式生效，取代了已实施26年的北美自由贸易协定。

11.2.3 亚太经济合作组织

一、亚太经济合作组织成立背景

亚太经济合作组织（Asia Pacific Economic Cooperation，APEC）简称“亚太经合组织”，于1989年正式成立，其历史可以追溯至20世纪60年代初期。

目前，亚太经济合作组织有21名成员，分别是：澳大利亚、文莱、加拿大、智利、中国、中国台湾、中国香港、印度尼西亚、日本、韩国、马来西亚、墨西哥、新西兰、巴布亚新几内亚、秘鲁、菲律宾、俄罗斯联邦、新加坡、泰国、美国和越南。

1991年11月，在韩国汉城（今首尔）举行的亚太经合组织第三届部长会议通过了《汉城宣言》，正式确定亚太经合组织的宗旨和目标是：相互依存，共同受益，坚持开放性多边贸易体制和减少区域内贸易壁垒。1994年11月在印度尼西亚茂物召开的第二次成员国首脑非正式会议上，通过了《茂物宣言》，规定最迟不晚于2020年实现亚太地区的贸易和投资自由化，其中，发达国家和地区不迟于2010年，发展中国家和地区不晚于2020年。其后的大阪会议、马尼拉会议和温哥华会议又提出了进一步的规定，并有选择地率先在某些部门由成员国（或地区）自愿实行自由化，备受世人瞩目。

然而，亚太地区要实现合作目标，障碍依然很多，路途还很长远。亚太区域广大，各国经济政治制度差异明显，这就决定了这种经济合作不可能像欧盟和北美自由贸易区那样紧密，而只能是一种建立在共同利益上的松散合作。

二、亚太经合组织的性质特点

1. 成员国的广泛性

截至2014年，亚太经合组织是世界上规模最大的多边区域经济集团化组织，其成员的广泛性是世界上其他经济组织所少有的。其的21名成员中，就地理位置来说，遍及北美、南美、东亚和大洋洲；就经济发展水平来说，既有发达的工业国家和地区，又有发展中国家和地区；就社会政治制度而言，既有资本主义，又有社会主义；就文化而言，既有西方文化，又有东方文化。成员的复杂多样性是亚太经济合作组织存在的基础，也是制定一切纲领所要优先考虑的前提。

2. 独特的官方经济性质

亚太经济合作组织是一个区域性的官方经济论坛，在此合作模式下，不存在超越成员体主权的组织机构，成员体自然也无须向有关机构进行主权让渡。

坚持亚太经济合作组织官方论坛的性质，是符合亚太地区经济体社会政治经济体制多样性、文化传统多元性、利益关系复杂性的现实情况的。它的这种比较松散的“软”合作特征，很容易把成员之间的共同点汇聚在一起，并抛开分歧和矛盾，来培养和创造相互信任及缓解或消除紧张关系，从而达到通过平等互利的经济合作，共同发展、共同繁荣，共同推动世界经济增长，从而实现通过发展促和平的愿望。

3. 开放性

亚太经济合作组织是一个开放的区域经济组织。亚太经济合作组织之所以坚持开放性，其中一个重要原因是亚太经济合作组织大多数成员在经济发展过程中，采取以加工贸易或出口为导向的经济增长方式及发展战略。这样的发展战略所形成的贸易格局使这一地区对区外经济的依赖程度非常大，而采取开放的政策，不仅可以最大限度地发挥区域内贸易长处；同时，也可以避免对区域外的歧视政策而缩小区域外的经济利益。除此之外，亚太经济合作组织成员的多样性，及其实行的单边自由化计划也客观要求它奉行“开放的地区主义”。

4. 自愿性

由于成员之间政治经济上存在巨大差异，在推动区域经济一体化和投资贸易自由化方面要想取得“协商一致”是非常困难的，亚太经济合作组织成立之初就决定了其决策程序的软约束力，是一种非制度化的安排。其不具有硬性条件，只能在自愿经济合作的前提下，以公开对话为基础开展。各成员根据各自经济发展水平、市场开放程度与承受能力对具体产业及部门的贸易和投资自由化进程自行进行灵活、有序地安排，并在符合其国内法规的前提下予以实施，这就是所谓的“单边自主行动”计划。

5. 松散性

亚太经合组织没有组织首脑，没有常设机构，会议由各成员国轮流举办。2001年7月，在中国上海举行非正式首脑会晤，这是自该组织成立以来首次在中国举办，这对于让世界了解中国、展示中国改革开放以来的成果具有非常积极的意义。同时，亚太经合组织对成员的约束力较小。

11.2.4 区域全面经济伙伴关系协定

一、区域全面经济伙伴关系协定概况

《区域全面经济伙伴关系协定》(Regional ComprehensiveEconomic Partnership Agreement，RCEP)是由东南亚国家联盟(简称“东盟”)与中国、日本、韩国、澳大利亚、新西兰等自贸伙伴共同推动达成的大型区域贸易协定。区域全面经济伙伴关系协定由东盟于2012年发起，在历经8年共计31轮正式谈判后，最终15方达成一致，于2020年11月15日签署区域全面经济伙伴关系协定。2022年1月1日，区域全面经济伙伴关系协定在文莱、柬埔寨、老挝、新加坡、泰国、越南等6个东盟成员国和中国、日本、澳大利亚、新西兰4个非东盟成员国正式生效实施；2月1日在韩国生效实施，3月18日在马来西亚生效实施；5月1日在中国与缅甸之间生效实施；2023年6月2日，《区域全面经济伙伴关系协定》对菲律宾正式生效，标志着区域全面经济伙伴关系协定对东盟10国和澳大利亚、中国、日本、韩国、新西兰等15个签署国全面生效。

二、区域全面经济伙伴关系协定的主要特点

区域全面经济伙伴关系协定由序言、20个章节(包括初始条款和一般定义、货物贸易、原产地规则、海关程序和贸易便利化、卫生和植物卫生措施、标准/技术法规和合格评定程序、贸易救济、服务贸易、自然人临时流动、投资、知识产权、电子商务、竞争、中小企业、经济技术合作、政府采购、一般条款和例外、机构条款、争端解决、最终条款章节)和4部分市场准入附件共56个承诺表(包括关税承诺表、服务具体承诺表、投资保留及不符措施承诺表、自然人临时流动具体承诺表)组成。从总体来看，区域全面经济伙伴关系协定是一个现代全面、高质量、互惠的大型区域自贸协定。

1. 全球体量最大的自贸区

区域全面经济伙伴关系协定是迄今全球体量最大的自贸区。2020年，区域全面经济伙伴关系协定15个成员国总人口达22.7亿，国内生产总值达26万亿美元，进出口总额超过10万亿美元，均占全球总量约30%。不论从人口和经济总量，还是从货物贸易总额来看，区域全面经济伙伴关系协定均高于欧盟、全面与进步跨太平洋伙伴关系协定(CPTPP)和美墨加协定(USMCA)等巨型区域贸易集团的规模。区域全面经济伙伴关系协定囊括了东亚主要经济体和新兴市场国家，将推动形成一体化大市场，涵盖全球约1/3的经济体量，为区域和全球经济增长注入强劲动力。

2. 区域内经贸规则的“整合器”

区域全面经济伙伴关系协定是区域内经贸规则的“整合器”。区域全面经济伙伴关系协定整合了东盟与中国、日本、韩国、澳大利亚、新西兰多个“10+1”自贸协定以及中国、日本、韩国、澳大利亚、新西兰5国之间已有的多对自贸伙伴关系，还在中日和日韩间建立了新的自贸伙伴关系。区域全面经济伙伴关系协定通过采用区域累积的原产地规则，深化了域内产业链价值链；利用新技术推动海关便利化，促进了新型跨境物流发展；采用负面清单推进投资自由化，提升了投资政策透明度，均有利于促进区域内经贸规则的

优化和整合。

3. 实现了高质量和包容性的统一

区域全面经济伙伴关系协定实现了高质量和包容性的统一。货物贸易最终零关税的产品数量整体上将超过90%，服务贸易和投资总体开放水平显著高于原有“10+1”自贸协定，还纳入了高水平的知识产权、电子商务、竞争政策、政府采购等现代化议题。同时，区域全面经济伙伴关系协定还照顾到不同国家国情，给予最不发达国家特殊与差别待遇，通过规定加强经济技术合作，满足了发展中国家和最不发达国家加强能力建设和实现高质量发展的实际需求。可以说，区域全面经济伙伴关系协定最大限度地兼顾到各方诉求，能够促进本地区的包容均衡发展，使各方都能充分共享区域全面经济伙伴关系协定开放成果。

三、区域全面经济伙伴关系协定的重要意义与作用

1. 对我国的重要意义

区域全面经济伙伴关系协定自贸区将为我国在新时期构建开放型经济新体制，形成以国内大循环为主体、国内国际双循环相互促进的新发展格局提供巨大助力。

区域全面经济伙伴关系协定将成为新时期我国扩大对外开放的重要平台。我国与区域全面经济伙伴关系协定成员贸易总额约占我国对外贸易总额的33%，来自区域全面经济伙伴关系协定成员实际投资占我国实际吸引外资总额比例超过10%。区域全面经济伙伴关系协定一体化大市场的形成将释放巨大的市场潜力，进一步促进区域内贸易和投资往来，这将有助于我国通过更全面、更深入、更多元的对外开放，进一步优化对外贸易和投资布局，不断与国际高标准贸易投资规则接轨，构建更高水平的开放型经济新体制。

区域全面经济伙伴关系协定 将助力我国形成国内国际双循环新发展格局。区域全面经济伙伴关系协定将促进我国各产业更充分地参与市场竞争，提升在国际和国内两个市场配置资源的能力。这将有利于我国以扩大开放带动国内创新、推动改革、促进发展，不断实现产业转型升级，巩固在区域产业链供应链中的地位，为国民经济良性循环提供有效支撑，加快形成国际经济竞争合作新优势，推动经济高质量发展。

区域全面经济伙伴关系协定将显著提升我国自由贸易区网络“含金量”。加快实施自由贸易区战略是我国新一轮对外开放的重要内容。在区域全面经济伙伴关系协定签署后，我国达成的自贸协定增加至19个，自贸伙伴达到26个。通过区域全面经济伙伴关系协定，我国与日本建立了自贸关系，这是我国首次与世界前十名的经济体签署自贸协定，是我国实施自由贸易区战略取得的重大突破，使我国与自贸伙伴贸易覆盖率增加至35%左右，大幅提升了我国自贸区网络的“含金量”。

2. 对推动东亚区域经济增长的作用

区域全面经济伙伴关系协定将有力提振各方对经济增长的信心。在当前全球经济面临困难的背景下，区域全面经济伙伴关系协定自贸区的建成发出了反对单边主义和贸易保护主义、支持自由贸易和维护多边贸易体制的强烈信号，必将有力提振各方对经济增长的信心。据国际知名智库测算，到2025年，区域全面经济伙伴关系协定有望带动成员国出口、对外投资存量、GDP分别比基线多增长10.4%、2.6%和1.8%。

区域全面经济伙伴关系协定将显著提升东亚区域经济一体化水平。区域全面经济伙伴关系协定自贸区的建成是东亚区域经济一体化新的里程碑，将显著优化域内整体营商环境，有效降低企业利用自贸协定的制度性成本，进一步扩大自贸协定带来的贸易创造效应。区域全面经济伙伴关系协定还将通过加大对发展中和最不发达经济体的经济和技术援助，逐步弥合成员间发展水平差异，有力促进区域协调均衡发展，推动建立开放型区域经济一体化发展新格局。

区域全面经济伙伴关系协定将促进区域产业链、供应链和价值链的融合。区域全面经济伙伴关系协定成员之间经济结构高度互补，域内资本要素、技术要素、劳动力要素齐全。区域全面经济伙伴关系协定使成员间货物、服务、投资等领域市场准入进一步放宽，原产地规则、海关程序、检验检疫、技术标准等逐步统一，将促进域内经济要素自由流动，强化成员间生产分工合作，拉动区域内消费市场扩容升级，推动区域内产业链、供应链和价值链进一步发展。

11.2.5 东南亚国家联盟

东南亚国家联盟。其成员国有马来西亚、印度尼西亚、泰国、菲律宾、新加坡、文莱、越南、老挝、缅甸和柬埔寨。

东南亚国家联盟的前身是由马来西亚、菲律宾和泰国三国于 1961 年 7 月 31 日在曼谷成立的东南亚联盟。1967 年 8 月 7—8 日，印度尼西亚、新加坡、泰国、菲律宾四国外长和马来西亚副总理在泰国首都曼谷举行会议，发表了《东南亚国家联盟成立宣言》，即《曼谷宣言》，正式宣告东南亚国家联盟的成立。

其宗旨和目标是本着平等与合作精神，共同促进本地区的经济增长、社会进步和文化发展，为建立一个繁荣、和平的东南亚国家共同体奠定基础，以促进本地区的和平与稳定。

1976 年 2 月，第一次东盟首脑会议在印尼巴厘岛举行，会议签署了《东南亚友好合作条约》和强调东盟各国协调一致的《巴厘宣言》。此后，东盟各国加强了政治、经济和军事领域的合作，并采取了切实可行的经济发展战略，推动经济迅速增长，逐步成为一个有一定影响的区域性组织。除印度尼西亚、马来西亚、菲律宾、新加坡和泰国五个创始成员国外，20 世纪 80 年代后，文莱（1984 年）、越南（1995 年）、老挝（1997 年）、缅甸（1997 年）和柬埔寨（1999 年）五国先后加入东盟，使这一组织涵盖整个东南亚地区。

东盟主要机构有首脑会议、外长会议、常务委员会、经济部长会议、其他部长会议、秘书处、专门委员会以及民间和半官方机构。首脑会议是东盟最高决策机构，自 1995 年召开首次会议以来，每年举行一次，已成为东盟国家商讨区域合作大计的最主要机制，主席由成员国轮流担任。

20 世纪 90 年代初，东盟率先发起区域合作进程，逐步形成了以东盟为中心的一系列区域合作机制。1994 年 7 月成立东盟地区论坛，1999 年 9 月成立东亚—拉美合作论坛。

此外，东盟还与美国、日本、澳大利亚、新西兰、加拿大、欧盟、韩国、中国、俄罗斯和印度十个国家形成对话伙伴关系。2003 年，中国与东盟的关系发展到战略协作伙伴关系，中国成为第一个加入《东南亚友好合作条约》的非东盟国家。

根据 2003 年 10 月在印尼巴厘岛举行的第九届东盟首脑会议发表的《东盟协调一致第二宣言》（也称《第二巴厘宣言》），东盟将于 2020 年建成东盟共同体。为实现这一目标，2004 年 11 月举行的东盟首脑会议还通过了为期 6 年的《万象行动计划》以进一步推进一体化建设，签署并发表了《东盟一体化建设重点领域框架协议》《东盟安全共同体行动计划》等。会议还决定起草《东南亚国家联盟宪章》以加强东盟的机制建设。

为了早日实现东盟内部的经济一体化，东盟自由贸易区于 2002 年 1 月 1 日正式启动。自由贸易区的目标是实现区域内贸易的零关税。文莱、印度尼西亚、马来西亚、菲律宾、新加坡和泰国六国已于 2002 年将绝大多数产品的关税降至 0～5%。越南、老挝、缅甸和柬埔寨四国于 2015 年实现这一目标。

11.2.6 其他区域经济一体化组织

除了上面提到的一些区域性一体化经济组织外，世界上的各种区域经济集团有几十个。例如，在非洲，有“西非共同体”“东非特惠贸易区”“阿拉伯-马格里布联盟”等；在拉丁美洲，有“中美洲与加勒比自由贸易区”“安第斯自由贸易区”“南锥体共同市场”等；在亚洲，除了东盟外，在中亚有“经济合作组织（中亚地区）”，在南亚有“南亚区域合作联盟”，中国—东盟自由贸易区于 2010 年正式全面启动。2015 年 6 月 1 日，中韩自贸协定正式签署，2015 年 12 月 9 日，中韩双方共同确认《中华人民共和国与大韩民国政府自由贸易协定》于 2015 年 12 月 20 日正式生效并第一次降税，2016 年 1 月 1 日第二次降税。

在战后成立的许多地区性经济一体化组织中，有的不是很成功，没有发挥多大作用，最后甚至消亡了；有的取得了一定成功，得到了发展。无论是成功的还是失败的，都有很多具体的因素在起作用，包括非经济的因素。但是，尽管有些区域性经济合作并不成功，从 20 世纪 80 年代以来，区域经济一体化或集团化仍然出现了很强的发展势头，并且在地域上正在扩大。除了前面提到的欧洲自由贸易区和亚太经济合作组织外，非洲 32 个国家也于 1991 年 6 月签订了建立“非洲经济共同体”的条约，规定在到 2025 年的 34 年里，分 6 个阶段逐步建成一个“非洲经济共同体”，最终在非洲实现商品、资金和劳务的自由流动，并建立了统一的中央银行，发行非洲统一货币。美洲（包括北美和拉美）尽管仍以各种次区域经济组织为主，但是美国已提出“全美洲经济联盟计划”，准备在美、加、墨自由贸易区的基础上，与拉美国家达成自由贸易协议，建立一个泛美自由贸易区。

那么，这种区域性经济一体化的趋势会对世界经济发展和世界经济一体化产生什么样的影响呢？理论上讲，这要看贸易创造和贸易转移的作用何者为大。一般说来，建立地区性经济合作组织总是意味着对其他国家采取某种歧视政策，因此，它不利于世界经济的一体化。但就战后一些主要区域性经济合作组织的发展来看，它们一般都在区域内部采取经济一体化措施的同时，也相应减少了对非成员的各种贸易、投资等方面的限制，从而至少没有加剧与非成员的矛盾。就贸易而言，第二次世界大战之后建立的区域性经济合作组织一般都接受关贸总协定的原则，参加关贸总协定的贸易谈判并承担相应的义务，因而关贸总协定也并不反对或阻止这些区域性经济一体化的活动。如果世界各个地区都逐步先实现区域性的经济一体化，然后在几个大的区域性经济集团的基础上实现全球的经济一体化，总要比直接由现在的 100 多个国家谈判实现全球经济一体化容易些。更重要的是，区域经济一体化在很多情况下确实推动了各国和地区贸易与经济的发展，从而间接地也有利于世界贸易和经济的发展。这可能也就是为什么区域性经济合作受到大多数国家的重视，并从 20 世纪 80 年代起形成了一种较强的趋势。目前看来，这一趋势在推动各地区贸易和经济发展的同时，至少没有阻碍世界贸易和经济的发展。

11.3 区域经济一体化理论

第二次世界大战后，区域经济一体化的产生和迅猛发展引起许多经济学家对其进行研究和探讨，形成了一些理论。其中具有代表性的有关税同盟理论、大市场理论和协议性国际分工原理等。

11.3.1 关税同盟理论

系统提出关税同盟理论的是美国经济学家雅各布·维纳和英国经济学家李普西。维纳和李普西的代表作分别为《关税同盟》一书和《关税同盟理论的综合考察》一文。按照维纳的观点，完全形态的关税同盟应具备以下三个条件：第一，完全取消各参加国之间的关税；第二，对来自非成员的进口设置统一的关税；第三，通过协商方式在成员之间分配关税收入。因此，关税同盟有着互相矛盾的两种职能：对内实行贸易自由化，对外则是差别待遇。关税同盟理论主要研究关税同盟形成后，关税体制的变更（对内取消关税、对外设置共同关税）对国际贸易的静态和动态效果。

一、关税同盟的静态效果

维纳认为，关税同盟形成后，关税体制成为对内取消关税、对外设置共同关税，这必然会产生以下静态效果。

1. 贸易创造效应

所谓贸易创造（Trade Creation），是指关税同盟内实行自由贸易后，产品从成本较高的成员方生产转往成本较低的成员方生产，从成员方进口商品，从而创造出过去所不可能发生的新的贸易。其效果是：①由于取消关税，成员方由原来生产并消费自己生产的高成本、高价格产品，转向购买其他成员方的低成本、低价格产品，从而使消费者节省开支，提高福利。②提高生产效率，降低生产成本。从某一成员方看，以扩大的贸易取代了自身的低效率生产；从同盟整体看，生产从高成本的地方转向低成本的地方，同盟内部的生产资源可以重新配置，改善了资源的利用。可见，贸易创造效应由消费利得和生产利得构成。

现引用李普西的数字例子加以说明（图 11-1）。假定在一定的固定汇率下，X 商品的货币价格在 A 国为 35 美元，在 B 国为 26 美元，在 C 国为 20 美元，并假定 A、B 两国结成关税同盟，相互取消关税。

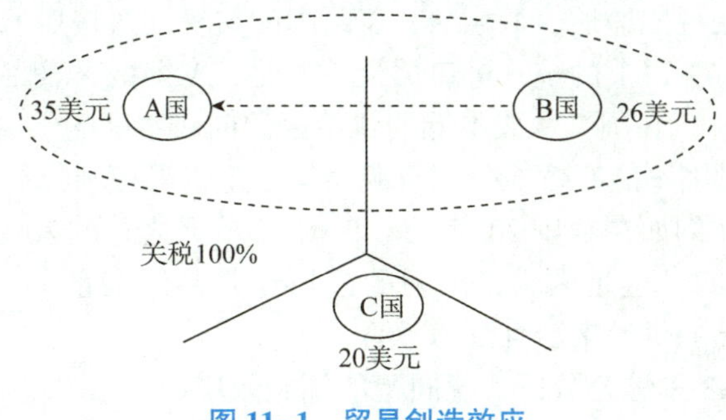

图 11-1 贸易创造效应

从图 11-1 中可以看出，在缔结关税同盟前，A 国凭借征收 100%的高关税有效地阻止了来自 C 国的 X 商品进口，B 国也同样如此。则 A、B、C 三国都生产 X 商品，三国之间的贸易被关税隔断了。而在 A、B 两国缔结关税同盟后，A 国便从 B 国进口并停止生产 X 商品，把生产 X 商品的资源用于生产其他商品，这样就充分利用了资源。对 B 国而言，由于 A 国市场消费的 X 商品均由 B 国生产，则其生产规模扩大，生产成本降低，B 国可获得生产规模扩大的好处。因此，在缔结关税同盟后，创造了从 B 国向 A 国出口的新的贸易和国际分工（专业化)，这就是所谓的贸易创造效应。对 C 国来说，由于它原来就不与 A、B 两国发生贸易关系，所以仍和以前一样，没有什么不利；如果把关税同盟增加收入、增加其他商品进口的动态效应计算进去，C 国也会有利可得。由此可见，建立关税同盟对整个世界都是有利的。也就是说，建立关税同盟后，关税同盟与外部关系未变，但在同盟内实现了生产的专业化和自由贸易。三国之间本来没有贸易关系，而关税同盟在其内部创造和扩大了贸易。从这个意义上讲，关税同盟推动了贸易自由化的发展。

2. 贸易转移效应（Trade Diverting Effect)

所谓贸易转移（Trade Diversion)，是指由于关税同盟对外实行保护贸易，导致从外部非成员方较低成本的进口转向从成员方较高成本的进口。其效果是：①由于关税同盟阻止从外部低成本进口，而以高成本的供给来源代替低成本的供给来源，使消费者由原来购买外部的低价格产品转向购买成员方的较高价格产品，增加了开支，造成了损失，减少了福利。②从全世界的角度看，这种生产资源的重新配置导致了生产效率的降低和生产成本的提高。由于这种转移有利于低效率生产者，使资源不能有效分配和利用，便降低了整个世界的福利水平。

如图 11-2 所示，假定缔结关税同盟前 A 国不生产 X 商品，而实行自由贸易，可以无税（或关税很低）从国外进口，自然就会从成本和价格最低的 C 国进口。

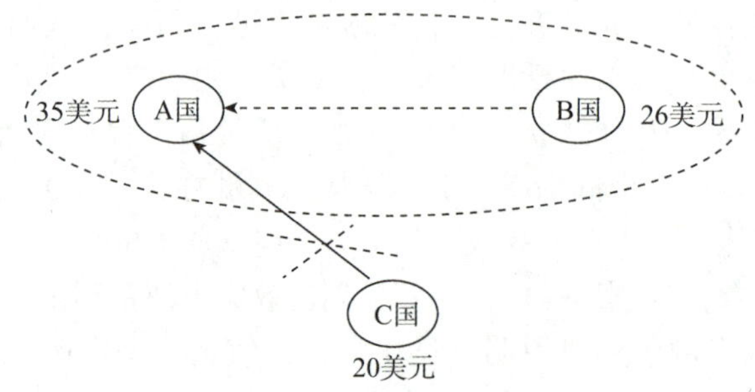

图 11-2 贸易转移效应

而在与 B 国缔结关税同盟后，假定 A、B 两国的关税同盟按照 C 国 20 美元与 B 国 26 美元的差距对外征收 30%以上的统一进口关税。于是，A 国把 X 商品的进口从关税同盟以外的 C 国转移到同盟内的 B 国，从成本低的供给来源向成本高的供给来源转移。A 国和 C 国当然受到损失，同时因不能有效地分配资源而使整个世界福利降低。即使 A 国在缔结关税同盟前有关税保护（例如在 C 国 20 美元与 B 国 26 美元之差的 30%的范围以内，假设为 20%)，结果也是一样的。这是因为，A 国的进口还是从结盟前的较低供给来源（24 美元）转移到了现在较高的供给来源（26 美元)。

下面我们用图 11-3 来综合分析关税同盟的福利效应。

假设有 A 国、B 国、C 国三个国家，A 国为本国，B 国为 A 国潜在的成员国，C 国则为非成员国。三国在生产同一种产品时，市场成本不同，C 国成本低于 B 国。假设 A 国是一个贸易小国，D_A是 A 国消费者对产品的需求曲线，S_A是 A 国生产者的供给曲线。

在建立关税同盟之前，A 国无论从哪国购买同一种产品，都将征收相同的关税 t。由于 C 国的含关税价格低于 B 国的含关税价格，具有价格优势，因此 A 国将从 C 国进口。这样，征收关税后，A 国国内价格就上升至 P_c+t，国内产量为 OQ_1，消费量为 OQ_2，进口量为 Q_1Q_2。

当 A 国与 B 国建立关税同盟，取消对 B 国产品的关税，但对 C 国产品仍然征收关税 t。这样，由于从 B 国进口的价格（无关税情况下）小于从 C 国进口并征收关税的价格，即 $P_B<P_c+t$，所以，这时 A 国将从 B 国进口，A 国的国内市场价格下降至 P_B，消费量增加到 OQ_4，国内产量减少到 OQ_3，进口量上升到 Q_3Q_4。

从图 11-3 可以看出，建立关税同盟后，A 国的进口量增加了 $Q_1Q_3+Q_2Q_4$，这就是贸易创造效应。在建立关税同盟前，Q_1Q_2部分是 A 国从 C 国进口的量，但当 A 国与 B 国建立关税同盟后，这部分则改从其同盟成员国 B 国进口，这就是贸易转移效应。

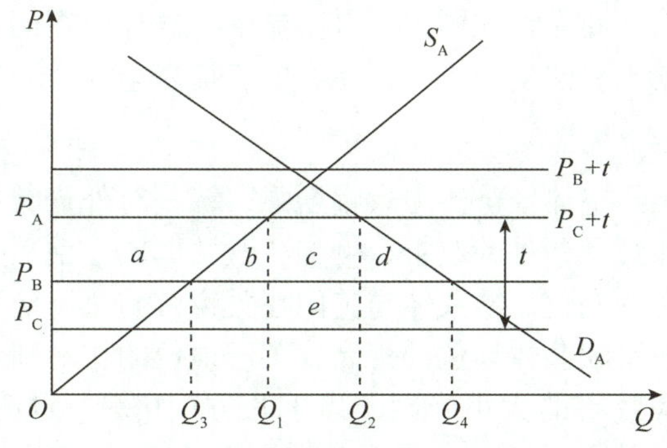

图 11-3　关税同盟的福利效应

下面来总结 A 国加入关税同盟后的福利效应。总体来看，加入关税同盟使 A 国消费者支付的价格降低，增加了 $a+b+c+d$ 的消费者剩余，生产者剩余减少了 a，政府的关税收入减少了 $c+e$。综合来看，A 国获得了净福利效应 $(b+d)-e$。但净福利效应是不确定的，可能为正，也可能为负，取决于$b+d$与e的比较。其中，$b+d$是贸易创造产生的福利效应，b 表示成员国 B 国的低成本生产代替了 A 国国内高成本生产所带来的资源配置效率的提高，d 表示同盟内取消关税后价格下降、国内消费增加所导致的消费者福利的增加。e 相当于 B 国与 C 国间单位产品的成本差额乘以转移了的贸易量 Q_1Q_2，表示贸易转移的福利效应，意味着同盟内高成本的生产替代了同盟外国家即非成员国低成本的生产，实际上使资源配置效率降低，贸易转移对 A 国福利产生不利的影响。

我们会发现，当一国与他国建立关税同盟后，由于贸易创造和贸易转移效应对资源配置效率的相反作用，所以加入关税同盟对 A 国福利的净效应取决于贸易创造带来的收益是否能够抵消贸易转移导致的福利损失。

通过以上分析，我们还可以知道，以下几个方面将影响关税同盟的福利效应。第一，B、C 两国的生产成本越接近，A 国的福利效应越有可能为正。第二，建立关税同盟前 A 国的关税税率越高，福利效应也越有可能为正，因为 b 和 d 部分的面积都将会更大。第三，A 国的供给曲线和需求曲线越富有弹性，贸易创造的效应越明显，福利效应也越有可能为正。第四，关税同盟成员国的数量越多，贸易转移效应越小，越有可能获得福利净效应。

3. 贸易扩大效应

缔结关税同盟后，A 国 X 商品的价格在贸易创造和贸易转移的情况下都要比缔结关税同盟前低。这样，当 A 国 X 商品的需求弹性大于 1 时，则 A 国 X 商品的需求会增加，并使其进口量增加，这就是贸易扩大效果。

贸易创造效果和贸易转移效果是从生产方面考察关税同盟对贸易的影响的，而贸易扩大效果则是从需求方面进行分析的。关税同盟无论是在贸易创造还是在贸易转移情况下，由于都存在使需求扩大的效应，从而都能产生扩大贸易的结果。因而，从这个意义上讲，关税同盟可以促进贸易的扩大，增加经济福利。

4. 可减少行政支出

缔结关税同盟后，同盟内各成员方间废除关税，故可以减少征收关税的行政支出费用。

5. 可减少走私

由于关税同盟的建立，商品可在同盟间自由流动，这样就在同盟内消除了走私产生的来源，不仅可以减少查禁走私的费用支出，还有助于提高全社会的道德水平。

6. 可以增强集团谈判力量

关税同盟建立后，集团整体经济实力大幅增强，统一对外进行关税减让谈判，有利于同盟成员方地位的提高和贸易条件的改善。例如，欧共体成立前后，其成员国与美国所处谈判地位相比发生了较大的变化。欧共体与美国在关税贸易总协定谈判中围绕农产品贸易而形成的对抗，充分反映了欧共体地位的提高，美国地位的相对削弱。

关税同盟的静态经济效果的大小受制于以下几方面因素：①建立同盟前关税水平越高，建立同盟后贸易创造效果越大；②成员国的供给和需求弹性越大，贸易创造效果越大；③成员国与非成员国产品成本的差异越小，贸易转移的损失越小；④成员国的生产效率越高，贸易创造效果越大，关税同盟后社会福利水平越有可能提高；⑤成员国对非成员国出口商品的进口需求弹性越小，非成员国对成员国进口商品的出口供给弹性越小，则贸易转移的可能性越小；⑥成员国对外关税越低，贸易转移的可能性越小；⑦参加关税同盟的国家和地区越多，贸易转移的可能性越小，资源重新配置的利益越大；⑧建立同盟前成员国彼此之间的贸易量越大，或与非成员国之间的贸易量越小，建立同盟后，贸易转移的可能性越小，经济福利越可能提高；⑨一国或地区国内贸易比例越大，对外贸易比例越小，则参与关税同盟的可能性越大，福利水平越有可能提高；⑩成员国经济结构的竞争性越大，互补性越小，结成关税同盟后的福利水平越有可能提高。

二、关税同盟的动态效果

以上分析关税同盟的经济效果时，我们假设生产要素、科学技术及经济结构不发生变化等，因而被称为静态经济效果。实际上，关税同盟及其他区域经济一体化形式还有很重要的动态经济效果。所谓动态经济效果，是指经济一体化对成员国经济结构带来的影响和对其经济发展的间接推动作用。综合来看，关税同盟产生的动态经济效果主要在表现以下几个方面。

1. 促进生产要素的自由流动

关税同盟建立后，市场趋于统一，要素可以在成员国间自由流动，提高了生产要素的流动性。生产要素的投入地区从生产要素供给有余的地区转向生产要素供给不足的地区。因此，生产要素得到更加合理、有效的配置，降低了生产要素闲置的可能性。生产要素在移动中还会带来较多的潜在利益。例如，劳动力的自由流动有利于人尽其才，增加就业机会，提高劳动者素质；自然资源的流动能使物尽其用；生产要素的自由流动还可以促进区域内新技术、新观念、新管理方式的传播，减少各国和地区的歧视性政策与措施等。

2. 获取规模经济效益

美国经济学家巴拉萨认为，关税同盟建立后，可以使生产厂商获得重大的内部与外部经济利益。内部规模经济主要来自对外贸易的增加，以及随之带来的生产规模的扩大和生产成本的降低。外部规模经济则来源于整个国民经济或一体化组织内的经济发展。国民经济各部门之间是相互关联的，某一部门的发展可能在许多方面带动其他部门的发展。同时，区域性的经济合作还可导致区域内部市场的扩大，市场扩大势必带来各行业的相互促进。也就是说，建立关税同盟将使各成员国的国内市场联结成统一的区域市场，市场的扩大将有利于推动企业生产规模和生产专业化的扩大，而且也有助于基础设施（如运输、通信网络等）实现规模经济。

但是，国际经济学家金德尔伯格却认为：欧共体成员国厂商的原有生产规模已经很大了，关税同盟成立后，生产规模的进一步扩大并不一定会产生规模效益。事实上，规模经济效益只是在适当的生产规模时才能实现，一旦超过可获取规模经济效益的生产规模，效率反而会下降。

3. 刺激投资

关税同盟的建立使市场扩大、投资环境改善，这不仅会吸引成员国厂商扩大投资，而且也能吸引非成员国的资本向同盟成员国转移。具体来说，关税同盟成立后，成员国市场变成统一的区域大市场，需求增加，从而使企业投资增加；商品的自由流通使同行业竞争加剧。为了提高竞争力，一方面，厂商必须扩大生产规模，增加产量，降低成本；另一方面必须增加投资，更新设备，提高装备水平，改进产品质量，并研制新产品，以改善自己的竞争地位。由于关税同盟成员国减少了从其他国家或地区的进口，迫使非成员国为了避免贸易转移的消极影响，到成员国内进行直接投资设厂，就地生产，就地销售，以绕开关税壁垒。欧共体成立后，美国对欧共体国家投资增加的主要原因就在于此。

4. 提高技术水平

关税同盟建立后，市场扩大，竞争加剧。为了在竞争中取胜，厂商必然要努力利用新技术开发新产品。而投资增加、生产规模扩大使厂商愿意投资于研究和开发活动，这就导致了技术水平的不断提升。

5. 推动经济增长

如果以上各点有利的动态效果得以发生，则关税同盟建立后，成员国的国民经济必可获得较快增长。

11.3.2 大市场理论

共同市场与关税同盟相比较，其一体化范围又前进了一步。这里的关键是生产要素可以在共同市场内部自由流动，把被保护主义分割的每一个国家和地区的内部市场统一成为一个大市场，使生产资源在共同市场的范围内得到重新配置，提高效率，从而获取动态经济效果。共同市场的理论基础是超越静态的关税同盟理论的动态大市场理论。其代表人物是西托夫斯基和德纽。

大市场理论的核心是：第一，通过扩大市场获得规模经济，从而实现技术利益。第二，依靠因市场扩大而竞争激化的经济条件实现上述目的。两者之间是目的与手段的关系。

该理论认为，以前各国或地区之间推行狭隘的只顾本国或地区利益的保护贸易，把市场分割得狭小而又缺乏弹性，使现代化的生产设备不能得以充分利用，无法实现规模经济和大批量生产的利益。只有大市场才能为研究开发、降低生产成本和促进消费创造良好的环境。总体而言，大市场具有技术、经济两方面的优势。

一、大市场的技术优势

大市场的技术优势在于它的专业化规模生产，特别是大批量的流水线作业。它可以使机器设备得到最充分的利用，可以使专业化的工人、设备、销售渠道得到合理的使用，从而提高生产效率，降低成本。不仅如此，实现专业化规模生产的大企业还会在资金借贷、采购、仓储运输、新技术应用、生产过程合理化、产品销售、股票、调研等各方面均较小企业占优势。当前世界经济中出现的各国企业兼并、收购热潮亦充分说明了在竞争加剧的条件下实现规模生产的重要性。

二、大市场的经济优势

1. 加剧竞争，降低成本

实现规模生产和专业化生产虽然可以大幅降低生产成本，但这对于一个狭小的市场来说效果并不会很明显，如果再加上政府等采取的各种保护措施，那么成本是降不下来的。因此，只有建立大市场才能达到大幅度降低生产成本的目的。大市场可以提供大量的竞争机会，可以拆除限制自由竞争的各种技术和管理条例上的障碍，使企业脱离国家的保护伞，在竞争压力的驱使下千方百计提高生产效率，规模经营，降低成本。

2. 实现资源合理配置

大市场不仅可以使最先进、最经济的生产设备得以充分利用，还可以使生产要素自由流动，使资源配置更加合理。低工资对资本的吸引，优厚的劳动条件对劳动力的吸引，以及大市场内部开业的自由，将导致成员之间生产要素的相互转移和利用达到空前规模，使它们之间的合作与分工有更大的发展。这无疑会对大市场中各成员国的经济起到巨大的促进作用。正如德纽在《共同市场》一书中所指出的，充分利用机器设备进行规模生产，实现专业化，开发运用新的技术发明，恢复竞争，而这些因素都将降低生产成本和销售价格。另外，取消关税和降低价格可以提高购买力，真正实现改善人们生活水平。对一种商品消费的增加会导致投资的增加，这样，经济就会开始滚雪球式的扩张。消费的增长引起投资的增加，增加的投资又导致价格下降、工资提高、购买力全面提高。只有市场规模迅速扩大，才能促进和刺激经济扩张。

西托夫斯基曾在《经济理论与西欧一体化》一书中对西欧的“高利润率恶性循环”现象做过详细分析。他认为，与美国、日本等国家相比较，西欧国家陷入了高利润率、低资本周转率、高价格的矛盾之中。一方面，由于市场狭窄、竞争消失、市场停滞和建立新的竞争企业受阻等原因，高利润率长期处于平稳状态；另一方面，高昂的价格和微弱的购买力使耐用消费品需求不足，普及率很低，不能转入批量生产。然而生产者却自以质量高为荣，因而陷入高利润率、高价格、市场狭窄、低资本周转率这样一种恶性循环之中。他认为，只有大市场的激烈竞争才能够打破这种恶性循环。如果竞争激化、价格下降，就会迫使生产者放弃旧式的小规模生产而转向大规模生产。若多数企业都这样做，那么就可以使成员国经济进入一种积极扩张的良性循环。

三、进入大市场的国家应具备的条件

大市场的发展方向是贸易自由化。要加入此行列，各成员国需在很多方面具有一定的一致性。多数学者认为，这种一致性应该是地理上接近，发展水平、收入水平、文化水平等大致相同。

如果将众多的、具有同等经济发展水平、处于同样社会发展阶段和财政资源大体一致的国家和地区的各自狭小市场合并为一个大市场，那么就不会在竞争方面产生重大的差异，资本与人力的自由流动问题就可以在所有成员国之间得以实现并发挥其优势。反之，如果各国或地区在生活水平和经济增长方面存在巨大差异，那么市场的扩大、自由竞争和劳动分配原则的实施不仅不能促进各国或地区间的平衡，反而会加剧原来的差距。要实现市场内部的全面平衡，各成员国需满足以下的条件。

（1）如果扩大市场旨在全面提高生产能力和生活水平，最根本的一条，是这些加入大市场的国家或地区的经济必须是结构合理、发展阶段相近、各具特色且富有潜力的。

（2）成员国要将其经济完全融入市场之中。一个成功的大市场要覆盖广阔的区域，有足够的调控空间。单单依赖于商品的自由流动所带给各国或地区的利益不仅有限，而且很容易对某些经济部门造成严重的伤害。只有在将商品流动同资本流动有机结合，同时伴以财政和社会政策转移的条件下，大市场才会使所有参与者的经济都得到发展。

由此可以得出这样的结论：第一，若要从大市场中获益，就不能对市场加以限制。第二，建立大市场会促进各成员国经济的发展。但要看到，这种经济的发展是不平衡的，各国从中所得到的收益也是不平均的。

11.3.3 协议性国际分工理论

协议性国际分工理论是日本著名学者小岛清在他 1975 年出版的《对外贸易论》一书中首次提出的。他认为，在经济一体化组织内部，如果仅仅依靠比较优势原理进行分工，不可能完全获得规模经济的好处，反而可能会导致各国企业的集中和垄断，影响经济一体化内部分工的和谐发展和贸易的稳定。因此，必须实行协议性国际分工，使竞争性贸易的不稳定性尽可能保持稳定。

所谓协议性分工，是指一国放弃某种商品的生产并把国内市场提供给另一国，而另一国放弃另外一种商品的生产并把国内市场提供给对方，即两国达成互相提供市场的协议，实行协议性分工。即这种分工不是通过价格机制自动实现的，而是需要通过贸易当事国的某种协议来加以实现。

协议性国际分工理论建立在成本长期递减理论基础上。如图 11-4 所示，A 国和 B 国的 X、Y 两种商品的成本递减曲线，纵轴表示两国分别生产两种商品时的成本。其中，X_1为 A 国对 X 商品的需求量，X_2为 B 国对 X 商品的需求量，Y_1为 A 国对 Y 商品的需求量，Y_2为 B 国对 Y 商品的需求量。现假定 A 国和 B 国达成互相提供市场的协议，A 国要把 Y 商品的市场、B 国要把 X 商品的市场分别提供给对方，即：X 商品全由 A 国生产，并把 B 国 X_2量的市场提供给 A 国；Y 商品全由 B 国生产，并把 A 国 Y_1量的市场提供给 B 国；两国如此进行集中生产，实行专业化之后，如图 11-4 中虚线所示，两种商品的成本都明显

下降。但这仅仅是每种商品的产量等于专业化前两国产量之和的情况，如果同时考虑随着成本的下降所引致的两国需求的增加，实际效果将更大。

应该注意到，以上的分工方向并不是因为 X 商品在 A 国的成本较低、Y 商品在 B 国的成本较低，即不是由比较成本的价格竞争原理决定的。从图中可以看到，X 商品在 A 国的成本较高，Y 商品的成本两国相同。这就是说，尽管 X 商品与比较优势竞争原理所示的方向相反，Y 商品两国成本相同，但是若能互相提供市场，首先进行分工，就可以实现规模经济，互相买到低廉的商品。

此外，还有一点应该注意。如果与图 11-4 所示的情况相反，即 A 国对 Y 商品实行专业化，B 国对 X 商品实行专业化，也可以获得分工的益处。但由于新的分工使 Y 商品的成本与图示相比没有多大变化，而 X 商品专业化后的成本则高于图示的成本，因此，其分工的益处要小于图示中所得到的益处。这是因为，在图 11-4 中，对 Y 商品来说，两国成本曲线基本相同，初期生产量也基本相同，初期成本是基本一致的；而对 X 商品来说，初期生产量小的 A 国虽然成本较高，但是它的成本递减率很大，随着生产规模的扩大，成本越来越低。

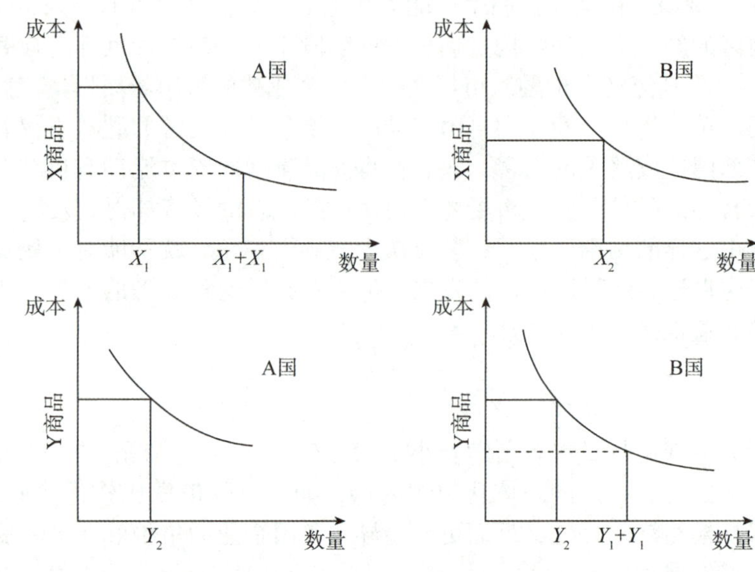

图 11-4　协议性国际分工

由上面的分析可以看到，为了互相获得规模经济的好处，实行协议性国际分工是非常有利的。但达成协议性分工还必须具备下列条件。

第一，参加协议的国家生产要素禀赋比率差异不大，工业化水平和经济发展水平相近，因而协议性分工的对象商品在哪个国家都能进行生产。

第二，作为协议分工对象的商品必须是能够获得规模经济的商品，一般是重工业、化学工业的商品。

第三，每个国家自己实行专业化的产业和让给对方的产业之间的没有优劣之分，否则不容易达成协议。这种产业优劣主要决定于规模扩大后的成本降低率和随着分工而增加的需求量及其增长率。

上述条件表明，经济一体化必须在同等发展阶段的国家之间建立，而不能在工业国与初级产品生产国之间建立；同时也表明，在发达工业国家之间，可以进行协议性分工的商品范围较广，因而利益也较大。另外，生活水平和文化等类似、互相毗邻的地区容易达成协议，并且容易保证相互需求的均衡增长。

相关思政元素：构建人类命运共同体

相关案例：

新华时评：构建人类命运共同体，行则将至

“构建人类命运共同体”理念自提出10年来，内涵日臻完善，逐步形成了以“五个世界”为总目标，以全人类共同价值为价值追求，以构建新型国际关系为根本路径，以共建“一带一路”为实践平台，以全球发展倡议、全球安全倡议、全球文明倡议为重要依托的科学理论体系。明确了目标方向，规划好实现路径，就要一步一个脚印，把蓝图变为现实。

共建“一带一路”倡议是构建人类命运共同体的生动实践。10年来，“一带一路”从夯基垒台、立柱架梁到落地生根、持久发展，搭建了各方广泛参与、汇聚国际共识、凝聚各方力量的重要实践平台。中老铁路开建以来拉动11万人次就业；雅万高铁成为东南亚国家首条实现时速350公里的铁路；蒙内铁路拉动了当地经济增长超过2个百分点……一条条“幸福路”、一座座“连心桥”、一片片“发展带”在共建国家不断涌现，不断增进共建国家民众的获得感、幸福感。

“三大全球倡议”是推动构建人类命运共同体的重要依托，指明人类社会前进方向。全球发展倡议发出了聚焦发展、重振合作的时代强音，全球发展促进中心顺利运转，200多个合作项目开花结果；全球安全倡议走出一条对话而不对抗、结伴而不结盟、共赢而非零和的新型安全之路，在中国斡旋下，沙特和伊朗实现历史性和解；全球文明倡议为推动构建人类命运共同体注入精神动力，有力促进不同文明交流互鉴。

大道至简，实干为要。中国携手各方共同行动，为推动各国发展事业和人类文明进步作出贡献。从双边到多边，从区域到全球，中国已同数十个国家和地区构建了不同形式的命运共同体。人类卫生健康共同体、网络空间命运共同体、核安全命运共同体、海洋命运共同体、人与自然生命共同体、地球生命共同体……针对一系列世界性难题，中国提出丰富主张并推动转化为具体行动，为各领域国际合作注入强劲动力。

道阻且长，行则将至；行而不辍，未来可期。只要世界各国团结起来，向着构建人类命运共同体的正确方向，携手并进、不懈奋斗，就一定能够建设一个持久和平、普遍安全、共同繁荣、开放包容、清洁美丽的世界，开创人类更加美好的未来。(记者邵艺博)

来源：新华社“新华时评：构建人类命运共同体，行则将至”，2023年9月30日。

拓展案例

区域贸易集团内的贸易创造和贸易转移效应

案例简介：

墨西哥在参加北美自由贸易区后，产生了明显的经济效应。据世界贸易组织《1999

年世界贸易报告》称，1990—1999年，在北美进口中墨西哥的份额由5.2%增加为9.2%，而高收入的亚洲经济体的份额则下降了2.5%。1998年，墨西哥已经取代中国成为对美纺织品、服装的第一大出口国。此外，北美自由贸易区成立后4年，墨西哥就已经吸纳了380亿美元的外资，仅1997年一年引进的外资额就达到了100亿美元。北美自由贸易区的成立还增加了区内国家的就业机会并给美国带来了贸易的增加和产业结构的升级。但与此同时，由于美、加、墨三国经济发展水平相差较大，之间的矛盾和问题也逐一暴露，加入北美自由贸易区对各国的负面影响开始呈现。

案例分析：

1. 从理论上讲，贸易集团具有两方面效应，即贸易创造效应和贸易转移效应。贸易创造效应是指由于区内取消关税和非关税壁垒而将增加的区内贸易；贸易转移效应则是由于对区外贸易仍维持关税和非关税壁垒而使区外出口商丧失某些竞争优势，并使得原先与区外的贸易转向区内。墨西哥加入北美自由贸易区后对美、加的出口增加是前一种效应的体现，它挤占中国对美纺织品、服装的出口份额则是后一种效应在发挥作用。

2. 组建自由贸易区也会产生一系列的动态效应，如增加就业岗位、促进贸易结构和产业结构的升级等。

3. 加入区域经济一体化组织后，由于各成员之间的差别，也可能对成员产生一些负面影响。

启示：

1. 组建区域经济一体化组织后所产生的静态贸易效应（以关税同盟为例）取决于贸易创造效应和贸易转移效应的综合效果。实践证明，由经济发展水平不同的国家和地区组成的区域经济一体化组织，成员间较强的互补性将会使各成员的比较优势发挥得更好，贸易集团化对促进区内成员经济发展的效果将会更为显著。

2. 由于各国或地区的经济发展水平不一，各国或地区间经济利益的均衡和协调的难度也很大，加入区域经济合作也会给各国或地区带来许多负面的影响。那么，怎样回避或减少这些负面影响对国内经济的冲击，是中国在参与亚洲经济合作时必须要考虑的问题。

3. 在加强区域经济合作的进程中，政府的政策选择将发挥着越来越大的作用。

本章小结

1. 区域经济一体化是指两个或两个以上的国家或地区，通过协商并缔结协议，实施统一的经济政策和措施，消除商品、要素、金融等市场的人为分割和限制，以国际分工为基础来提高经济效率和获得更大经济效果，把各国或各地区的经济融合起来形成一个有机整体的过程。区域经济一体化的形式多种多样。

2. 主要的区域经济一体化组织包括欧盟、北美自由贸易区、亚太经济合作组织、东南亚国家联盟等。

3. 具有代表性的区域经济一体化理论包括关税同盟理论、大市场理论和协议性国际分工原理等。

本章习题

11.1　名词解释

区域经济一体化　自由贸易区　关税同盟　共同市场　经济同盟　欧洲联盟　北美自由贸易区　亚太经济合作组织　东南亚国家联盟　贸易创造　贸易转移　贸易扩大

11.2　简答题

(1) 区域经济一体化有哪些形式?

(2) 区域经济一体化对区内成员和区外非成员的经济贸易有什么影响?

(3) 为什么在经济全球化的同时，又出现经济区域化的趋势?

(4) 简述关税同盟的静态和动态效果。

(5) 简述大市场理论的主要内容。

(6) 试述协议性国际分工理论的主要内容。

本章实践

2016年6月24日，引发全球关注的英国“脱欧”公投结果出炉，“脱欧”阵营赢得超过半数的民众支持，这意味着英国在加入欧盟（含欧共体）43年之后将正式与这个大家庭说“再见”。这一历史性的投票将重塑英国的世界地位，同时可能触发多米诺效应、导致更多国家脱离欧盟。试分析英国退出欧盟之后，对于英国和欧盟的影响都有哪些。

第 12 章 跨境电子商务与国际贸易

学习目标

- 了解跨境电子商务产生与发展的过程。
- 掌握跨境电子商务的概念和特征。
- 熟练掌握跨境电子商务与传统国际贸易的区别。

教学要求

教师通过课堂讲授和案例分析等方法，帮助学生了解跨境电子商务产生与发展的过程，并且熟练准确地掌握跨境电子商务的基本概念、分类，还要详细对比跨境电子商务与传统国际贸易的区别。

导入案例

跨境电商增势迅猛，面朝蓝海持续创新

在中国（南宁）跨境电子商务综合试验区（以下简称“南宁跨境电商综试区”），频繁来往的货车满载来自中国和东盟的商品，不少年轻人在这里从事跨境电子商务（以下简称跨境电商）运营和直播相关工作。自 2018 年设立南宁跨境电商综试区以来，跨境电子商务相关业务在此落地生根，茁壮成长。据统计，2021 年 1 至 7 月，南宁跨境电商综试区共完成跨境电商进出口交易额 30 亿元。自 2015 年首批跨境电商综试区设立以来，先行先试的“试验田”结出累累硕果。在广东海关，一批跨境电商货物仅用 10 分钟就完成了从申报到放行的审核流程；在贵州省铜仁市玉屏侗族自治县，服装企业的产品销往欧美等 30 多个国家和地区；从 2021 年服贸会、第 18 届中国—东盟博览会到第五届中阿博览会，在中国近期举办的大型展会上都能发现跨境电商的身影……作为新兴贸易业态，跨境电商得到了飞速发展，成为稳外贸的重要力量。中国跨境电商迅猛发展的背后，是中国数字经济综合实力的提升和多方长期蓄力在支撑。

商务部相关负责人表示，中国已与 22 个国家建立“丝路电商”双边合作机制，共同开展政策沟通、规划对接、产业促进、地方合作、能力建设等多层次多领域的合作，为

"一带一路"沿线国家电商发展创造了有利环境。

"面向广阔蓝海，跨境电商在机遇与挑战中快速成长，有望成为中国在数字经济领域'换道超车'的新赛道。"张茉楠认为，跨境电商企业"出海"，应提升产品质量、创新力、竞争力，遵守海外当地贸易规则，注重高质量发展。中国跨境电商发展不仅需要"政策红利"，更需要制度创新和强化监管，企业规范自身行为，承担社会责任，多方共同打造跨境电商贸易的良好产业生态，为中国跨境电商创造更多"生态红利"。

12.1　跨境电子商务的概念

跨境电子商务（简称跨境电商）发展历程不长，在学界尚无统一的定义。不同的机构以及学者给出了不同的看法。海关总署定义为收货人在关境内通过电子支付完成关境外货物所有权的转移。其中，关境也称为"关税国境"，是执行统一海关法令的领土范围。结合目前跨境电商实践应用，目前对跨境电商普遍公认的界定是指分属不同关境的交易主体，通过电子商务平台达成交易，进行电子支付结算，并通过跨境电商物流或异地仓储送达商品，从而完成交易的一种国际商业活动。

跨境电商有广义和狭义之分。广义的跨境电商是指分属不同关境的交易主体通过电子商务手段达成交易的跨境进出口贸易活动。狭义的跨境电商特指跨境网络零售，即分属不同关境的交易主体通过电子商务平台达成交易，进行跨境支付结算，通过跨境物流送达商品，从而完成交易的一种国际贸易新业态。跨境网络零售是互联网发展到一定阶段所产生的新型贸易形态。

12.2　跨境电子商务的分类

基于不同的分类标准，跨境电子商务可作不同分类。

12.2.1　按商品进出口流向分类

一、跨境进口电子商务

跨境进口电子商务是指将境外的商品通过跨境电商平台销售到我国境内市场的贸易活动。跨境进口的传统模式是海淘，即中国国内消费者直接到外国 B2C 电商网站上购物，然后通过转运或直邮等方式把商品邮寄回国的购物方式。除直邮品类之外，中国消费者只能借助转运物流的方式完成收货。简单来讲，就是在海外设有转运仓库的转运公司代消费者在位于国外的转运仓地址收货，之后，再通过第三方转运公司自营的跨国物流将商品发送至中国口岸。

此外，主要的跨境进口模式还有"直购进口"模式和"保税进口"模式，分别适用于不同类型的电商企业。"直购进口"模式是指符合条件的电商平台与海关联网，境内消费者跨境网购后，电子订单、支付凭证、电子运单等由企业实时传输给海关，商品通过海关跨境电商专门监管场所入境，按照个人邮寄物品征税。“保税进口”模式则是指国外商品整批抵达国内海关监管场所——保税港区，消费者下单后，商品从保税区直接发出，在海关、国检等监管部门的监管下实现快速通关，能在几天内配送到消费者手中。

代表性企业有天猫国际、京东全球购、洋码头、小红书。

二、跨境出口电子商务

跨境出口是指国内电子商务企业通过电子商务平台达成出口交易、进行支付结算，并通过跨境物流送达商品，完成交易的一种国际商业活动，可分为跨境一般贸易和跨境零售。一般贸易进口商品要严格符合中国市场准入要求，按照货物监管，如化妆品、保健品等，进口前要获得国家相关部门的注册或者备案，进口以后商品可以按要求在市场上自由流通；区别于一般贸易进口，跨境电商六部委文件486号文件规定：跨境电商零售进口，是指中国境内消费者通过跨境电商第三方平台经营者自境外购买商品，并通过“网购保税进口”（海关监管方式代码1210）或“直购进口”（海关监健方式代码9610）运递进境的消费行为，生产、销售等经营行为发生在关境之外，对跨境电商零售进口商品按个人自用进境物品监管，不执行有关商品首次进口许可批件、注册或备案要求。目前，我国跨境电商还是以出口型为主，跨境出口电商指的是我国出口企业通过跨境电商平台进行商品展示、完成交易并用线下跨境物流渠道将商品出口至境外市场的贸易活动。

代表性企业有阿里巴巴速卖通、亚马逊海外购、eBay、兰亭集势等。

12.2.2　按商业模式分类

跨境电商背靠传统外贸优势飞速增长，不断衍生出新的商业模式。按照跨境电商的交易主体分类，我国目前的跨境电商主要分为B2B（Business to Business，企业对企业）、B2C（Business to Customer，企业对消费者）、C2C（Customer to Customer，消费者对消费者）、O2O（Online to Offline，线上线下）。B2C和C2C又合称为跨境零售贸易，B2B被称为跨境批发贸易。跨境电商发端于B2B，逐步向上下游延伸，占比最高，接近80%。B2C是近几年兴起并呈现更高增速的一种模式，且近年来B2C占比呈逐年上升态势。全球经济下行，跨境电商提升外贸效率，加之政策和资本的助力，多重因素推动跨境电商行业快速发展，前景广阔。英语系等发达国家成熟市场已进入红海初期，由低价竞争升级为品牌（商品+电商平台）竞争，新兴市场尚待开发，机遇与挑战并存。

一、B2B模式

B2B模式的跨境电商是指一国（地区）供应商使用跨境电商平台或通过互联网和电子信息技术向其他国家（地区）企业提供商品与服务的国际商业活动。其交易活动的内容包括：一国（地区）企业向另一国（地区）供应商进行的采购；一国（地区）企业向另一国（地区）客户的批量销售；一国（地区）企业与另一国（地区）合作伙伴的业务协调等。企业运用电子商务以广告和信息发布为主。从实现方式来看，企业可以通过自建网站直接开展B2B交易，也可以借助电子中介服务来实现B2B交易。自建网站开展B2B的企业多为产业链长、业务伙伴多或自身专业性强的大企业、跨国公司，如飞机、汽车、计算机等行业的制造商、大型批发、零售企业等，主要用于公司自身的业务和对供应商、销售商的服务；借助中介服务实现B2B的企业则多为中小型企业。在表现形式上，B2B跨境电商主要分为以企业为中心的B2B和以电子市场为中心的B2B两种。以企业为中心的B2B

模式又分为卖方集中模式和买方集中模式两种。由卖家企业面向多家买家企业搭建平台采购原材料、零部件、经销产品或办公用品则称为买方集中模式。电子市场的 B2B 模式则可分为垂直和水平两种类型，垂直市场专门针对某个行业，如电子行业、汽车行业等；水平市场则是普遍适用于各个行业的宽泛的交易平台。B2B 跨境电商代表网站有阿里巴巴国际站、中国制造网等。

二、B2C 模式

B2C 模式的跨境电商，主要参与者是一国企业与另一国个体消费者。从实现方式来看，可以分为 B2C 跨境电商平台和自建的 B2C 跨境电商网站，采用国际航空小包和国际快递等方式将国内的产品或服务直接销售给国外消费者。根据 B2C 跨境电商的分类方式，B2C 跨境电商的应用模式有百货商店式、综合商场式和垂直商店式三种类型。

1. 百货商店式

即企业拥有自己的跨境电商网站和仓库，自己进行产品的采购，库存系列产品，甚至拥有自己的品牌，来满足客户的日常需求，实现更快的物流配送和更好的客户服务。例如唯品会、兰亭集势、米兰网等。

2. 综合商场式

综合商场式也可称为平台式，这种模式拥有较为稳定的网站平台、庞大的消费群体、完善的支付体系和良好的诚信体系，不仅引来众多卖家进驻商城，而且吸引很多消费者来购物。例如全球速卖通、敦煌网等，如同国内的天猫、淘宝，仅仅是提供完备的销售系统平台，任买卖双方自由地选择交易，不负责采购、库存和配送。

3. 垂直商店式

满足某种特定的需要或某些特定的群体，提供这一领域的更全面的产品和更专业的服务。比如国内的麦考林、乐蜂网等都属于这种模式，在 B2C 模式中，还没有这样的平台。

三、C2C 模式

在 C2C 模式中，电子商务活动的主要参与者都是个体消费者。该模式指的是不同国家之间个体消费者在互联网上进行的自由买卖。其构成要素除买卖双方外，还包括电子交易平台供应商。拍卖就是最为常见的 C2C 交易方式，如 eBay。这种拍卖网站成功的关键是吸引足够的买家和卖家，形成足够物品的拍卖市场，所以那些有大量访问者的网站就有条件进入这一领域。诸如 Yahoo！等门户网站和网上书店的先锋亚马逊都相继开通了拍卖业务。在这种模式下，买家和卖家的数量越多越有效，新加入的拍卖者都趋向于选择已有的拍卖网站，这就使得已有的拍卖网站比后来跟进的新拍卖网站天生更有价值，经济学家称之为锁定效应。特殊消费品拍卖网站就是一些企业面临锁定效应给其带来的不利影响，避免在普通消费品拍卖市场上与 eBay 这样强大对手的竞争，而采取瞄准特殊目标细分市场的背景下产生的。早期的一些特殊消费品网站主要是瞄准技术产品（如计算机、计算机配件等），之后出现专门拍卖其他物品的网站（如 Stubhub 专门拍卖演出门票，Golf Club Exchange 专门拍卖高尔夫球杆，Winebid 专门拍卖葡萄酒等），这些网站通过定位于某个明确的细分市场获得了竞争优势，得以同 eBay 这样的大型拍卖普通消费品的网站共存下去。

四、O2O 模式

在 O2O 模式中，商家通过免费开设网店将商家信息、商品信息等展现给消费者，消费者通过线上筛选、线下比较、体验后有选择地进行消费，在线下进行支付。其最大的特点是突出了个性化消费的被满足。跨境电商 O2O 销售模式以互联网为媒介，并利用快速传输速度和众多用户通过在线营销增加实体业务推广的形式和机会，降低线下商店的运营成本，大幅提高销售额效率。实体商户增加了客流渠道，有利于实体店的优化，提高竞争力。服务业领域覆盖面广、企业数量庞大、地域性强，很难在电视、互联网门户（新浪、搜狐）做广告，而 O2O 电子商务模式完全可以满足这种市场需要。

对本地商家来说，通过网店传播得更快、更远、更广，可以瞬间聚集强大的消费能力，也解决了团购商品在线营销不能常态化、实时化的问题。商家可以根据店面运营情况，实时发布最新的团购、打折、免费等服务优惠活动，提高销售量。对消费者来说，通过线上筛选服务、线下比较、体验后有选择地进行消费。对服务提供商来说，O2O 模式可带来大规模高黏度的消费者，进而能争取到更多的商家资源。

O2O 模式还可以细分为以下几种模式。

1. 跨境 O2O 体验店

跨境 O2O 体验店，是根据跨境电商平台发展出来的一个属于新零售范围的线下店。互联网时代各种网上交易平台层出不穷，越来越多的品牌也被大家熟知，但是仍然会有一部分品牌是无法精准直达消费者的，于是这一市场需求，就衍生出了跨境 O2O 体验店。跨境 O2O 体验店有以下几个突出的优势。

（1）线上线下引流，有效扩展消费群体。线上电商平台和门店都已经发展到一定阶段，顾客对消费体验的标准已不单单限于场地，更向着多元化服务的方向发展，跨境电商要想有新的提升，运用线上线下的 O2O 模式是必然趋向。在跨境 O2O 体验店中，线上线下的流量是相通的，在 2018 年年初便已开始布置跨境 O2O 体验店，现在这类运用线上线下的体验店已相继在中国各省营业，为消费者带来更多质优价美的进口货物时，也为网店带来了更多的流量。

（2）加速手机支付方法的推广，推动行业发展。传统电商平台采用的是“线上网店+物流配送”的运营模式，而跨境 O2O 体验店则采用“线上网店+到店消费”模式。不过从支付方面而言，二者都采取在线支付的方法，伴随移动网络的迅速发展，在线支付可以随时随地进行，手机支付方法得到了有效推广，这同时也为跨境电商未来发展提供了更大便利。跨境电商布置跨境 O2O 体验店，是一种创新模式的探索，是线上线下消费场景的有效融合，而其最根本的目标，是为顾客创造更好的跨境购物体验，最终建立消费的升级。

（3）通过大数据分析，深度解析顾客需求。业内专家表明，现在我国的线下门店为何遭遇困难，原因并不是电商平台太强，而是门店太弱，没有分析好顾客需求。的确如此，在电商平台蓬勃发展的今天，“大数据”解析已经成为重要方法之一，跨境 O2O 体验店顾客的购买行为会留下相应痕迹，经营者可以充分利用数据对顾客的消费行为开展挖掘，充分了解他们的需求和消费能力，从而做出更好的应对策略。

同时值得注意的是，在跨境电商体验店大热的同时，也难以掩盖其存在的问题：一是传统跨境电商线下体验店出自成本费用考虑，大部分不在优势商圈或者商场中心地段；二是有限的店铺面积难以保证较为全方位的商品展示；三是线下体验店工作人员专业能力尤为重要，如果工作人员对品牌或者产品不具备一定水平的认知，难以将品牌优势介绍给消费者，难以达到销售转化。

当前跨境电商行业蒸蒸日上，跨境电商未来仍需不断创新变革，以适应迅速变迁的时代需求，向品质化、专业化平台转型对跨境电商的未来至关重要。跨境电商体验店亦是如此，需要结合当下市场需求不断完善，才能被大众消费者所接受，做出一番成绩。

2. O2O 展销会

O2O 展销会，是依托在线展会平台，汇聚行业完整产业链资源，以颠覆式创新的手段，通过“线上展销会不落幕、线下展会拎包驻”深度融合的 O2O 运营模式，架起企业品牌宣传推广、快速整合产业资源、发展销售网络的最佳舞台。O2O 展销会有如下特点。

（1）新锐：一次参展，两个平台。O2O 展销会可实现线上线下双平台运作，3D 多媒体展示，实现在线广覆盖的持续营销。线下展会面对面高亲密接触，有效增进供需关系。O2O 双循环运作，让买家与卖家实现长期交流。

（2）高效：精准营销、直达全球。借助互联网精准定向技术，直达全球买家。大数据分析实现商情匹配，锁定高意向买家。线上线下洽谈会可加快商机的孵化，轻松完成商贸配对，双平台运作模式，有效提升参展收益。

（3）品牌：永不撤展，恒久宣传。线上线下综合运营，给品牌插上翱翔的翅膀；此模式可以实现 365 天不间断展示，借力全媒体矩阵全方位推广；还可以不限量的实现产品与信息的自主发布，提高公共传播能力；集成最热门的社交平台，使每个访客都成为企业的传播者。

3. 跨境电商综合试验区 O2O 线下自提模式

为满足广大消费者现场自提需求，实现国家倡导的“贸易便利化”的理念，郑州海关研究提出了展示展销现场提货模式创新监管方案，在郑州跨境电商综合实验区中大门保税直购体验中心率先实现 O2O 线下自提，为全国提供创新监管样板，中大门也实现了跨境新零售在全国的率先落地。

早在 2017 年 7 月 28 日全球跨境电商创新成果展上，郑州海关驻郑州经开区办事处相关负责人就结合实单测试现场演示，为来宾讲解了郑州海关在全国首创的“跨境电商 O2O 线下自提业务流程”，在郑州跨境电商综合试验区中大门保税直购体验中心从消费者来店下单到自提完成共需 5 个步骤，分别是快速注册、线上下单、四单申报、海关审核和线下自提。通过中大门 O2O 现场自提零售订单跟踪系统，消费者在现场下单之后，后台会实时向海关和检验检疫部门推送消费者的订单、物流单、支付单这三单信息，根据监管要求，监管部门进行审单、查验、放行，消费者便可现场把商品拿走，整个过程平均仅需要两分钟左右。

目前，郑州跨境电商综合试验区中大门 O2O 线下自提模式已在全国开始复制推广，为人们带来有品质的幸福生活。

12.2.3　按服务类型分类

1. 信息服务

信息服务平台重点是为会员商户提供网络营销平台，并传递采购商、供应商等商家的服务或商品信息，进而促成买方与卖方间的交易。其中，具有代表性的企业有中国制造网、环球资源网、阿里巴巴国际站。

2. 在线交易

在线交易平台提供企业、产品、服务等多方面信息，而且可以通过平台在线上完成搜索、咨询、对比、下单、支付、物流、评价等全购物链环节。在线交易平台模式正逐渐成为跨境电商的主流模式。代表性企业有敦煌网、速卖通、炽昂科技、米兰网、大龙网。

12.2.4 按平台运营方分类

1. 平台型跨境电商

平台型跨境电商通过线上搭建商城，整合物流、支付、运营等服务资源，吸引商家入驻，为其提供跨境电商交易服务。同时，平台以收取商家佣金以及增值服务佣金作为主要盈利模式。代表企业有速卖通、敦煌网、环球资源网、阿里巴巴国际站。平台型跨境电商的主要特征表现为：①交易主体提供商品交易的跨境电商平台，并不从事商品的购买与销售等相应交易环节；②国外品牌商、制造商、经销商、网店店主等入驻该跨境平台从事商品的展示、销售等活动；③商家云集，商品种类丰富。平台型跨境电商的优势与劣势也较为鲜明，其优势表现为：①商品的货源广泛；②商品种类繁多；③支付方式便捷；④平台规模较大，网站流量较大。其劣势表现为：①跨境物流、关境与商检等环节缺乏自有的稳定渠道，服务质量不高；②商品质量保障性差，易出现各类商品质量问题，导致消费者信任度偏低。

2. 自营型平台

自营型跨境电商通过在线上搭建平台，平台整合供应商资源以较低的进价采购商品，然后以较高的售价出售商品，主要以商品差价作为盈利模式。代表性企业有兰亭集势、米兰网、大龙网、炽昂科技。自营型跨境电商的主要特征表现为：①开发与运营跨境电商平台，并作为商品购买主体从境外采购商品与备货；②涉及商品供应、销售到售后整条供应链。自营型跨境电商的优势主要有：①电商平台与商品都是自营的，掌控能力较强；②商品质量保障性稿，商家信誉度好，消费者信任度稿；③货源较稳定；④跨境物流、关境与商检等环节资源稳定；⑤跨境支付便捷。其劣势主要有：①整体运营成本高；②资源需求多；③运营风险高；④资金压力大；⑤商品滞销、退换货等问题显著。

3. 混合型平台

混合型平台即“平台+自营”的运营模式，代表性企业有亚马逊、京东等。

12.3 跨境电子商务的特征

跨境电商融合了国际贸易和电子商务两方面的特征，有一定的专业复杂程度，主要表现在：一是信息流、资金流、物流等多种要素流动必须紧密结合，任何一方面的不足或衔接不够，就会阻碍整体跨境商务活动的完成；二是流程繁杂且不完善，国际贸易通常具有非常复杂的流程，牵涉到海关、检验检疫、外汇、税收、货运等多个环节，而电子商务作为新型交易方式，在通关、支付、税收等领域的法规目前还不太完善；三是风险触发因素较多，容易受到国际政治经济宏观环境和各国政策的影响。具体而言，跨境电商有以下六个特征。

一、全球化

网络具有非中心化、全球性的特征，属于没有边界的媒介。由于跨境电商是基于网络而发展的，因此同样具有非中心化、全球性的特征。与传统的交易方式相比，电子商务拥有无边界交易的特征，不具有地理边界因素。通过对跨境电商模式的运用，能够向市场提供高附加值服务和产品。网络的全球化特性是有利有弊的，利表现在能够最大限度的共享信息；弊表现在用户必须面临由于法律、政治、文化不同而产生的风险。

二、数字化

1. 无形性

网络的发展使数字化产品和服务的传输盛行，而数字化传输是通过不同类型的媒介，如数据、声音和图像在全球化网络环境中无形传输的。以电子邮件信息的传输为例，这一信息首先要被服务器分解为数以百万计的数据包，然后按照 TCP/IP 协议通过不同的网络路径传输到一个目的地服务器并重新组织转发给接收人，整个过程都是在网络瞬间完成的。电子商务是数字化传输活动的一种特殊形式，其无形性的特性使相关部门很难控制和检查销售商的交易活动，数字化产品和服务基于数字传输活动的特性也必然具有无形性。传统交易以实物交易为主，而在电子商务中，无形产品却可以替代实物成为交易的对象。以书籍为例，传统的纸质书籍，其排版、印刷、销售和购买被看作是产品的生产、销售。然而在电子商务交易中，消费者只要购买网上的数字产品便可以使用书中的知识和信息。而如何界定该交易的性质、如何监督等一系列的问题也给相关部门带来了新的难题。

2. 无纸化

无纸化是电子商务形式的一个重要特点，传统模式下的纸面交易文件被电子商务的电子计算机通信记录所替代。因为电子信息在存储与传送期间是以比特的形式，进而呈现出无纸化的特性。在此背景下，意味着跨境电商信息在传递期间不再受到纸张的限制，但绝大多数法律规范是以“有纸交易”为基础的，因此无纸化特性可能会导致法律层面出现混乱。

3. 即时性

网络具有即时性（直接化）特征，这意味着网络传输与地理距离没有关联。在传统交易模式中，重点采用传真、电报、信函等方式来交流信息，由于受到地理距离等因素的影响，导致信息传输期间存在一定的时间差。针对电子商务模式，其信息交流期间发送方与接收方间的传输速度，并不会受到双方空间距离的影响。另外，软件、音像制品等数字化产品在交易期间，付款、交货等流程在瞬间便可操作完成。总的来说，由于电子商务交易将传统交易中的部分中介环节减去，因此其交易、交往的效率都会得到明显提升。

4. 虚拟化

电子商务以电子为手段，以商务为主题，参与交易的各方可以通过互联网进行贸易洽谈、签订合同、资金支付等，而且这些环节都无须当面进行，整个交易过程完全虚拟化。市场交易场所的虚拟化和交易环节的电子化是电子商务的一大特点。

5. 匿名性

由于跨境电商的非中心化和全球性的特性，很难识别电子商务用户的身份和其所处的地理位置。在线交易的消费者往往不显示自己的真实身份和自己的地理位置，重要的是这丝毫不影响交易的顺利进行，网络的匿名性也允许消费者这样做。

三、小批量

跨境电商通过电子商务交易与服务平台，实现多国（地区）企业之间、企业与最终消费者之间的直接交易。由于是单个企业之间或单个企业与单个消费者之间的交易，相对于传统贸易而言，大多是小批量交易，甚至是单件交易。

四、高频度

跨境电商通过电子商务交易与服务平台，实现多国（地区）企业之间、企业与最终消费者之间的直接交易。由于是单个企业之间或单个企业与单个消费者之间的交易，而且是即时按需采购、销售或消费，相对于传统贸易而言，交易的次数或频率高。

五、监管难

虚拟社会中隐匿身份是非常方便的，因此便出现了自由与责任不对称的问题。在此背景下，人们不但能享受最大的自由，而且只需承担最小责任或逃避责任。这就意味着，税务机关想要精准地识别应当纳税的在线交易人的地理位置、身份是非常困难的，也就无法判断对应的应纳税额，这必然会给税务机关的工作带来较大的阻碍。

由于电子商务交易具有匿名性特点，因此逃税情况越来越严重，尤其是在网络快速发展的背景下，避税成本大幅降低，导致避税行为日益猖獗。在广泛运用电子货币的情况下，再加上某些避税地联机银行对客户的“完全税收保护”，意味着纳税人可将投资所得直接汇入避税地联机银行，实现了对应纳所得税的规避。美国国内收入署（IRS）在其规模最大的一次审计调查中发现大量的居民纳税人通过离岸避税地的金融机构隐藏了大量的应税收入。而美国政府估计大约 3 万亿美元的资金因受避税地联机银行的“完全税收保护”而被藏匿在避税地。

六、快速演进

互联网是一个新生事物，现阶段它尚处在幼年时期。网络设施和相应的软件协议的未来发展都以前所未有的速度和无法预知的方式不断演进。基于互联网的电子商务活动也处在瞬息万变的过程中，短短的几十年中电子交易经历了从 EDI 到电子商务零售业的兴起的过程，而数字化产品和服务更是花样出新，不断改变着人类生活。

跨境电商越来越成为世界各国关注的焦点。随着世界范围内新一轮产业结构的调整和贸易自由化进程的继续推进，跨境贸易在各国经济中的地位还将不断上升，跨境电商产业整体趋于活跃。

12.4　跨境电子商务与传统国际贸易

12.4.1　跨境电子商务和传统国际贸易的区别

对于跨境电商与传统国际贸易，两者存在一定的相同点，同时也存在显著区别。具体来说，两者都是在两个及以上国家或地区间流动信息流、资金流、物流及商流，都会涉及进出口通关与商检活动，并因国家不同而受到政治、经济、文化等环境因素的影响。跨境电商又不等同于国际贸易，其差异主要体现在以下几个方面。

一、主体方向不同

传统国际贸易市场中，企业拓展海外市场是通过信息渠道宣传自己的商品和服务，吸引国外的商家，因此从传播方式来看，国际贸易属于信息流。

在跨境平台上，商家是通过平台或者是自建站等渠道，直接发布商品信息，为的是完成商品交易，以此来看，跨境电商属于商品流。

二、进出口环节不同

在传统国际贸易市场中，由于都是大宗商品，在进出口环节，企业并不会仔细考虑优化时间和成本。

在跨境电商中，运输时间和成本会影响货物最终的成交以及利润，因此商家要在这些环节尽量降低成本，尽量提升效率。

三、线上交易与线下交易，交易方式不同

在传统国际市场中，交易双方的交易方式是偏线下的，或者说交易并不通给第三方支付平台。在跨境电商中，交易双方，交易方式是依靠平台产生的，支付也是需要有第三方支付平台介入的。

四、税收不同

因为传统国际市场往往涉及大宗交易，因此在海关审核、税务申报方面都是比较复杂的，会涉及增值税和消费税等。跨境电商作为以商家面对个体的交易方式，税收方面就简单一些，有时候可能只涉及行邮税。

五、商业模式不同

国际贸易的基本模式是 B2B 方向，是属于全球化贸易发展初级阶段的产物。跨境电商的主流贸易模式是 B2C，是全球化贸易发展的必然结果。跨境电商打破了传统外贸电商的运营模式，只不过现在跨境电商和外贸的边界越来越模糊。

六、交易主体的性质不同

国际贸易的交易主体一般表现为组织范式；跨境电商的交易主体既包括组织对个体，也包括个体对个体。

七、交易媒介不同

国际贸易虽然引入了现代化的互联网络及信息技术等，但是交易媒介仍以传统模式为

主，如官方网站、贸易平台、电子邮件、通信工具等；跨境电商则以互联网与信息技术为主导的电子商务平台作为交易媒介，不管是自建电子商务平台，还是第三方电子商务平台，都归属于电子商务平台的范畴。

八、物流不同

国际贸易运用的是国际运输模式，但是不包括终端配送等内容；跨境电商不但实现了商品的跨国运输，还包含物流与配送服务，现阶段运用较多的有国际快递、国际邮政小包。

九、支付方式不同

国际贸易涉及金额较大，主要以线下支付为主，多采用汇付、托收、信用证、西联汇款等方式；跨境电商的支付以在线支付及电子支付为主，尤其是通过第三方支付等中介结构，涉及金额较少，对象较分散，频率较高。

12.4.2 跨境电商相较于传统国际贸易模式的优势

一、可显著降低国际贸易成本

众所周知，在传统的有纸贸易中，差旅费、纸张费等相关费用占贸易额的7%左右。假如合理、科学地运用EDI技术，那么此项费用可节约一半以上。根据我国近年来的外贸规模，当跨境电商普及后，我国外贸费用能够节约几十亿美元，可看出其作用与价值。另外，在跨境电商模式下能够减少众多中间环节，买方与卖方可采用网络开展商务活动，在此背景下交易费用的下降幅度必然是较大的。因为传统的国际贸易业务中存在大量中间商，导致国外进口商的进货价是国内生产企业交货价的5~10倍。随着跨境电商平台的日益完善，当前已经整合了国外进口商、国内生产商的供求信息，可以省去大量的中间环节，这不仅有效降低了国际贸易成本，还让各方都得到明显的实惠。

二、可显著提高贸易效率

对传统的有纸贸易来说，单证的缮制、审核及修改都需要大量时间。数据显示，在一笔货物买卖合同中，不同的计算机间有70%的贸易数据是重复的，这必然会对货物的正常流通带来不同程度的影响。而通过对跨境电商的运用，能够实时地将信息、数据进行共享，因此除了有效节省传输单证的时间，在避免数据出现错误方面也有着很好的效果，使得贸易效率进一步提高。举例来说，新加坡自使用电子数据交换方式以来，单证处理的速度为15~30分钟，而以前则需3天。

三、可显著降低差错率

在传统的单证贸易中，由于各业务阶段都必须由人工参加，故单证不一致、单单不一致的情况是很惊人的。例如，英国米德兰银行与英国国际贸易程序简化署在20世纪80年代的随机统计结果显示，单据不符率在50%左右（1983年为49%，1986年为51.4%）。电子商务因通过计算机网络自动传输数据，不需要进行人工干预，还不受时间限制，差错率大幅降低。

四、可减少贸易壁垒，扩大贸易机会

由于互联网的全球性和开放性，从一开始跨境电商就成了电子商务的自然延伸，并成

为其有机组成部分。伴随互联网的快速发展，地域、空间等方面的界限得到了完全消除，在减少国际贸易中存在的无形壁垒、有形壁垒方面具有重要意义。企业通过对跨境电商模式的运用，能够获得更多的贸易机会，实现企业更好、更快的发展。

五、可减轻对实物基础设施的依赖

在传统国际贸易模式中，企业需要配备销售店铺、产品展示厅、仓储设施、办公用房等一系列的基础设施。而在跨境电商模式下，企业无须投入大量的基础设施，这就意味着企业的开支能够大幅的节约，从而增强竞争力。

12.4.3　跨境电商在国际贸易中的应用

从贸易活动的角度看，跨境电商几乎可以在外贸活动的各个环节实现，即从市场调研、寻找客户，到洽谈、订货、网上收付货款、在线租船订舱、在线投保，再到电子报关、电子报检、电子纳税等流程都可以通过计算机网络来完成。从这个意义上来讲，跨境电商的出现不但推动着国际贸易的变革，而且在促进工作效率的提升方面也有重要意义。

一、交易前的准备

1. 国际市场的调研

外贸企业在开展跨境电商的过程中，首先需要对市场进行调研，可运用跨境电商网络来调研市场供求情况、消费者购买能力、价格动态以及各国相关的贸易习惯、法律法规、进出口政策等信息，在此背景下选择最佳的目标市场，同时确定市场布局。

2. 寻找客户并与之建立业务关系

外贸企业合理运用跨境电商，能够对潜在的客户进行搜寻，不但可以收集到与客户相关的信息，而且能够及时与客户展开交流、沟通。与此同时，跨境电商还可以精准地调查客户的信用状况、经营能力、经营范围、支付能力、政治背景等，以用来选择客户。

3. 随时随地发布宣传信息

跨境电商企业能够实时发布宣传信息，通过宣传产品与企业的相关信息，可以得到更多客户的认可，相应的贸易机会也会有所增加。在跨境电商中，卖方运用贸易网站、互联网发布商品广告，将商品信息推送给潜在客户，有助于实现市场份额、贸易范围的进一步扩大。

二、外贸交易磋商与外贸合同的签订

1. 外贸交易磋商

外贸交易磋商的程序包括询盘、发盘、还盘、接受，这些环节都可以通过电子邮件或者即时通信软件等电子商务方式来进行。

2. 外贸合同的成立与签订

《联合国国际货物销售合同公约》第二十三条规定：合同于按照本公约规定对发盘的接受生效时订立。在传统贸易中，订立合同的形式有书面形式、口头形式和以行为表示的形式，而在电子商务条件下出现了电子合同，可以通过电子数据交换系统签约。

各种跨境电商系统、专业的数据交换协议，提升了网络信息传递的安全性和准确性，在此背景下不但促进了交易速度、效率的提升，而且失误、漏洞出现的概率也明显减少，

使得商品贸易过程更加规范。

三、外贸合同的履行

对于履行外贸合同的工作来说，重点涉及备货、签发原产地证、报验、改证、审证、催证、索赔与理赔、出口退税、出口收汇核销、制单结汇、租船订舱、装运、报关、投保。在跨境电商条件下，可运用电子商务系统顺利完成以上工作，业务员工作量会明显降低。电子商务使得原本烦琐的合同履行环节变得简洁、高效。

12.4.4 跨境电商对传统国际贸易的影响

一、跨境电商改变了国际贸易的运行方式和运行环境

伴随信息技术的日益发展，近年来逐渐将国际贸易中的企业、第三方服务商、厂家与商检、税务、海关等相关部门充分地联系在一起；同时，也可以对跨境电商贸易活动中的找寻商机、促销、浏览、洽谈、签约、支付、生产、交货、付款等进出口业务进行自动化处理，并提供一条龙式的全程跟踪服务。进出口商品的交换信息、商贸洽谈、合同签订、货物运输、报关报检、进出口代理、交货付款等服务功能，也都可以通过电子商务系统来传输和处理。与之前的业务流程处理方式相比，国际贸易不仅在运行方式上发生了很大的变化，贸易的运行环境也有了较大改变。互联网上“虚拟”进出口信息的交换，开辟了一个开放、多维、立体的崭新的市场空间，突破了传统交易市场中必须以一定地域存在为前提的限制，电子化的应用使得整个世界形成一个大的“统一市场”。同时，服务、商品等相关信息可以在国际准确、充分地流动，同时将实时、完整、公开等特性良好地呈现出来，在此背景下不但能够有效缓解、避免进出口双方信息不对称所带来的负面影响，而且有助于质量相似或同质量商品间更好的竞争，最终充分发挥出价值规律的作用。

二、跨境电商促进了国际贸易流通渠道的变革

对于传统贸易来说，其参与主体主要有零售企业、国际贸易批发企业、生产企业以及国外消费终端，在具体操作过程中，由专业的国际贸易部门及人才根据国际管理，在固定的经营场所开展国际贸易商品的组织、报关、运输以及国际结算。由于在传统贸易链条中，面临各个供货环节随机性强、不紧密等一系列问题，很容易出现产品保鲜难度大、产品损耗量大、渠道时间过长等阻碍。另外，因为传统国际贸易的中间商偏多，再加上受到交易信息不充分、不对称等影响，在此背景下，必然会降低交易效率。总的来说，以上各种原因都会在一定程度上阻碍传统国际贸易的发展。近年来，全球电子商务模式呈现快速发展的态势，不但取得了相对显著的成果，还能够良好地解决传统贸易所面临的问题，在推动国际贸易渠道变革方面有着积极意义。总而言之，跨境电商模式的出现，对于实现国际贸易多元主体无空间限制、无产业限制、无国界限制等方面都有着重要的意义，这与网络信息技术有着密切关系。跨境电商企业帮助生产商明确市场策略、掌握市场规律、节约相关成本上，都发挥出不可替代的作用，同时消费者选择产品时也降低了交易费用。

三、跨境电商使国际贸易经营主体发生变化

在跨境电商快速发展的背景下，能够清晰地看出国际贸易经营主体的变化是非常大的。不难发现，传统国际贸易模式下其成本是相对偏高的，需要雄厚的资金开拓了国际市场，这决定了国际贸易的主体大多为实力较强的大型企业；而跨境电商的发展简化了国际

贸易的流程，使买卖双方通过平台可以直接交流，也免去了很多中间环节的成本，使交易成本大幅降低，因此，广大的中小微企业甚至个人企业也可以在国际市场上拥有竞争力。在国际贸易领域中，电子商务的价值与作用日益凸显，并且得到了相对广泛的运用，在此背景下出现了大量的“虚拟”企业，向世界市场提供一系列的服务或产品。不同的电子商务企业掌握着不同专业的技术，将各种技术汇集到一起后，能够向市场提供更加优质的服务、商品。

四、跨境电商使国际贸易经营管理方式发生变化

电子商务系统的快速发展，与计算机网络信息技术有着密不可分的关系，有助于更好的配置优化跨国界资源、生产要素，在此背景下能够更加全面、充分发挥出市场机制的作用与价值。对于传统国际贸易来说，其物流是单向的。而跨境电商的出现则促进国际贸易经营实现了以商流为主体、信息流为核心、资金流为支撑、物流为依托的管理模式，进而提供多角度、多层次、全方位的商贸服务。在网络中生产者与消费者、用户等展开交易，实现了“零库存”生产和及时供货制度，充分地发挥出信息网络的作用，提升了商品流动的效率；同时，对传统国际贸易方式带来较大的冲击与挑战，专业进出口公司、贸易中间商、代理商的地位有所减弱，引发了国际贸易中间组织结构的革命。

五、跨境电商使国际贸易成本结构发生变化

在传统的国际贸易交易中，花费的成本主要是指买卖过程中所需要的信息搜寻、合同订立和执行、售后服务等成方面的成本。现代信息技术降低了外贸企业的生产和交易成本。巨大的网络平台使中小企业有更多的机会参与到国际贸易中，与之相关的在服务、信息传递和技术领域的互联网公司快速发展。这些不具有传统实体公司特点的“电子虚拟企业”在外贸业务中可以获取实时商情动态，和客户直接进行沟通和谈判，大幅提高了国际贸易效率。另外，企业可借助于互联网来寻找贸易合作商、发布商品信息，在此背景下使得贸易更加有效、便捷。总而言之，通过对电子商务的合理、科学、有效运用，可避免消息传递期间受到人工干预、合理有效降低企业的库存水平、缩短国际贸易的文件处理周期、简化数据处理程序等，这对于实现成本的有效降低有着重要的意义。与此同时，企业在电子商务环境下能够对各个部门的需求进行整合，进而实现批量采购，在此背景下采购成本等费用也能够得到有效的节约。不同公司的核心技术及领域存在着一定的差异，且在网络技术的集成下可以发挥出更好的市场功能，将各种服务、商品的信息有效及时地传递到市场，不但实现了资源的共享与沟通，而且在库存、运输成本的降低方面也有着很好的效果。当然，在应用电子商务的过程中，也会增加安全成本、学习成本、维护成本、软硬件成本等一系列的投入，这些都在一定程度上改变了原来贸易形式的成本结构。

六、跨境电商创造新的国际贸易营销模式

电子营销不但帮助企业实现利润最大化，还能够精准地满足客户需求，在此背景下，有利于制定出更加合理、科学、有效的营销决策。伴随着国际电子营销的不断发展，与传统国际贸易营销方式相比存在着相对较大的差异，其特点重点涉及以下四点。

(1) 网络整合营销。企业与客户在电子商务环境下有着非常紧密的关系，进而形成了网络整合营销，其特点呈现在企业与客户持续交互、以客户为出发点，其营销决策过程属于双向的链。

（2）网络互动式营销。企业在电子商务环境下可实时与客户展开交流、沟通，并结合客户的意愿、需求对产品进行设计与生产。

（3）网络“软营销”。企业在网络营销环境下将顾客作为主体，采用更加合理、科学的方式向顾客传递相关信息，使得信息共享与营销充分整合。

（4）网络定制营销。电子商务环境下沟通渠道越来越便利，企业可以根据个人的特定需求安排营销组合策略，针对客户的个性化需求进行生产，以满足每一位顾客的特定需求。

七、跨境电商使国际贸易的竞争方式发生变化

总的来说，企业间的竞争在电子商务环境下出现了较大的变化，已经转变为供应链、商务模式间的竞争。当厂商在开发服务、产品的过程中，假如能够以最快的速度应用最先进的技术，并且及时地向客户传递最具竞争力的价格，在此背景下该厂商便可以得到更多的主动权。现阶段，大量进出口企业已充分意识到，要在市场竞争中获胜，供应链管理非常重要。

八、跨境电商使国际贸易的监管方式发生变化

电子商务交易的无形化、网络化，促使各国政府对国际贸易的监管方式进行创新，特别是在关税征收、海关监管、进出口检验等方面，必须尽快适应电子商务的发展需要。对中国来说，一方面要积极与世界各国合作，共同推进电子商务在国际贸易中的发展；另一方面要在国际贸易的管理上，加强电子商务的应用，如出口商品配额的发放、电子报关、进出口商品检验等方面要尽快与国际接轨，使政府在推动电子商务的发展中成为主导力量。

九、跨境电商影响国际贸易政策的取向

跨境电商在理论上和实践中都对国际贸易政策提出了新的要求。电子商务发展提出了一系列国际贸易的政策命题：跨境电商基本属性的界定问题、安全性问题、关税问题、发展中国家问题等。在未来的跨境电商制定过程中，国际社会还要考虑是否应建立切实可行的技术援助制度，以协助发展中国家利用电子商务，使发展中国家变被动为主动。这一切均对全球贸易的政策制定提出新的挑战。

总之，全球化的结构形成了“地球村”，而跨境电商的发展加速了“地球村”各个不同成员之间的信息交流与沟通。作为一种全新的贸易运作方式，跨境电商打破了时空的限制，加快了商业周期循环，高效地利用有限资源、降低成本、提高利润，有利于增强企业的国际竞争力。因此，跨境电商正在掀起国际贸易领域里的一场新的革命。它的运用拓展了国际贸易的空间和场所、缩短了国际贸易的距离和时间、简化了国际贸易的程序和过程，使国际贸易活动实现了全球化、智能化、无纸化和简易化，实现了划时代的深刻变革。为了能够更有效地参与国际市场竞争，也为了能够在经济全球化过程中获取更大的利益，我们应当高度重视电子商务的发展态势，认真研究和探索电子商务发展规律及其对国际贸易产生的影响，以便采取积极的对策措施，培育企业的创新机制和企业的国际竞争能力，使我国对外贸易在国际竞争中赢得优势和主动权，从而实现快速、健康发展。

12.4.5　跨境电商给传统国际贸易带来的机遇

一、拓展外贸经营主体，促进普惠贸易

随着全球电子商务的发展，全球商品自由流动的程度加深，国际贸易门槛大幅降低，消费者、企业和更多在传统贸易中的弱势群体都可以参与到国际贸易中来，他们可以通过各种途径，包括直邮、个人携带以及跨境电商平台进行正常交易。同时，跨境电商网站或第三方平台的服务创新，促使不同阶层的贸易方获得更优质的资源、服务和多种多样的渠道，国际市场信息更透明，贸易流程更方便，我们将这一新的全球贸易现象称为“普惠贸易”。

普惠贸易即包容性贸易，是指各个阶层的贸易主体，尤其是贸易弱势群体能够参与到贸易中来的服务，它体现的是全世界每家企业和个人享有的基本权利——自由贸易和公平贸易。2016 年 9 月，世界贸易组织专门举行规模宏大的全球公共论坛讨论普惠贸易给全球贸易制度带来的影响。可以说，普惠贸易是互联网技术在国际贸易领域普及应用所促成的显著成果，是对当前国际贸易规则的挑战，制定符合互联网时代发展要求的国际经贸新规则是大势所趋。

二、实现国际贸易便利化

互联网和电子商务让全球贸易门槛大幅降低，由于互联网和跨境电商的平台，贸易的门槛降低到消费者可以参与、小微企业可以参与。以前小微企业很难参与到全球贸易中来，跨境电商条件下，百花齐放的互联网创业群体营造了“小微跨国企业”，提高了中小企业的出口能力，降低了外贸行业进入门槛。

与传统外贸不同，跨境电商最大的特点是借助网络平台完成交易。在传统外贸中，由于存在时间差，国际商务谈判有诸多不便。对企业来讲，在传统条件下很难做到全天候服务，而利用电子商务可以做到任何客户都可以在全球任何地方、任何时间从网上得到相关企业的各种商务信息。另外，在新型贸易中，企业使用电子支付系统，通过网上银行系统实现电子付款，即将资金存入电子银行或者信用证公司的账户中，买卖双方交易达成后，在网络终端输入信用证号码，在网络上进行资金结算、转账、信贷等服务，这种随处可办理的电子支付方式在很大程度上方便了买卖双方的货款结算，基于网络平台的跨境贸易既方便了生产者，也方便了消费者。

三、实现企业价值链的优化

根据波特的价值链理论，一个企业进行的每项经营管理活动就是企业价值链上每一环节的表现。价值链的增值活动可以分为基本增值互动和辅助性增值活动两大部分。企业的基本增值活动，即一般意义上的“生产经营环节”，如材料供应、产品研发、生产运行、产品储运、市场营销和售后服务。这些活动都与商品实体的加工流转直接相关。企业的辅助性增值活动，包含组织架构的建设、人力资源的管理、技术研发和采购管理。

出口跨境电商不同于传统贸易，由于直接面对消费者，可以根据消费者的需要进行各个价值链环节调整，以使自身的价值链在更大程度上满足发展的需要。出口跨境电商各个平台都具有强大的数据挖掘与分析功能，通过数据分析能充分了解客户的消费习惯，有助于实现市场细分，针对不同市场来制定不同的营销策略，提高对客户的了解程度，更好地

服务客户从而提升客户的忠诚度。强大的技术支持，使得出口跨境电商平台能快速实现产业链上下游的资源整合，优化供应链。

从这个意义上来说，跨境电商使外贸企业的利润着眼点从关注其“基本经营环节”，延伸到通过对每一环节的调整与把控，发现自身价值链中能真正创造价值的“战略环节”，从而增加企业的竞争优势。

相关思政元素：制度自信、理论自信

相关案例：

在日前举行的第四十届中国·廊坊国际经济贸易洽谈会国际跨境电商发展论坛上，海关总署相关负责人介绍，2022年，我国跨境电商进出口规模首次超过2万亿元，达到2.1万亿元，比2021年增长7.1%。跨境电商为我国外贸发展注入新动能。

近年来，我国跨境电商快速发展，在“买全球、卖全球”方面的优势和潜力持续释放，全球越来越多的消费者享受到跨境电商带来的更多选择和便利。

据海关统计，2022年，我国跨境电商进出口规模占全国货物贸易进出口总值的4.9%，占比与2021年基本持平。其中，出口1.53万亿元，增长10.1%，占全国出口总值的6.4%。

我国跨境电商出口目的地中，美国占34.3%，英国占6.5%；进口来源地中，日本占我国跨境电商进口总额的21.7%，美国占17.9%。出口商品中，消费品占92.8%，其中服饰鞋包占33.1%、手机等电子产品占17.1%；进口商品中，消费品占98.3%，其中美妆及洗护用品占28.4%、食品生鲜占14.7%。

海关总署相关负责人表示，今年以来，跨境电商继续保持增长势头。海关对企业调查显示，超七成企业对2023年跨境电商进出口预期平稳或增长。中国海关将坚定不移落实对外开放的基本国策和互利共赢的开放战略，贯彻“智慧海关、智能边境、智享联通”，加强智慧海关建设，提升贸易便利，促进要素跨境流动，拥抱数字浪潮，与世界各国共享电商发展机遇，共建开放型世界经济。(记者：杜海涛)

来源：人民日报，2023年5月20日。

拓展案例

“聚”全球品类　“贸”工业全链条

案例简介：

随着全球经济与互联网之间的融合越来越紧密，中国经济重要的“动脉血”——实体经济的互联网化，以及中国工业制造业的转型升级成为关注热点。“聚贸”是浙江作为互联网大省在跨境电商平台建设中又一个具有典型意义的落地案例。在“互联网+”“一带一路”“中国制造2025”的政策支持与经济形势变动、制造业急需转型的大背景下，聚贸紧密结合大宗商品和工业制造业的产业特点，依托20多年的丰富经验，确立了全品类全产业链跨境电商平台的定位，在机遇和困难挑战并存的情况下，聚贸升级为全方位服务商，逐渐探索出工业全产业链B2B跨境电商的生态化模式道路。聚贸已经取得了喜人的成绩。未来，聚贸模式也将成为B2B跨境电商领域的经典案例。“直面挑战，笃定前行，与世界一道共谋发展”，这是聚贸的坚定信念，也是千万家工业制造业企业的共同愿景。

案例分析：

聚贸在现行的行业、工业企业以及经济和政策大背景下，结合大宗商品和工业品的特点，依托20多年的线下大宗贸易经验，踏上“工业B2B跨境电商”旅途。考察聚贸开始做跨境电商的原因和机遇，了解跨境电商行业和工业、制造业相关情况，以及对应的经济和政策背景，并通过其所选择的模式，掌握跨境电商交易模式相关知识。通过全篇案例，思考聚贸的商业模式创新处。通过了解聚贸经营的困难和挑战，思考其破解难题的应对思路。

启示：

聚贸的商业模式创新主要体现在四个要素上：第一，在定位上，聚贸领导层和全体员工在现行的行业大背景下，深刻认识中国制造业企业的困惑，依托多年实践经验，开始“工业B2B跨境电商”之旅，并定位全球，打造全品类和工业全产业跨境电商平台；第二，在业务系统上，聚贸致力于构建生态圈，对接整合全球资源；第三，在关键资源能力上，聚贸有20多年的大宗商品交易和供应链金融经验，以及国家（地区）的支持和国际（地区间）的认可；第四，在盈利模式上，聚贸提供全方位服务，升级为综合服务商，实现互利共赢。

为了应对未来可能的困难和调整，如巨大的资金需求、互联网经验不足，以及发展瓶颈等，聚贸应保持清晰的战略定位，并根据实际情况进行适当调整和更新，尽快获得优质融资，积极引进互联网人才，借鉴国内外经验，注重商业文明的实践，在经营中发现客户需求和存在问题，不断更新理念、完善服务。

本章小结

1. 跨境电商是指分属不同关境的交易主体，通过电子商务平台达成交易、进行电子支付结算，并通过跨境电商物流或异地仓储送达商品，从而完成交易的一种国际商业活动。

2. 基于不同的分类标准，跨境电商可作不同分类。按商品进出口流向分类可分为进口跨境电商和出口跨境电商。按商业模式分类可分为B2B模式、B2C模式、C2C模式和O2O模式。按照服务类型分类可分为信息服务和在线交易。按平台运营方分类可分为第三方平台型跨境电商、自营型平台和混合型平台。

3. 跨境电商融合了国际贸易和电子商务两方面的特征，有一定的专业复杂程度，主要表现在：一是信息流、资金流、物流等多种要素流动必须紧密结合；二是流程繁杂且不完善；三是风险触发因素较多，容易受到国际政治经济宏观环境和各国政策的影响。具体而言，跨境电商有如下六个特征：即全球化、数字化、小批量、高频度、监管难和快速演进。

4. 对于跨境电商与传统国际贸易，两者存在一定的相同点，也存在一定差异。具体来说，两者都是在两个或两个以上国家或地区间流动信息流、资金流、物流及商流，都会涉及进出口通关与商检活动，并因国家不同而受到政治、经济、文化等环境因素的影响。

跨境电商不等同于国际贸易，其差异主要体现在以下几个方面：主体方向不同、进出口环节不同、交易方式不同、税收不同、商业模式不同、交易主体的性质不同、交易媒介不同、物流不同和支付方式不同。

5. 跨境电商相较于传统国际贸易模式的主要优势有：可显著降低国际贸易成本、可显著提高贸易效率、可显著降低差错率、可减少贸易壁垒、可扩大贸易机会、可减轻对实物基础设施的依赖。

6. 跨境电商对传统国际贸易产生了多方面的影响，主要有：跨境电商改变了国际贸易的运行方式和运行环境，跨境电商促进了国际贸易流通渠道的变革，跨境电商使国际贸易经营主体发生变化，跨境电商使国际贸易经营管理方式发生变化，跨境电商使国际贸易成本结构发生变化，跨境电商创造新的国际贸易营销模式，跨境电商使国际贸易的竞争方式发生变化，跨境电商使国际贸易的监管方式发生变化，跨境电商影响国际贸易政策的取向。

7. 跨境电商给传统国际贸易的发展带来新的机遇，主要体现在以下方面：首先拓展外贸经营主体，促进普惠贸易；其次，实现国际贸易便利化；最后，实现企业价值链的优化。

本章习题

12.1 名词解释

跨境电商　跨境进口电子商务　跨境出口电子商务　B2B模式　B2C模式　C2C模式　O2O模式　第三方平台型跨境电商　自营型平台　混合型平台

12.2 简答题

(1) 什么是跨境电子商务？它的主要特征有哪些？

(2) 跨境电子商务和传统国际贸易的区别有哪些？

(3) 跨境电子商务对传统国际贸易有哪些影响？

本章实践

2009年，金融海啸刚刚平息，全球经济正面临衰退的风险。冯剑锋（互联网企业家，中国跨境电商行业代表人物之一，大龙网有限公司总裁）学成归国后发现，中国工厂或外贸商看起来风光，实则客户资源有限，其境外销售随时会遭遇“瓶颈”。绕过渠道商让境外零售商直接采购，是不少中国外贸厂商的一大心愿。

彼时，大多数人还在对内贸电商趋之若鹜，只有极少数人敢于把目光投向无人问津的蓝海——跨境电商，站在风口浪尖的冯剑锋就是敢于跨越国界行走的人。怀揣中国品牌、世界分享的梦想，他于2010年创立了大龙网，探索除了跨境电商“互联网+外贸”线上线下融合的跨境电商模式，在服务全球网商的同时搭建了网商的全球供应链合伙人平台，实现了真正的“有好货好卖”。

在“互联网+”的背景下，大龙网历经了跨境电商发展的各个阶段，着力为中国品牌商提供跨境电商B2B出口解决方案，推动中国制造成为直接面向境外终端消费者销售的世界品牌。经过多年运营和融资，如今大龙网已经成了中国最大的跨境电商交易平台之一，在全球拥有10余家分公司，分布在美国、加拿大、日本及澳大利亚等地，业务范围覆盖全球200多个国家和地区，拥有中外员工近千名。

试运用国际贸易相关知识对此案例进行分析，并说明跨境电商给传统国际贸易带来了哪些机遇。

参考文献

[1] [英] 亚当·斯密. 国民财富的性质和原因的研究（上卷）[M]. 郭大力，王亚南，译. 北京：商务印书馆，1972.

[2] [英] 大卫·李嘉图. 政治经济学与赋税原理 [M]. 郭大力，王亚南，译. 北京：商务印书馆，1962.

[3] [英] 托马斯·孟. 英国得自对外贸易的财富 [M]. 袁南宇，译. 北京：商务印书馆，1965.

[4] [瑞典] 伯尔蒂尔·俄林. 区际贸易与国际贸易 [M]. 逯宇铎，译. 北京：华夏出版社，2008.

[5] [美] 沃西里·里昂惕夫. 投入产出经济学 [M]. 崔书香，译. 北京：商务印书馆，1980.

[6] [德] 弗里德里希·李斯特. 政治经济学的国民体系 [M]. 陈万煦，译. 北京：商务印书馆，1961.

[7] [美] 保罗·克鲁格曼. 战略性贸易政策与新国际经济学 [M]. 海闻，等译. 北京：中信出版社，2010.

[8] [美] 保罗·克鲁格曼. 克鲁格曼国际贸易新理论 [M]. 黄胜强，译. 北京：中国社会科学出版社，2001.

[9] [美] 迈克尔·波特. 国家竞争优势 [M]. 李明轩，邱如美，译. 北京：华夏出版社，2002.

[10] [日] 小岛清. 对外贸易论 [M]. 周宝廉，译. 天津：南开大学出版社，1987.

[11] 杨小凯，张永生. 新兴古典经济学和超边际分析 [M]. 北京：中国人民大学出版社，2000.

[12] 张曙霄，孙莉莉. 国际贸易学 [M]. 北京：中国经济出版社，2008.

[13] 张曙霄，李秀敏. 国际贸易：理论·政策·措施 [M]. 北京：中国经济出版社，2001.

[14] 陈霜华. 国际贸易 [M]. 上海：复旦大学出版社，2006.

[15] 杨圣明. 马克思主义国际贸易理论新探 [M]. 北京：经济管理出版社，2002.

[16] 许兴亚. 马克思的国际经济理论 [M]. 北京：中国经济出版社，2003.

[17] 薛荣久. 国际贸易（新编本）[M]. 北京：对外经济贸易大学出版社，2003.

[18] 陈同仇，张锡嘏. 国际贸易 [M]. 2 版. 北京：对外经济贸易大学出版社，2005.

[19] 张相文，曹亮. 国际贸易学 [M]. 武汉：武汉大学出版社，2004.

[20] 朱钟棣，郭羽诞，兰宜生. 国际贸易学 [M]. 上海：上海财经大学出版社，2005.

[21] 佟家栋，周申. 国际贸易学——理论与政策［M］. 北京：高等教育出版社，2003.
[22] 海闻，林德特，王新奎. 国际贸易［M］. 上海：上海人民出版社，2001.
[23] 尹翔硕. 国际贸易教程［M］. 上海：复旦大学出版社，2003.
[24] 张二震，马野青. 国际贸易学［M］. 南京：南京大学出版社，2007.
[25] 袁志刚，宋京. 国际经济学［M］. 北京：高等教育出版社，2000.
[26] 国彦兵. 西方国际贸易理论——历史与发展［M］. 杭州：浙江大学出版社，2004.
[27] 陈家勤. 当代国际贸易新理论［M］. 北京：经济科学出版社，2000.
[28] 喻志军. 国际贸易理论与政策［M］. 北京：企业管理出版社，2006.
[29] 战勇. 国际贸易［M］. 大连：东北财经大学出版社，2005.
[30] 何蓉. 国际贸易［M］. 北京：机械工业出版社，2006.
[31] 唐海燕. 国际贸易［M］. 北京：立信会计出版社，2004.
[32] 冯正强，王国顺. 国际贸易——理论、政策与运作［M］. 武汉：武汉大学出版社，2005.
[33] 潘悦. 当前国际贸易发展的主要特征和基本走势［J］. 求是，2014（11）：57-59.
[34] 张夏恒. 跨境电子商务概论［M］. 北京：机械工业出版社，2020.
[35] 陈岩，李飞. 跨境电子商务［M］. 北京：清华大学出版社，2019.
[36] 王健. 跨境电子商务［M］. 北京：机械工业出版社，2020.
[37] 易静. 跨境电子商务实物［M］. 北京：清华大学出版社，2020.